轨道交通装备制造业职业技能鉴定指导丛书

# 电力机车钳工

中国北车股份有限公司　编写

中国铁道出版社有限公司

2022年·北 京

**图书在版编目(CIP)数据**

电力机车钳工/中国北车股份有限公司编写．—北京：中国铁道出版社，2015.4（2022.7重印）
（轨道交通装备制造业职业技能鉴定指导丛书）
ISBN 978-7-113-20178-4

Ⅰ.①电… Ⅱ.①中… Ⅲ.①电力机车—钳工—职业技能—鉴定—自学参考资料 Ⅳ.①U269.6

中国版本图书馆 CIP 数据核字(2015)第 063237 号

**书　　名**：轨道交通装备制造业职业技能鉴定指导丛书
**电力机车钳工**
**作　　者**：中国北车股份有限公司

---

**策　　划**：江新锡　钱士明　徐　艳
**责任编辑**：张　瑜　　**编辑部电话**：(010) 51873371
**封面设计**：郑春鹏
**责任校对**：王　杰
**责任印制**：樊启鹏

---

**出版发行**：中国铁道出版社有限公司(100054，北京市西城区右安门西街 8 号)
**网　　址**：http://www.tdpress.com
**印　　刷**：三河市国英印务有限公司
**版　　次**：2015 年 4 月第 1 版　2022 年 7 月第 3 次印刷
**开　　本**：787 mm×1 092 mm　1/16　印张：12.25　字数：304 千
**书　　号**：ISBN 978-7-113-20178-4
**定　　价**：38.00 元

---

# 序

在党中央、国务院的正确决策和大力支持下，中国高铁事业迅猛发展。中国已成为全球高铁技术最全、集成能力最强、运营里程最长、运行速度最高的国家。高铁已成为中国外交的新名片，成为中国高端装备"走出国门"的排头兵。

中国北车作为高铁事业的积极参与者和主要推动者，在大力推动产品、技术创新的同时，始终站在人才队伍建设的重要战略高度，把高技能人才作为创新资源的重要组成部分，不断加大培养力度。广大技术工人立足本职岗位，用自己的聪明才智，为中国高铁事业的创新、发展做出了重要贡献，被李克强同志亲切地赞誉为"中国第一代高铁工人"。如今在这支近5万人的队伍中，持证率已超过96%，高技能人才占比已超过60%，3人荣获"中华技能大奖"，24人荣获国务院"政府特殊津贴"，44人荣获"全国技术能手"称号。

高技能人才队伍的发展，得益于国家的政策环境，得益于企业的发展，也得益于扎实的基础工作。自2002年起，中国北车作为国家首批职业技能鉴定试点企业，积极开展工作，编制鉴定教材，在构建企业技能人才评价体系、推动企业高技能人才队伍建设方面取得明显成效。为适应国家职业技能鉴定工作的不断深入，以及中国高端装备制造技术的快速发展，我们又组织修订、开发了覆盖所有职业(工种)的新教材。

在这次教材修订、开发中，编者们基于对多年鉴定工作规律的认识，提出了"核心技能要素"等概念，创造性地开发了《职业技能鉴定技能操作考核框架》。该《框架》作为技能人才评价的新标尺，填补了以往鉴定实操考试中缺乏命题水平评估标准的空白，很好地统一了不同鉴定机构的鉴定标准，大大提高了职业技能鉴定的公信力，具有广泛的适用性。

相信《轨道交通装备制造业职业技能鉴定指导丛书》的出版发行，对于促进我国职业技能鉴定工作的发展，对于推动高技能人才队伍的建设，对于振兴中国高端装备制造业，必将发挥积极的作用。

中国北车股份有限公司总裁：

2015.2.7

# 前　　言

鉴定教材是职业技能鉴定工作的重要基础。2002 年，经原劳动保障部批准，中国北车成为国家职业技能鉴定首批试点中央企业，开始全面开展职业技能鉴定工作。2003 年，根据《国家职业标准》要求，并结合自身实际，组织开发了《职业技能鉴定指导丛书》，共涉及车工等 52 个职业（工种）的初、中、高 3 个等级。多年来，这些教材为不断提升技能人才素质、适应企业转型升级、实施“三步走”发展战略的需要发挥了重要作用。

随着企业的快速发展和国家职业技能鉴定工作的不断深入，特别是以高速动车组为代表的世界一流产品制造技术的快步发展，现有的职业技能鉴定教材在内容、标准等诸多方面，已明显不适应企业构建新型技能人才评价体系的要求。为此，公司决定修订、开发《轨道交通装备制造业职业技能鉴定指导丛书》（以下简称《丛书》）。

本《丛书》的修订、开发，始终围绕促进实现中国北车“三步走”发展战略、打造世界一流企业的目标，努力遵循“执行国家标准与体现企业实际需要相结合、继承和发展相结合、坚持质量第一、坚持岗位个性服从于职业共性”四项工作原则，以提高中国北车技术工人队伍整体素质为目的，以主要和关键技术职业为重点，依据《国家职业标准》对知识、技能的各项要求，力求通过自主开发、借鉴吸收、创新发展，进一步推动企业职业技能鉴定教材建设，确保职业技能鉴定工作更好地满足企业发展对高技能人才队伍建设工作的迫切需要。

本《丛书》修订、开发中，认真总结和梳理了过去 12 年企业鉴定工作的经验以及对鉴定工作规律的认识，本着“紧密结合企业工作实际，完整贯彻落实《国家职业标准》，切实提高职业技能鉴定工作质量”的基本理念，在技能操作考核方面提出了“核心技能要素”和“完整落实《国家职业标准》”两个概念，并探索、开发出了中国北车《职业技能鉴定技能操作考核框架》；对于暂无《国家职业标准》、又无相关行业职业标准的 40 个职业，按照国家有关《技术规程》开发了《中国北车职业标准》。经 2014 年技师、高级技师技能鉴定实作考试中 27 个职业的试用表明：该《框架》既完整反映了《国家职业标准》对理论和技能两方面的要求，又适应了企业生产和技术工人队伍建设的需要，突破了以往技能鉴定实作考核中试卷的难度与完整性评估的“瓶颈”，统一了不同产品、不同技术含量企业的鉴定标准，提高了鉴定考核的技术含量，保证了职业技能鉴定的公平性，提高了职业技能鉴定工作质量和管理水平，将成为职业技能鉴定工作、进而成为生产操作者技能素质评价的新标尺。

本《丛书》共涉及98个职业（工种），覆盖了中国北车开展职业技能鉴定的所有职业（工种）。《丛书》中每一职业（工种）又分为初、中、高3个技能等级，并按职业技能鉴定理论、技能考试的内容和形式编写。其中：理论知识部分包括知识要求练习题与答案；技能操作部分包括《技能考核框架》和《样题与分析》。本《丛书》按职业（工种）分册，并计划第一批出版74个职业（工种）。

本《丛书》在修订、开发中，仍侧重于相关理论知识和技能要求的应知应会，若要更全面、系统地掌握《国家职业标准》规定的理论与技能要求，还可参考其他相关教材。

本《丛书》在修订、开发中得到了所属企业各级领导、技术专家、技能专家和培训、鉴定工作人员的大力支持；人力资源和社会保障部职业能力建设司和职业技能鉴定中心、中国铁道出版社等有关部门也给予了热情关怀和帮助，我们在此一并表示衷心感谢。

本《丛书》之《电力机车钳工》由中国北车集团大同电力机车有限责任公司《电力机车钳工》项目组编写。主编朱树平，副主编高健；主审张世海，副主审袁建华；参编人员朱佳良、赵玉苗、张江宇、张秋芬。

由于时间及水平所限，本《丛书》难免有错、漏之处，敬请读者批评指正。

中国北车职业技能鉴定教材修订、开发编审委员会

二〇一四年十二月二十二日

# 目　　录

# 电力机车钳工(职业道德)习题

## 一、填 空 题

1. 安全管理的基本方针是安全第一、(　　)。

2. 劳动保护法规也叫(　　)。

3. 劳动保护法规是国家强制力保护的在(　　)中约束人们行为,以达到保护劳动者安全健康的一种行为规范。

4. 通常,建议在设备周围工作的所有人员应穿(　　)、戴防护镜和耳塞。

5. 要牢固树立"(　　)、质量至上"的理念。

6. 劳动合同即将届满时,公司与员工应提前以(　　)就是否续订劳动合同达成协议,并由人力资源部办理相关手续。

7. 中华人民共和国安全生产法从(　　)起实施。

8. 我国安全生产的方针是安全第一、(　　)、综合治理。

9. 考勤是员工出、缺勤情况的真实记录,是(　　)的依据。

10. 三级安全教育分别是(　　)、车间级、班组级。

11. 劳动卫生的中心任务是(　　),防止职业危害。

12. 中国劳动保护法规的指导思想是保护劳动者在生产劳动中的(　　)。

## 二、单项选择题

1. 下列不属于安全规程的是(　　)。

(A)安全技术操作规程　　(B)产品质量检验规程

(C)工艺安全操作规程　　(D)岗位责任制和交接班制

2. 通常,建议在设备周围工作的所有人员应穿戴(　　)。

(A)安全靴　　(B)防护镜　　(C)耳塞　　(D)以上均需

3. 树立"用户至上"的思想,就要增强服务意识,端正服务态度,改进服务措施,达到(　　)。

(A)用户至上　　(B)用户满意　　(C)产品质量　　(D)保证工作质量

4. 清正廉洁、克已奉公,不以权谋私、行贿受贿,是(　　)。

(A)职业态度　　(B)职业修养　　(C)职业纪律　　(D)职业作风

5. 现场质量管理的目标是要保证和提高产品(　　)。

(A)设计质量　　(B)符合性质量　　(C)使用质量　　(D)产品质量

6. 质量控制的目的在于(　　)。

(A)严格贯彻执行工艺规程　　(B)控制影响质量的各种因素

(C)实现预防为主,提高经济效益　　(D)控制影响质量的操作规程

7. 在增加职工的自觉性教育的同时，必须有严格的(　　)。

(A)管理制度　(B)奖罚制度　(C)岗位责任制　(D)经济责任制

8. 全面质量管理最基本的特点是(　　)。

(A)全面性　(B)全员性　(C)预防性　(D)局部性

9. 增加职工的(　　)意识，是搞好安全生产的重要环节。

(A)安全生产　(B)自我保护　(C)职业道德　(D)职业修养

10. 法律赋予职工享有接受教育培训，以使自己具备保护自己和他人所必须的知识与技能的权利，这项权利也是保证职工(　　)的前提条件。

(A)接受教育培训　(B)知情权和参与权

(C)掌握知识与技能　(D)参与技能培训

11.《安全生产法规》规定：从业人员发现直接危及人身安全的紧急情况时，有权停止作业或者在采取可能的应急措施后(　　)作业场所。

(A)坚守　(B)保护　(C)撤离　(D)封闭

12. 下列关于爱岗敬业的说法，你认为正确的是(　　)。

(A)市场经济鼓励人才流动，再提倡爱岗敬业已不合时宜

(B)即便在市场经济时代，也要提倡"干一行、爱一行、专一行"

(C)要做到爱岗敬业就应一辈子在岗位上无私奉献

(D)在现实中，我们不得不承认，"爱岗敬业"的观念阻碍了人们的择业自由

## 三、多项选择题

1. 劳动合同的订立应遵循的原则是(　　)。

(A)遵守国家和地方政府有关法律法规的原则

(B)平等自愿、协商一致的原则

(C)权利和义务对等一致的原则

(D)公平、公正、公开的原则

2. 员工有下列(　　)情形之一的，公司可以解除劳动合同。

(A)提供与录用相关的虚假材料

(B)试用期内被证明不符合录用条件的

(C)严重违反劳动纪律或公司规章制度的

(D)严重失职、营私舞弊，给公司造成重大损失的

3. 下列说法符合"语言规范"具体要求的是(　　)。

(A)多说俏皮话　(B)用尊称，不用忌语

(C)语速要快，节省客人时间　(D)不乱幽默，以免客人误解

4. 下列有关职业道德修养的说法，正确的是(　　)。

(A)职业道德修养是职业道德活动的另一重要形式，与职业道德教育密切相关

(B)职业道德修养是个人的主观的道德活动

(C)没有职业道德修养，职业道德教育不可能取得应有的效果

(D)职业道德修养是职业道德认识和职业道德情感的统一

5. 道德作为一种社会意识形态，在调整人们之间以及个人与社会之间的行为规范时，主

要依靠(　　)的力量。

(A)信念　　(B)习俗　　(C)法律　　(D)社会舆论

6. 不安全行为是指造成事故的人为错误，下列行为属于人为错误的不安全行为的是(　　)。

(A)操作错误　　(B)忽视安全、忽视警告

(C)使用无安全装置设备　　(D)手代替工具操作

7. 预防事故的的基本原则是(　　)。

(A)事故可以预防　　(B)防患于未然

(C)根除可能的事故源　　(D)全面处理的原则

8. 有关职业道德不正确的说法是(　　)。

(A)职业道德有助于提高劳动生产率，但无助于降低生产成本

(B)职业道德有助于增强企业凝聚力，但无助于促进企业技术进步

(C)职业道德有利于提高员工职业技能，增强企业竞争力

(D)职业道德只是有利于提高产品质量，但无助于提高企业信誉和形象

9. 下列关于职业技能构成要素之间的关系，不正确的说法是(　　)。

(A)职业知识是关键，职业技术是基础，职业能力是保证

(B)职业知识是保证，职业技术是基础，职业能力是关键

(C)职业知识是基础，职业技术是保证，职业能力是关键

(D)职业知识是基础，职业技术是关键，职业能力是保证

10. 下列关于职业道德与职业技能关系的说法，正确的是(　　)。

(A)职业道德对职业技能具有统领作用

(B)职业道德对职业技能有重要的辅助作用

(C)职业道德对职业技能的发挥具有支撑作用

(D)职业道德对职业技能的提高具有促进作用

11. 劳动保护是指根据国家法律法规，依靠技术进步和科学管理，采取组织措施和技术措施，(　　)。

(A)消除危及人身安全健康的不良条件和行为

(B)防止事故和职业病

(C)保护劳动者在劳动过程中的安全和健康

(D)其内容包括劳动安全、劳动卫生、女工保护、未成年工保护、工作时间和休假制度

## 四、判断题

1. 抓好职业道德建设与改善社会风气没有密切的关系。(　　)

2. 职业道德也是一种职业竞争力。(　　)

3. 企业员工要认真学习国家的有关法律、法规，对重要规章、条例达到熟知，做到知法、懂法，不断提高自己的法律意识。(　　)

4. 劳动保护法规是国家劳动部门在生产领域中约束人们的行为，以达到保护劳动者安全健康的一种行为规范。(　　)

5. 安全规程具有法律效应，对严重违章而造成损失者给以批评教育、行政处分或诉诸法

律处理。(　　)

6. 危险预知活动的目的是预防事故,是一种群众性的“自我管理”。(　　)

7. 仪容干净,衣着整洁,上岗按规定着装,佩戴胸卡,正确穿戴劳动防护用品。(　　)

8. 全员参加质量管理,就是要求企业从厂长到工人,人人关心产品质量,做好本职工作。(　　)

9. 从用户使用要求出发,产品质量就是产品的适用性 。(　　)

10. 质量是经济效益的基础,也是创汇能力的基础。(　　)

# 电力机车钳工(职业道德)答案

## 一、填 空 题

1. 预防为主　2. 安全管理法规　3. 生产领域　4. 安全靴
5. 安全第一　6. 书面形式　7. 2002年11月1日　8. 预防为主
9. 核算工资　10. 厂级　11. 改善劳动条件　12. 安全及健康

## 二、单项选择题

1. B　2. D　3. B　4. B　5. B　6. C　7. A　8. C　9. B
10. B　11. C　12. B

## 三、多项选择题

1. ABC　2. ABCD　3. BD　4. ABC　5. ABD　6. ABCD　7. ABCD
8. ABD　9. ABD　10. ACD　11. ABCD

## 四、判 断 题

1. ×　2. √　3. √　4. ×　5. ×　6. √　7. √　8. √　9. √
10. √

# 电力机车钳工(初级工)习题

## 一、填 空 题

1. 基轴制是基本偏差为一定的轴的公差带,与不同基本偏差的孔的(　　)形成的各种配合的一种制度。

2. 1 度电为功率(　　)的用电器在额定电压下工作 1 h 所耗电量。

3. 金属材料的变形有弹性变形和(　　)两种形式。

4. 销在装配中起(　　)和连接等作用。

5. 键在连接中主要起(　　)的作用。

6. 电力机车在构造上包括电气部分、(　　)和空气管路系统三大部分。

7. 轴列式 $C_0$—$C_0$ 表示该机车有 2 台(　　)轴转向架。

8. 我国铁路规定轮对的内侧距为(　　)mm。

9. 电力机车电气部分的功能是将来自接触网的(　　)能转变为牵引列车所需要的机械能。

10. 电力机车轮对电机空转试验,按工艺要求,正反转各(　　)min。

11. 金属材料在外力作用下抵抗变形和破坏的能力,是金属材料的(　　)机械性能。

12. 60Si2CrA 表示含碳量为(　　)%、硅 2%、铬 1%的高级优质合金弹簧钢。

13. 标准公差等级分(　　)级。

14. 液压传动系统中动力部分的作用是将机械能转换成(　　)。

15. 直齿圆柱齿轮的正确啮合条件是:两齿轮的(　　)相等;两齿轮分度圆上的压力角相等。

16. 电力机车上的一、二系减振装置有橡胶堆、(　　)、摩擦减振器、垂向及横向油压减振器、抗蛇行减振器。

17. 电力机车走行部分各种设备的安装基础是(　　)。

18. 横向油压减振器主要减弱机车在运行过程中的(　　)等不良运动。

19. 电力机车的轴重与平均轴重之差不超过(　　)。

20. 电力机车轴箱拉杆方轴与轴箱体及构架拉杆座连接在斜度为(　　)的斜面上。

21. 常用的硬度测量方法有布氏硬度、(　　)、维氏硬度。

22. 螺纹按截面形状不同可分为三角、(　　)、锯齿形以及其他特殊形状螺纹和矩形螺纹。

23. 互换性条件,即保证零件的尺寸、几何形状、(　　)和表面粗糙度等技术要求的一致性。

24. 内径百分表用来测量(　　)和孔的形状误差。

25. 交流传动八轴 9 600 kW 电力机车轴式是(　　)。

26. $HX_{D2B}$ 型电力机车轴式是(　　)。

27.《铁路技术管理规程》中规定:轮对轮箍踏面擦伤深度不超过 1 mm,滚动轴承的轮箍踏面擦伤深度不超过(　　)mm。

28.《铁路技术管理规程》中规定:电力机车轮箍踏面上有缺陷或剥离,长度不超过(　　)mm,深度不超过 1 mm。

29. 电力机车上的减振器可分为两大类:一类是摩擦减振器,另一类是(　　)减振器。

30. 电力机车齿轮传动都是(　　)速齿轮传动。

31. 产生转矩,驱动轮对,使电力机车产生牵引力的是(　　)。

32. 电力机车空气管路系统的风源是由(　　)产生的。

33. $HX_{D3}$ 型电力机车轴式是(　　)。

34. 电力机车的轮缘润滑装置是将油喷到(　　)上。

35. 尺寸公差 H7/p6 属于(　　)配合。

36. 尺寸公差 H7/p6 是基(　　)制配合。

37. 尺寸公差 F8/h7 属于(　　)配合。

38. 尺寸公差 F8/h7 是基(　　)制配合。

39. 电力机车的牵引力大于运行阻力时,机车进行(　　)速度运行。

40. 电力机车的牵引力小于运行阻力时,机车进行(　　)速度运行。

41. 确定配合零件表面粗糙度时,还应与其(　　)精度和形位精度相适应。

42. 钻孔时,钻头的旋转是主运动,轴向移动是(　　)运动。

43. 切削过程中的切削力通常分为主切削力、(　　)切削力和轴向切削力。

44. 影响切削力的主要因素有(　　)、刀具角度、切削用量和冷却润滑条件。

45. 切削用量是指切削速度、进给量和(　　)的总称。

46. 划线要求划出的线条除清晰均匀外,最重要的是保证(　　)。

47. 制动装置在缓解状况时,闸瓦与车轮踏面的间隙为(　　)mm。

48. 轴箱轴承装配中保证轴承横动量符合工艺要求是"八防"特性中的(　　)。

49. 制动管路装配前进行通风确保无异物、无堵塞是"八防"特性中的(　　)。

50. 产品质量特性重要度分级中,关键特性的标记符号为(　　)。

51. 产品质量特性重要度分级中,重要特性的标记符号为(　　)。

52. 按技术要求,将若干零件结合成部件,或将若干零件和部件结合成机器的过程叫作(　　)。

53. 零件的密封试验按承受工作压力的大小有(　　)法和气压法。

54. 装配时要采取一定的工艺措施,即选配、修配、调整来达到要求的装配(　　)。

55. 减速机装在原动机与工作机之间,用来降低转速,传递(　　)。

56. 金属材料分为黑色金属材料和(　　)。

57. 含碳量小于(　　)的钢是低碳钢。

58. 锉刀用(　　)钢制成。

59. 锉刀的规格指尺寸规格和(　　)规格。

60. 锯管子和薄板工件时,选用(　　)锯条。

61. 用丝锥在孔中切削出内螺纹称为(　　)。

62. 用板牙在轴上切削出外螺纹称为(　　)。

63. 螺纹按用途可分为(　　)螺纹和传动螺纹。

64. 螺纹按线数可分为单螺纹和(　　)螺纹。

65. 一套等径丝锥中，每支丝锥的大径、中径、小径都相等，只是切削部分的切削(　　)不相等。

66. 交流传动八轴 9 600 kW 货运电力机车电机悬挂方式为(　　)电机悬挂。

67. 旋转件因不平衡而产生的(　　)，其大小与不平衡量大小、偏心距离及转速平方成正比。

68. 旋转件不平衡形式有静不平衡和(　　)。

69. 常用的清洗液有汽油、柴油、(　　)和化学清洗液。

70. 铆接时，选择铆钉直径的大小应与连接工件的(　　)有关。

71. 螺纹连接是一种可拆卸的固定连接，分为(　　)螺纹连接和特殊螺纹连接。

72. 螺纹防松的目的就是防止(　　)减小和螺母回转。

73. 普通平键连接适用于高精度、传递(　　)载荷、冲击及双向扭矩的场合。

74. 花键连接适用于载荷较大和(　　)要求较高的连接。

75. 轴承按工作元件摩擦性质，可分为(　　)轴承和滚动轴承。

76. 形位公差中，"—"表示直线度，"▱"表示(　　)度。

77. 滚动轴承一般由外圈、内圈、(　　)和保持架组成。

78. 滚动轴承按滚动体种类分为(　　)轴承、球轴承和滚针轴承。

79. 滚动轴承是标准部件，内圈与轴相配合为(　　)制。

80. 滚动轴承的游隙分(　　)游隙和轴向游隙。

81. 可用尺寸链原理来分析机器的装配(　　)问题。

82. 机车上常用的弹性元件有板弹簧、(　　)和橡胶弹簧 3 种。

83. 弹簧元件的工作原理是:利用弹性元件受载荷时产生的弹性变形，将(　　)能量转化为元件变形的位能，然后释放出来，形成元件的振动。

84. 牵引杆装置是用来传递机车(　　)、制动力的装置。

85. 平面划线要选择(　　)个划线基准。

86. 立体划线要选择(　　)个划线基准。

87. 立体划线时，工件的支承与安放方式取决于工件的(　　)和大小。

88. 通常把低于(　　)V 的电压叫作安全电压。

89. 电力机车走行部分安装撒砂装置是为了在机车轮对出现空转、打滑时撒砂，增大(　　)，便于发挥牵引力。

90. 轴在机械中起支承旋转零件、传递(　　)等作用。

91. 钢的热处理分为退火、正火、淬火、回火及(　　)。

92. 配合有间隙配合、(　　)、过盈配合三种形式。

93. 常用的润滑剂有润滑油、(　　)、二硫化钼。

94. 手制动的作用是当机车长时间停留在轨道上时，防止(　　)的发生。

95. 平键连接中，平键的(　　)为键的工作面。

96. 电力机车的传动装置就是实现由电机到轮轴进行功率和(　　)传递的装置。

97. 电力机车的轴箱拉杆主要起(　　)的作用。

98. 新造电力机车轮对的滚动圆直径为(　　)mm。

99. 新造 $HX_{D2B}$ 型电力机车同一轮对轮径差不大于(　　)mm。

100. 新造 $HX_{D2B}$ 型电力机车同一转向架轮径差不大于(　　)mm。

101. GCr15 表示含碳量大于 1%、含铬量为(　　)%的滚动轴承钢。

102. QT600-3A 表示球墨铸铁,最小抗拉强度为 600 $N/mm^2$,延伸率为(　　)%,并对其屈服强度有要求。

103. 装配图中有以下几类尺寸:规定尺寸、装配尺寸、(　　)、外形尺寸。

104. 轴测图一般采用正等轴测图、(　　)轴测图和斜二等轴测图。

105. 轴承按承受载荷的方向可分为推力轴承、(　　)和向心推力轴承三种。

106. 錾子一般用(　　)材料制成。

107. 电力机车轴箱拉杆方轴与轴箱体装配的配合斜面部分用(　　)mm 塞尺检查,不允许贯通。

108. 电力机车轮重与一根轴上两轮的平均轮重之差不超过(　　)。

109. 基础制动装置是由(　　)、闸瓦和它们之间的杠杆传动机构组成的。

110. 电力机车车体支承装置,既传递了(　　),又保证了牵引力、制动力和横向力等水平载荷的传递。

111. 牵引电机的悬挂方式分为全悬挂和(　　)。

112. 物体三视图的投影规律:长对正、高平齐、(　　)。

113. 半剖视图是以对称中心线为界,一半画成剖视,另一半画成(　　)。

114. 电力机车牵引缓冲装置包括车钩及(　　)。

115. 半悬挂式牵引电机分为(　　)和抱轴瓦式。

116. 全悬挂式牵引电机分为体悬挂和(　　)。

117. 滑动轴承采用的润滑方式有静压润滑和(　　)润滑。

118. 在外界条件不变的情况下,对同一尺寸多次反复测量时,在量具和量仪上指示数值的最大变化范围叫作示值(　　)性。

119. 用(　　)测量工件时,要求通端通过孔径、止端不通过孔径为合格工件。

120. 刀具前角的作用是使切削刃锋利,切削省力,并使切屑容易(　　)。

121. 刀具磨损原因有机械磨损、(　　)磨损和相变磨损。

122. 找正就是利用划线工具使工件上有关的(　　)处于合适的位置。

123. 借料划线,首先要知道待划毛坯的(　　),确定要借料的方向和大小,以提高划线效率。

124. 对于大型工件的划线,当第一划线位置确定后,应选择大而平直的面作为(　　)基准面。

125. 锉刀制成后,经热处理后锉刀的刀刃部分硬度一般大于(　　)。

126. 麻花钻顶角大小可根据(　　)由钻头刃磨决定。

127. 螺纹公差带的代号由表示其大小的(　　)和表示其位置的字母组成。

128. 攻螺纹时,丝锥切削刃对材料产生挤压,因此攻螺纹前底孔直径必须(　　)螺孔小径的尺寸。

129. 套螺纹时，材料受到扳牙切削刃挤压而变形，所以套螺纹圆杆直径应(　　)螺孔大径的尺寸。

130. 研磨工具是保证研磨工件(　　)正确的主要因素。

131. 显示剂是用来了解刮削前(　　)的大小和位置的。

132. 研磨剂是由(　　)和研磨液调和而成的混合剂。

133. 研磨是微量切削，研磨余量不能太大，一般研磨余量在(　　)mm之间比较合适。

134. 在车床上研磨外圆柱面时，通过工件的(　　)和研磨环在工件上沿轴线方向做往复运动进行研磨。

135. 消除金属板材、型材的不直、不平或翘曲等缺陷的操作叫作(　　)。

136. 零件的清理和清洗的重要作用是提高装配(　　)，延长产品使用寿命。

137. 千分尺是一种精密量具，测量尺寸精度要比游标卡尺高，而且比较(　　)，用来测量加工精度要求较高的工件尺寸。

138. 产品精度的检验包括(　　)检验和工作精度检验等。

139. 液压系统中，其真空度为20 kPa，绝对压力为(　　)kPa。

140. 螺纹防松剂应涂抹在(　　)上，不应该涂在螺纹孔内。

141. 钢的淬火和高温回火后得到(　　)组织。

142. 常用的齿轮材料能保证齿面有足够的(　　)。

143. 电焊分为电阻焊、(　　)、电渣焊三种。

144. 调质是提高零件(　　)机械性能。

145. 手锤的规格用(　　)来表示。

146. 选择工件定位基准时，应遵守(　　)和基准统一原则。

147. 电力机车的构架在整体组焊后进行退火处理，作用是(　　)。

148. 电力机车走行部分的传动大齿轮齿圈材料是(　　)。

149. 电力机车走行部分制动缸泄漏试验时，充气压力400 kPa在(　　)内泄漏应不大于10 kPa。

150. 电力机车称重调簧的目的是使轮轴重分配均匀，充分利用轮轨间的(　　)，发挥最大牵引力。

151. 齿轮泵是利用齿间(　　)的变化来实现吸油和压油的。

152. 链条装配后，过松容易产生振动或(　　)。

153. 在螺纹连接中，安装弹簧垫圈是为了(　　)。

154. 机床床身导轨的几何精度直接关系到机床的几何精度和(　　)。

155. 清除铁屑必须使用专用工具，禁止用嘴吹或(　　)。

## 二、单项选择题

1. 最小极限尺寸与基本尺寸的代数差，叫作(　　)。

(A)极限偏差　　(B)上偏差　　(C)下偏差　　(D)偏差

2. 孔的最大极限尺寸与轴的最小极限尺寸之代数差为负值，叫作(　　)。

(A)过盈差　　(B)最小过盈　　(C)最大过盈　　(D)间隙差

3. 孔的最小极限尺寸与轴的最大极限尺寸之代数差为正值，叫作(　　)。

(A)间隙差　(B)最大间隙　(C)最小间隙　(D)过盈差

4. 在基孔制配合中,轴的基本偏差为下偏差的绝对值大于或等于孔的标准公差时,应该是(　　)配合。

(A)过盈　(B)过渡　(C)间隙　(D)都不是

5. 孔的下偏差大于轴的上偏差的配合,应是(　　)配合。

(A)过盈　(B)过渡　(C)间隙　(D)都不是

6. 基准制的选用通常按标准件而定,例如规定与滚动轴承内圈配合的轴采用(　　)。

(A)基轴制　(B)基孔制

(C)基轴制或基孔制　(D)都不是

7. 在表面粗糙度的评定参数中,轮廓算术平均偏差代号是(　　)。

(A)$R_x$　(B)$R_y$　(C)$R_z$　(D)$R_a$

8. 内径千分尺的刻线方向与外径千分尺的刻线方向(　　)。

(A)相同　(B)相反　(C)完全一样　(D)都不对

9. 用百分表测量平面时,测头应与平面(　　)。

(A)倾斜　(B)垂直　(C)水平　(D)平行

10. 发现精密量具有不正常现象时,应(　　)。

(A)进行报废　(B)继续使用

(C)自行维修　(D)及时送交计量检修

11. 车削时,车刀的横向或纵向移动是(　　)。

(A)主运动　(B)切削运动　(C)进给运动　(D)旋转运动

12. 车削中,设想的三个辅助平面,即切削平面、基面、主剖面是相互(　　)。

(A)垂直的　(B)平行的　(C)倾斜的　(D)都不是

13. 当刀具前角增大时,切屑容易从前刀面流出且变形小,因此(　　)。

(A)切削力不变　(B)增大切削力　(C)降低切削力　(D)都不是

14. 工件材料的强度和硬度愈高,切削力就(　　)。

(A)愈大　(B)愈小　(C)一般不变　(D)都不对

15. 合理选择切削液可减小塑性变形和刀具与工件间的摩擦,使切削力(　　)。

(A)增大　(B)减小　(C)不变　(D)都不对

16. 一般划线的尺寸精度能达到(　　)。

(A)0.025～0.05 mm　(B)0.25～0.5 mm

(C)0.25 mm左右　(D)0.5～1 mm

17. 经过划线确定加工时的最后尺寸,在加工过程中应通过(　　)来保证尺寸准确。

(A)测量　(B)划线　(C)加工　(D)校正

18. 在机床上加工工件时,用以校正或定位的线叫作(　　)。

(A)加工线　(B)证明线　(C)校正线　(D)找正线

19. 锉刀的主要工作面指的是(　　)。

(A)两个侧面　(B)制有锉纹的上、下两面

(C)全部表面　(D)都不对

20. 錾削硬钢或铸铁等硬材料时,楔角取(　　)。

(A)30°～50° (B)40°～50° (C)50°～60° (D)60°～70°

21. 錾削用的锤子是用碳素工具钢制成的，并经淬硬处理，其规格用(　　)表示。

(A)重量 (B)长度 (C)体积 (D)都不对

22. 螺纹相邻两牙，在中径线上对应两点的轴向距离叫作(　　)。

(A)导程 (B)螺距 (C)大径 (D)小径

23. 螺纹公称直径指的是螺纹大径的基本尺寸，即(　　)直径。

(A)外螺纹牙顶和内螺纹牙底 (B)外螺纹牙底和内螺纹牙顶

(C)内、外螺纹牙顶 (D)内、外螺纹牙底

24. 管螺纹的公称直径指的是(　　)。

(A)螺纹大径的基本尺寸 (B)螺纹小径的基本尺寸

(C)管子内径 (D)螺纹中径的基本尺寸

25. 加工不通孔螺纹时，使切屑向上排出，丝锥的容屑槽做成(　　)。

(A)直槽 (B)左旋槽 (C)右旋槽 (D)都不对

26. 不等径三支一套的丝锥，切削用量的分配按顺序是(　　)。

(A)1∶2∶3 (B)3∶2∶1 (C)1∶3∶6 (D)6∶3∶1

27. 在钢和铸铁的工件上加工同样直径的内螺纹时，钢件的底孔直径比铸铁的底孔直径(　　)。

(A)稍大 (B)稍小 (C)相等 (D)都不对

28. 在钢和铸铁的工件上套出相同直径的外螺纹时，钢件圆杆直径比铸铁圆杆直径(　　)。

(A)稍大 (B)稍小 (C)相等 (D)都不对

29. 机械加工后留下的刮削余量不宜太大，一般为(　　)mm。

(A)0.04～0.05 (B)0.05～0.4 (C)0.4～0.5 (D)0.05～0.5

30. 标准平板是检验、划线及刮削中的(　　)。

(A)基本工具 (B)基本量具 (C)一般量具 (D)特殊工具

31. 在研磨中起调和磨料、冷却和润滑作用的是(　　)。

(A)研磨液 (B)研磨剂 (C)磨料 (D)都不对

32. 冷矫正由于冷作硬化现象的存在，只适用于(　　)的材料。

(A)刚性好、变形严重 (B)刚性好、变形不严重

(C)塑性好、变形严重 (D)塑性好、变形不严重

33. 材料弯曲变形后，外层受拉力而(　　)。

(A)缩短 (B)长度不变 (C)伸长 (D)都不对

34. 当材料厚度不变时，弯曲半径越大，变形(　　)。

(A)越小 (B)越大 (C)可能大可能小 (D)都不对

35. 弯曲有焊缝的管子，焊缝必须放在其(　　)的位置。

(A)弯曲外层 (B)弯曲内层 (C)中性层 (D)都不对

36. 活动铆接的结合部位(　　)。

(A)固定不动 (B)可以相互转动

(C)可以相互移动 (D)可以相互转动和移动

37. 用半圆头铆钉铆接时,留作铆合头伸出部分的长度应为铆钉直径的(　　)。
(A)0.8～1.2倍　　(B)1.25～1.5倍
(C)0.8～1.5倍　　(D)1～1.2倍
38. 粘接结合处的表面应尽量(　　)。
(A)粗糙些　　(B)细些　　(C)粗细均可　　(D)都不对
39. 无机粘合剂的主要缺点是(　　)。
(A)强度低　　(B)脆性大　　(C)强度低、脆性大　　(D)强度大、脆性小
40. 聚丙烯酸脂粘合剂因固化(　　),不适用于大面积粘接。
(A)速度快　　(B)速度慢　　(C)速度适中　　(D)都不对
41. 将部件、组件、零件连接结合成为整台机器的操作过程,称为(　　)。
(A)组件装配　　(B)部件装配　　(C)装配　　(D)总装配
42. 精度完全依赖于零件加工精度的装配方法,即为(　　)。
(A)完全互换法　　(B)修配法　　(C)选配法　　(D)调整法
43. 装配时,使用可换垫片、衬套和镶条等,以消除零件间的累积误差或配合间隙的方法是(　　)。
(A)修配法　　(B)选配法　　(C)调整法　　(D)互换法
44. 在尺寸链中,当其他尺寸确定后,新产生的一个环是(　　)。
(A)增环　　(B)减环　　(C)半封闭环　　(D)封闭环
45. 封闭环公差等于(　　)。
(A)增环公差　　(B)减环公差
(C)各组成环公差之和　　(D)都不对
46. 用控制螺栓长度法预紧时,按预紧力要求拧紧后的螺栓长度(　　)螺栓原始长度。
(A)等于　　(B)大于　　(C)小于　　(D)都不对
47. 采用双头螺栓装配时,其轴心线必须与机体表面(　　)。
(A)同轴线　　(B)垂直　　(C)平行　　(D)倾斜
48. 拧紧长方形布置的成组螺母或螺钉时,应从(　　)扩展。
(A)左端开始向右端　　(B)中间开始向两边对称
(C)右端开始向左端　　(D)两边开始向中间
49. 下列防松方式中,不属于机械防松方式的是(　　)。
(A)止动垫圈　　(B)弹簧垫圈　　(C)锁紧螺母　　(D)涂螺纹防松胶
50. 花键连接能保证轴与轴上零件有较高的(　　)要求。
(A)同轴度　　(B)垂直度　　(C)平行度　　(D)平面度
51. 圆锥销的规格是以(　　)和长度来表示的。
(A)小头直径　　(B)大头直径　　(C)中间直径　　(D)平均直径
52. 采用过盈连接装配,应保证其最小过盈量(　　)连接所需要的最小过盈量。
(A)等于　　(B)稍小于　　(C)稍大于　　(D)都不对
53. 采用热胀配合法的装配,当孔、轴配合有一定过盈值时,应将(　　)加热,使之胀大。
(A)轴　　(B)孔　　(C)孔和轴　　(D)都不对
54. 采用冷缩配合法的装配,当孔、轴配合有一定过盈值时,应将(　　)进行低温冷却,使

之缩小。

(A)轴 (B)孔 (C)孔和轴 (D)都不对

55. 同时承受径向力和轴向力的轴承是(　　)轴承。

(A)向心 (B)推力 (C)角接触 (D)向心推力

56. 合理调整轴承间隙是保证轴承寿命、提高轴的旋转(　　)的关键。

(A)速度 (B)精度 (C)粗糙度 (D)平稳性

57. 当尺寸和过盈量较大的整体式滑动轴承装入机体孔时,应采用(　　)。

(A)锤子敲入法 (B)压力机压入法 (C)轴承加热法 (D)冷却法

58. 滚动轴承整个代号分为前、中、后三段,其中用七位数字组成的中段表示(　　)。

(A)轴承型号 (B)游隙系列和精度等级

(C)补充代号 (D)都不对

59. 滚动轴承内圈与轴颈配合过盈太大时,其装配方法可采用(　　)。

(A)锤子敲入法 (B)压力机压入法

(C)整体冷却法 (D)轴承加热温差法

60. 圆柱滚子轴承能承受(　　)。

(A)径向载荷 (B)轴向载荷

(C)径向和轴向载荷 (D)都不对

61. 在轴两端的支撑点,用轴承盖单向固定轴承分别限制两个方向的(　　)。

(A)径向转动 (B)径向移动 (C)轴向移动 (D)轴向跳动

62. 金属材料抵抗冲击载荷的作用而不被破坏的能力称为金属材料的(　　)。

(A)塑性 (B)韧性 (C)疲劳 (D)强度

63. 高级优质碳素钢含(　　)较低。

(A)碳 (B)镁 (C)硫、磷 (D)硅

64. 碳素结构钢含碳量为(　　)。

(A)>0.7% (B)<0.7% (C)>1% (D)<0.5%

65. 淬火后零件的硬度一般用(　　)表示和测量。

(A)HB (B)HT (C)HV (D)HRC

66. 使钢产生冷脆性的元素是(　　)。

(A)P (B)S (C)Si (D)Mn

67. 将钢加热到 Ac3 或 Acm 以上 30 ℃～35 ℃,保温一定时间,随后在空气中冷却下来的热处理过程为(　　)。

(A)正火 (B)退火 (C)淬火 (D)回火

68. 淬火加(　　)即为调质处理。

(A)低温回火 (B)中温回火 (C)高温回火 (D)正火

69. 允许尺寸的变动量即为(　　)。

(A)误差 (B)公差 (C)偏差 (D)上偏差

70. 孔的尺寸减去轴的尺寸所得代数差为正时的配合为(　　)。

(A)间隙配合 (B)过渡配合 (C)过盈配合 (D)紧配合

71. 一般情况下优先使用的配合基准制为(　　)。

(A)基轴制　(B)基孔制　(C)任意　(D)基准制

72. 机械制造中常用的长度单位是(　　)。

(A)m(米)　(B)dm(分米)　(C)cm(厘米)　(D)mm(毫米)

73. 直齿圆柱齿轮正确啮合的条件是(　　)。

(A)模数相等　(B)分度圆上压力角相等

(C)齿数相等　(D)模数相等及分度圆上压力角相等

74. 在落轮坑实施落轮作业时,一般(　　)。

(A)要分解转向架　(B)不分解转向架

(C)要分解轮对　(D)两转向架可同时进行

75. 正常情况下,把电器设备不带电的金属部分用导线与大地连接起来叫作(　　)。

(A)保护接地　(B)保护接零　(C)绝缘　(D)断路保护

76. 欧姆定律的内容是(　　)。

(A)导体的电阻与电压成正比,与电流成反比

(B)导体两端的电压随着电流的增加而增大

(C)导体的电流与电压成正比,与电阻成反比

(D)都不对

77. 电力机车从动齿轮与车轴的配合是(　　)。

(A)过盈配合　(B)过渡配合　(C)间隙配合　(D)松配合

78. 电流的单位是(　　)。

(A)C(库仑)　(B)A(安培)　(C)V(伏特)　(D)Ω(欧姆)

79. 电力机车承担机车重量,产生、传递机车牵引力和制动力的部分是(　　)。

(A)车体　(B)转向架　(C)车体支撑装置　(D)牵引缓冲装置

80. 车体与转向架的连接装置是(　　)。

(A)车体支撑装置　(B)牵引缓冲装置

(C)一系悬挂装置　(D)辅助装置

81. 电力机车与车列的联挂装置是(　　)。

(A)车体支撑装置　(B)辅助装置　(C)牵引缓冲装置　(D)车钩

82. 下列机车的能源利用率最高的是(　　)。

(A)蒸汽机车　(B)内燃机车　(C)电力机车　(D)都一样

83. 电力机车的传动装置是(　　)。

(A)带传动　(B)链传动　(C)丝杆传动　(D)齿轮传动

84. 电力机车轮对轴箱发热可能由下列(　　)原因引起。

(A)滚动轴承型号、内外位置装配不对　(B)抱轴箱缺油

(C)以上两种原因　(D)齿轮箱缺油

85. 决定螺纹旋合性的主要参数是螺纹的(　　)。

(A)大径　(B)中径　(C)螺距　(D)牙型

86. 滚动轴承最主要的失效形式是(　　)。

(A)裂纹　(B)锈蚀　(C)磨损　(D)疲劳点蚀和磨损

87. 用测力扳手拧紧螺纹的目的是(　　)。

(A)保证正确连接 (B)控制拧紧力矩 (C)提高装配效率 (D)防松

88. 弹簧垫圈上开出斜口的目的是为了(　　)。

(A)增大预紧力 (B)产生弹力 (C)防止螺母回转 (D)增大摩擦力

89. 齿轮安装中心距误差不仅影响齿轮的接触位置,而且影响(　　)。

(A)齿侧间隙 (B)接触面 (C)传动比 (D)传动效率

90. 电力机车的行进速度控制是靠(　　)实现的。

(A)机械部分 (B)电气部分 (C)空气制动部分 (D)其他

91. 我国铁路主要采用的标准轨距是(　　)。

(A)1 543 mm (B)1 435 mm (C)1 354 mm (D)1 453 mm

92. 机械制图中,1∶2 的比例是(　　)。

(A)缩小的比例 (B)放大的比例 (C)与实物相同 (D)与实物无关

93. 整车称重时,机车轮重偏差要求为(　　)。

(A)±2% (B)±4% (C)+3%、−1% (D)±3%

94. 整车称重时,机车的总重量偏差一般为(　　)。

(A)±2% (B)±4% (C)+3%、−1% (D)±3%

95. 铁与碳这两种元素作用后形成的化合物很硬、很脆,塑性几乎等于零,那么该化合物是(　　)。

(A)铁素体 (B)珠光体 (C)渗碳体 (D)马氏体

96. 在测量过程中,由一些无法控制的因素造成的误差称为(　　)。

(A)随机误差 (B)系统误差 (C)粗大误差 (D)偶然误差

97. 通过测量某一量值,并借助已知函数关系计算出需要的测量数据的测量方法叫作(　　)。

(A)直接测量 (B)间接测量 (C)函数计算 (D)误差换算

98. 用量具测出零件的弓高和弦长,通过公式计算出直径的测量方法叫作(　　)。

(A)直接测量 (B)间接测量 (C)函数计算 (D)误差换算

99. 两孔的中心距一般都用(　　)法测量。

(A)直接测量 (B)间接测量 (C)函数计算 (D)误差换算

100. 钻黄铜或青铜主要是解决钻头的(　　)。

(A)抗力 (B)挤刮 (C)散热 (D)扎刀

101. 钻锻件主要是解决钻头的(　　)。

(A)抗力 (B)挤刮 (C)散热 (D)扎刀

102. 手工操作攻丝时,丝锥每旋进 1 圈左右就要倒转半圈,这是为了(　　)。

(A)使切屑碎断,便于排屑 (B)省力

(C)避免乱扣 (D)保护丝锥

103. 在毛坯上扩孔主要解决的是(　　)的难题。

(A)切削深度 (B)定心难 (C)进给量 (D)转速选定

104. 在轴瓦内表面浇注一层巴氏合金的目的是(　　)。

(A)防锈 (B)提高轴瓦的耐磨性

(C)润滑配合轴 (D)提高强度

105. 下列材料可用作研具的是(　　)。
(A)工具钢　(B)合金钢　(C)硬质合金　(D)灰铸铁
106. 手锯锯条的楔角是(　　)。
(A)30°　(B)40°　(C)50°　(D)60°
107. 组合夹具是由各种(　　)元件拼装组合而成的。
(A)专用　(B)可调　(C)标准　(D)特殊
108. 组合夹具拼装后具有(　　)。
(A)专用性　(B)通用性　(C)较高的刚性　(D)较小的外形尺寸
109. 液压传动装置实质上是一种(　　)装置。
(A)运动传动　(B)力的传递　(C)液体变换　(D)能量转换
110. 液压系统的动力部分是(　　)。
(A)电机　(B)液压泵　(C)油压缸　(D)液压马达
111. 液压传动是依靠(　　)来传递运动的。
(A)压力的变化　(B)流量的变化　(C)速度的变化　(D)密封容积的变化
112. 若要改变油缸的运动速度,只要改变流入液压缸中油液的(　　)即可。
(A)压力　(B)流量　(C)速度　(D)方向
113. 图样上的细实线约等于粗实线的(　　)粗。
(A)1/2　(B)1/3　(C)1/4　(D)1/5
114. 双点画线一般应用于(　　)。
(A)假想投影轮廓线　(B)不可见过渡线
(C)对称中心线　(D)可见过渡线
115. 轴承的主要作用是(　　)。
(A)支承轴　(B)传递运动　(C)传递动力　(D)减少摩擦
116. 千分尺的分度值是(　　)。
(A)0.1 mm　(B)0.01 mm　(C)0.001 mm　(D)0.05 mm
117. 用万能角度尺测量工件时,当测量角度大于90°小于180°时,应加上(　　)。
(A)90°　(B)180°　(C)360°　(D)45°
118. 渗碳后需进行的热处理工艺为(　　)。
(A)回火　(B)正火
(C)淬火+低温回火　(D)发蓝
119. 过渡配合中,孔的下偏差必定(　　)轴的上偏差。
(A)等于　(B)大于　(C)小于　(D)稍大于
120. 允许尺寸变化的两个界限称为(　　)。
(A)基本尺寸　(B)实际尺寸　(C)极限尺寸　(D)参考尺寸
121. 在相同条件下平带传递的功率(　　)V带传递的功率。
(A)小于　(B)等于　(C)大于　(D)约等于
122. V带的计算长度指V带的(　　)。
(A)外周长度　(B)内周长度　(C)中性层长度　(D)实际长度
123. 机床需变速时,应(　　)变速。

(A)停车　(B)旋转时　(C)高速旋转时　(D)慢速旋转时

124. 采用剖视图是为了更清楚地看清零件的(　　)形状。

(A)局部　(B)半剖　(C)内部　(D)主视图

125. 人体能承受的安全电压为(　　)的电压。

(A)低于 250 V 高于 36 V　(B)低于 36 V

(C)低于 20 V　(D)低于 220 V

126. 热套齿轮时,可能造成齿轮发蓝的原因是(　　)。

(A)加热温度太低　(B)加热温度太高

(C)齿轮表面有油膜　(D)都不对

127. 制动力的传递和牵引力的传递(　　)。

(A)过程一样,方向相反　(B)过程一样,方向一样

(C)过程不一样,方向相反　(D)都不对

128. 电力机车一对啮合的大、小齿轮,下列表述正确的是(　　)。

(A)齿数相等,模数不等　(B)齿形角相等,模数相等

(C)齿数不等,模数不等　(D)齿数、模数、齿形角都不等

129. 溢流阀用来调节液压系统中的恒定(　　)。

(A)压力　(B)流量　(C)方向　(D)都不对

130. 为消除铸铁件的内应力所造成的精度变化,需在加工前做(　　)处理。

(A)回火　(B)正火　(C)时效　(D)淬火

131. 油压减振器是将电力机车振动冲击能量转变成(　　)。

(A)机械能　(B)化学能　(C)热能　(D)流体能

132. 油压减振器的减振性能与(　　)无关。

(A)机车的运行时间　(B)油压减振器内节流孔大小

(C)油压减振器内的活塞面积　(D)油压减振器的油液黏度

133. 采用带传动时,带在带轮上的包角不能(　　)120°。

(A)大于　(B)小于　(C)等于　(D)都不对

134. 使用链节数为奇数的链条时,应采取(　　)固定活动销轴。

(A)开口销　(B)弹簧卡片　(C)过渡链节　(D)铆接

135. 齿轮在轴上固定,当要求配合过盈量很大时,应采用(　　)。

(A)敲击法装入　(B)压力机压入

(C)液压套合装配法　(D)都不对

136. 安装渐开线圆柱齿轮时,接触斑点处于异向偏接触的不正确位置,其原因是两齿轮(　　)。

(A)轴线歪斜　(B)轴线不平行　(C)中心距太大　(D)中心距太小

137. 蜗杆传动机构的正确运转是蜗轮在任何位置上用于旋转蜗杆所需的转矩(　　)。

(A)均应相同　(B)大小不同

(C)相同或不同都可　(D)都不对

138. 保证丝杆、螺母传动精度的主要因素是(　　)。

(A)螺纹精度　(B)配合过盈　(C)配合间隙　(D)过渡配合

139.(　　)能够承受径向力。

(A)滑动轴承　(B)滚动轴承　(C)向心轴承　(D)推力轴承

140. 低温环境应选择(　　)的润滑油。

(A)黏度小、凝点低　(B)黏度大、凝点高

(C)凝点低、黏度大　(D)凝点高、黏度小

141. 放置在一个水平面上的物块,水平面对物块限制了(　　)个自由度。

(A)1　(B)2　(C)3　(D)4

142. 滚动轴承代号中的字母C表示该轴承是(　　)。

(A)超精级　(B)精密级　(C)高级　(D)普通级

143. 当机件内部结构不能用单一剖切平面剖开,而是采用几个互相平行的剖切平面将其剖开,这种剖视图称为(　　)。

(A)斜剖　(B)旋转剖　(C)复合剖　(D)阶梯剖

144. 新钻头一般要经刃磨才能使用,这主要是因为新钻头(　　)。

(A)没有切削刃　(B)没有前角　(C)后角为0°　(D)锋角太大

145. 刃磨后的钻头若不能切入工件,主要原因是(　　)。

(A)前角不合适　(B)后角小于0°　(C)横刃过长　(D)主切削刃过长

146. 手工卷制弹簧用芯轴的直径等于(　　)。

(A)(0.75～0.80)×弹簧内径　(B)(0.75～0.80)×弹簧外径

(C)(0.75～0.80)×弹簧中径　(D)0.75×弹簧外径

147. 切削时,切屑流出的表面称为(　　)。

(A)主刀面　(B)切削表面　(C)前刀面　(D)基面

148. 计算夹紧力的主要依据是(　　)。

(A)工件的重量　(B)切削力的大小　(C)工件的形状　(D)加工方法

149. 盖板式钻床夹具的特点是(　　)。

(A)没有夹具体　(B)没有夹紧装置　(C)没有导向元件　(D)没有定位元件

150. 当加工的孔需要依次进行钻、扩、铰等多种工步加工时,一般应使用(　　)。

(A)可换钻套　(B)快换钻套　(C)特殊钻套　(D)多孔钻套

151. Q235A与45号钢比较,(　　)焊接性好。

(A)Q235A　(B)45号钢　(C)一样　(D)都不对

152. 在螺纹标注中,应注出螺距的是(　　)。

(A)普通螺纹

(B)管螺纹和梯形螺纹

(C)细牙普通螺纹、梯形螺纹和锯齿形螺纹

(D)所有螺纹

153. 互换装配法对装配工艺技术水平要求(　　)。

(A)很高　(B)高　(C)一般　(D)不高

154. 畸形工件需多次划线时,为保证加工质量必须做到(　　)。

(A)安装方法一致　(B)划线方法一致　(C)划线基准统一　(D)借料方法相同

155. 箱体加工时,是用箱体的(　　)来找正的。

(A)面　(B)孔　(C)安装基准　(D)划线

## 三、多项选择题

1. 电力机车与其他类型机车相比,其优点是(　　)。
(A)功率大,速度快　(B)效率高,成本低
(C)综合利用资源,降低能源消耗　(D)工作条件舒适
2. 下列属于一系悬挂装置的是(　　)。
(A)橡胶堆　(B)轴箱弹簧
(C)一系垂向减振器　(D)轴箱拉杆
3. 下列属于电力机车电机悬挂方式的是(　　)。
(A)刚性轴悬式电机悬挂　(B)弹性轴悬式电机悬挂
(C)架悬式电机悬挂　(D)体悬挂
4. 下列属于有色金属的是(　　)。
(A)铜　(B)铁　(C)铝　(D)锌
5. 钢按化学成分可分为(　　)。
(A)碳素钢　(B)结构钢　(C)合金钢　(D)工具钢
6. 转向架在运行中承受(　　)。
(A)重力　(B)纵向力　(C)风力　(D)横向力
7. 良好的液压油具有的特性有(　　)。
(A)良好的润滑性　(B)油色好　(C)无腐蚀作用　(D)气味好
8. 采用热胀冷缩方式装配,当孔和轴配合有一定的过盈值时,采用(　　)方式。
(A)加热孔　(B)加热轴　(C)冷却孔　(D)冷却轴
9. 无机粘合剂的主要缺点是(　　)。
(A)强度大　(B)强度低　(C)脆性大　(D)脆性小
10. 轮对是机车的重要组成部分,承担着(　　)重任。
(A)供电　(B)制动　(C)转向　(D)承重
11. 轴箱装设在车轮两端的轴颈上,其作用有(　　)。
(A)将动载荷传给车轴　(B)传递轮对的牵引力
(C)传递轮对的制动力　(D)传递轮对与构架间的作用力
12. 直齿圆柱齿轮正确啮合的条件是(　　)相等。
(A)模数　(B)齿数　(C)压力角　(D)齿宽
13. 牵引装置是传递转向架与车体之间的(　　)的装置。
(A)纵向力　(B)承重　(C)制动力　(D)牵引力
14. 转向架的作用是(　　)。
(A)承受车架以上各部分的重量
(B)传递牵引力
(C)保证机车具有较好的运行平稳性和稳定性
(D)产生必要的制动力,使机车在规定的制动距离内停车
15. 转向架应具有的技术要求是(　　)。

(A)保证最佳的粘着条件 (B)良好的动力学性能
(C)自重轻,工艺简易 (D)良好的可接近性

16. 机车转向架按轴数分类,可分为(　　)。
(A)两轴 (B)三轴 (C)四轴 (D)八轴

17. 下列属于二系悬挂装置的是(　　)。
(A)抗蛇行减振器 (B)起吊环 (C)橡胶堆 (D)横向减振器

18. 游标卡尺按其精度可分为(　　)。
(A)0.01 mm (B)0.02 mm (C)0.05 mm (D)0.1 mm

19. 下列(　　)元素不会使钢产生热脆性。
(A)P (B)Si (C)S (D)Mn

20. 电力机车轮对轴箱发热可能的原因有(　　)。
(A)润滑油脂不足 (B)轴箱内有其他杂质
(C)横动量不满足要求 (D)油脂太脏

21. 电力机车齿轮传动装置的作用是(　　)。
(A)增大转速 (B)降低转速 (C)增大转矩 (D)降低转矩

22. 机械制图中,零部件的三视图指的是(　　)。
(A)主视图 (B)俯视图 (C)左视图 (D)右视图

23. 剖视图按剖切范围可分为(　　)。
(A)全剖视图 (B)半剖视图 (C)断面剖视图 (D)局部剖视图

24. 一张完整的零件图包括的内容有(　　)。
(A)一组图形 (B)尺寸标注
(C)必要的技术要求 (D)标题栏

25. 下列属于位置公差的是(　　)。
(A)圆柱度 (B)平行度 (C)平面度 (D)垂直度

26. 形位误差对零件的影响有(　　)。
(A)影响工作精度 (B)影响工作寿命
(C)影响可装配性 (D)影响外观形象

27. 表面粗糙度对零件的影响有(　　)。
(A)加剧磨损 (B)影响工作精度 (C)影响手感 (D)影响配合性

28. 常用的带传动有(　　)。
(A)齿带 (B)V 带 (C)平带 (D)高速带

29. 蜗杆传动的优点有(　　)。
(A)可实现单级大传动比 (B)工作平稳、噪声低
(C)可防止逆转 (D)加工方便

30. 蜗杆传动的缺点有(　　)。
(A)效率低 (B)易产生磨损 (C)容易逆转 (D)加工复杂

31. 普通螺纹的代号由(　　)组成。
(A)螺纹特征字母 M (B)公称直径
(C)螺距 (D)旋向

32. 键可分为(　　)。

(A)平键　(B)半圆键　(C)圆键　(D)楔形键

33. 平键的用途有(　　)。

(A)传递轴向力　(B)传递转矩　(C)导向　(D)轴向固定

34. 花键连接与平键连接相比,其优点是(　　)。

(A)受力均匀　(B)承载能力大　(C)定心性好　(D)导向性好

35. 滚动轴承的优点有(　　)。

(A)摩擦阻力小　(B)效率高　(C)安装方便　(D)启动灵敏

36. 向心角接触轴承能承受(　　)载荷。

(A)径向　(B)切向　(C)轴向　(D)横向

37. 滚子轴承与球轴承相比,其优点是(　　)。

(A)摩擦小　(B)承载能力好　(C)高速性能好　(D)耐冲击

38. 滚动轴承的代号由(　　)组成。

(A)前置代号　(B)类型代号　(C)基本代号　(D)后置代号

39. 液压传动的特点有(　　)。

(A)环境适应性好　(B)传动平稳　(C)承载能力大　(D)体积小

40. 用于平面刮削的刮刀是(　　)。

(A)直头刮刀　(B)三角刮刀　(C)蛇形刮刀　(D)弯头刮刀

41. 常用作研具材料的有(　　)。

(A)灰铸铁　(B)合金钢　(C)铜　(D)球墨铸铁

42. 下列可用于划线基准的是(　　)。

(A)一条棱　(B)相互垂直的平面

(C)两条轴线　(D)一个平面与一条中心线

43. 在机械加工前进行的热处理有(　　)。

(A)淬火　(B)退火　(C)时效　(D)正火

44. 导致加工误差的原因可能是(　　)。

(A)装夹误差　(B)测量误差　(C)刀具磨损　(D)机床误差

45. 下列属于零件的是(　　)。

(A)轴箱拉杆　(B)车轴　(C)轮对　(D)牵引座

46. 常用的装配方法有(　　)。

(A)完全互换装配法　(B)选择装配法

(C)修配装配法　(D)调整装配法

47. 滚动轴承的游隙过大会导致(　　)。

(A)轴承寿命降低　(B)灵敏度增大

(C)振动　(D)有噪声

48. 机床夹具的作用有(　　)。

(A)保证工件加工质量　(B)提高劳动生产率

(C)改善工人劳动条件　(D)降低加工成本

49. 装夹工件的工装需考虑(　　)方面。

(A)结构 (B)定位 (C)环境 (D)夹紧

50. 砂轮是由(　　)粘结而成的。

(A)磨料 (B)特殊粘结剂 (C)石头 (D)胶水

51. 基准按其作用,可以分为(　　)两大类。

(A)工作基准 (B)设计基准 (C)工艺基准 (D)划线基准

52. 销在装配中主要起(　　)的作用。

(A)定位 (B)连接 (C)传递扭矩 (D)紧固

53. 切削用量是指(　　)的总称。

(A)切削力 (B)切削速度 (C)切削深度 (D)进给量

54. 常用的清洗液有(　　)。

(A)汽油 (B)柴油 (C)煤油 (D)化学清洗液

55. 刮刀可分为(　　)。

(A)平面刮刀 (B)曲面刮刀 (C)弯面刮刀 (D)直面刮刀

56. 下列属于"八防"的防脱(脱落)的是(　　)。

(A)轮对压装的轮轴过盈量控制及压装、反压曲线

(B)转向架牵引座扭矩控制

(C)电机悬挂螺栓的紧固

(D)轮缘润滑器油脂罐的连接扭矩的控制

57. 轴承润滑的作用是(　　)。

(A)减小摩擦 (B)传递热量 (C)防止锈蚀 (D)减小噪声

58. 关于锉削,下列说法正确的是(　　)。

(A)精度可达到 0.01 mm

(B)应用范围较广,可以锉削工件的内、外表面及各种沟槽

(C)锉削时来回都需要施加压力

(D)锉刀无柄时还能使用

59. 下列关于装配的说法,正确的是(　　)。

(A)将零件连接组合成为组件的操作过程,叫作部件装配

(B)装配之前,利用试配法检查零件配合是否适当,叫作零件的预装

(C)分组装配法的装配精度完全取决于零件的加工精度

(D)部件装配是从基准零件开始的

60. 铆钉按其形状不同可分为(　　)。

(A)平头铆钉 (B)半圆头铆钉 (C)沉头铆钉 (D)管状空心铆钉

61. 液压控制阀可分为(　　)。

(A)方向控制阀 (B)压力控制阀 (C)旋转控制阀 (D)流量控制阀

62. 液压泵按结构不同可分为(　　)。

(A)柱塞泵 (B)齿轮泵 (C)叶片泵 (D)涡轮泵

63. 一对啮合的大、小齿轮,(　　)是肯定相等的。

(A)模数 (B)齿数 (C)齿厚 (D)齿形角

64. 研磨剂是由(　　)调和而成的混合剂。

(A)磨粒　(B)研磨液　(C)水　(D)颜料

65. 新造车轮的基本尺寸分为(　　)。

(A)$\phi$1 150　(B)$\phi$1 250　(C)$\phi$1 252　(D)$\phi$1 254

66. 排石器和撒砂装配是机车运行的安全保障，承担着机车的(　　)。

(A)清除大障碍　(B)排除小障碍

(C)增大制动/牵引力　(D)润滑轨道

67. 驱动装置的电机可以进行的能量转换是(　　)。

(A)将电能转换成机械能，给机车提供牵引力

(B)将势能转换成机械能，给机车提供牵引力

(C)将机械能转换成电能，给机车减速

(D)将机械能转换成势能，给机车减速

68. 机车的制动系统是保证机车安全运行的关键，它可以(　　)。

(A)紧急制动　(B)停放制动　(C)电控制动　(D)电磁制动

69. 齿轮箱内装有干净的齿轮油是齿轮传动的保障，齿轮油能够(　　)啮合齿轮。

(A)清洗　(B)润滑　(C)冷却　(D)防护

70. 电机悬挂需承担(　　)。

(A)齿轮啮合　(B)电机自重并减振

(C)降低电机掉落风险　(D)齿轮传动的反作用力

71. 轮齿损坏常有(　　)等形式。

(A)齿面锈蚀　(B)齿面点蚀　(C)轮齿折断　(D)齿面塑性变形

72. 可以用来测量工件内孔尺寸的量具有(　　)。

(A)游标卡尺　(B)内径千分尺　(C)角度尺　(D)杠杆百分表

73. 下列刮刀可用于平面刮削的是(　　)。

(A)粗刮刀　(B)细刮刀　(C)精刮刀　(D)三角刮刀

74. 润滑技术的内容包括(　　)。

(A)正确选用润滑剂的品种和用量　(B)采用合理的润滑方式

(C)改善润滑剂的性能　(D)保持润滑剂的质量

75. 造成钻头产生折断的原因有(　　)。

(A)装夹不牢固　(B)扎刀现象　(C)进给量太小　(D)钻头崩刃

76. 零件图上的技术要求包括(　　)。

(A)表面粗糙度　(B)尺寸公差　(C)热处理　(D)表面处理

77. 常用于消除系统误差的测量方法是(　　)。

(A)反向测量补偿法　(B)基准变化消除法

(C)对称测量法　(D)抵消法

78. 研磨工具是保证研磨工件几何形状正确的主要因素，常用的研磨工具有(　　)。

(A)平板　(B)环　(C)棒　(D)球

79. 一般研磨平面的方法是：工件沿平板表面以(　　)运动轨迹进行研磨。

(A)8 字形　(B)仿 8 字形　(C)直线往复　(D)螺旋形

80. 下列关于研磨的说法，错误的是(　　)。

(A)通用平面的精度等级是 0 级最低,3 级最高

(B)研磨后的尺寸精度可达到 0.01～0.05 mm

(C)软钢塑性较好,不容易折断,常用来作小型的研具

(D)有槽的研磨平板用于精研磨

81. 机车车辆限界包括(　　)。

(A)无偏移限界　(B)静偏移限界　(C)动偏移限界　(D)有偏移限界

82. 任何铁路机车车辆转向架必须完成承载、(　　)任务。

(A)牵引　(B)缓冲　(C)导向　(D)制动

83. 带传动具有的特点是(　　)。

(A)吸振和缓冲　(B)传动比准确

(C)适用两传动轴中心距离较远　(D)效率高

84. 机车车辆按车架(体)与转向架间的连接装置形式分为(　　)转向架。

(A)有心盘(或牵引销)　(B)无心盘(或牵引销)

(C)铰接式　(D)拉杆式

85. 钢制圆弹簧的特点可归纳为(　　)。

(A)重量轻　(B)运动灵活　(C)弹性大　(D)无阻尼

86. 影响机床装配精度的因素有(　　)。

(A)机件的刚度　(B)工作温度变化　(C)设计缺陷　(D)磨损

87. 工艺系统的几何误差是指(　　)。

(A)操作误差　(B)机床误差　(C)刀具误差　(D)夹具误差

88. 车床通用的夹具有(　　)。

(A)三爪自定心卡盘　(B)五爪自定心卡盘

(C)花盘　(D)顶尖

89. 刀具的非正常磨损包括(　　)。

(A)前刀面磨损　(B)卷刃　(C)破损　(D)后刀面磨损

90. 橡胶密封材料的优点有(　　)。

(A)耐高温　(B)耐水性

(C)易于压模成型　(D)高弹性

91. 零件加工精度包括(　　)。

(A)绝对位置　(B)尺寸　(C)几何形状　(D)相对位置

92. 常用螺纹连接的基本形式有(　　)。

(A)螺栓　(B)双头螺柱　(C)螺旋铆钉　(D)螺钉

93. 刀具磨钝标准分(　　)两种。

(A)粗加工磨钝标准　(B)精加工磨钝标准

(C)加工标准　(D)磨钝标准

94. 在切削过程中,工件上形成的三个表面是(　　)。

(A)粗表面　(B)待加工表面　(C)加工表面　(D)已加工表面

95. 液压传动装置通常由(　　)组成。

(A)管道　(B)液压泵　(C)液压缸　(D)阀类

## 四、判 断 题

1. 钻孔时，加切削液的目的主要是为了润滑。(　　)
2. M20×20-6H/6g，其中 6H 表示外螺纹公差带，6g 表示内螺纹公差带。(　　)
3. 丝锥螺纹公差带等级有 1H、2H、3H、4H。(　　)
4. 根据螺纹配合的要求，当要求配合性质变动较小时，采用精密螺纹。(　　)
5. 装配工作的好坏对产品质量可能有一定影响。(　　)
6. 将零件连接组合成为组件的操作过程叫作部件装配。(　　)
7. 装配之前，利用试配法检查轴上零件与轴配合是否适当，叫作零件的预装。(　　)
8. 部件装配是从基准零件开始的。(　　)
9. 尺寸链封闭环的基本尺寸是其他各组成环基本尺寸的代数差。(　　)
10. 分组装配法的装配精度完全取决于零件的加工精度。(　　)
11. 在装配中，要进行修配的组成环叫作封闭环。(　　)
12. 在装配中，为保证封闭环精度，被调整位置或尺寸的某一预定环叫作调整环。(　　)
13. 螺钉旋具常用规格有 100 mm、150 mm、200 mm、300 mm 和 400 mm 等。(　　)
14. 成套套筒扳手由一套尺寸相等的梅花套筒组成。(　　)
15. 靠摩擦力工作的带传动不能保证严格的传动比。(　　)
16. 普通楔键连接，键的上、下两面是工作面，键侧和键槽有一定间隙。(　　)
17. 花键配合常采用外径、内径和齿侧三种定心方式。(　　)
18. 圆柱销一般依靠过盈固定在孔中，用以定位和连接。(　　)
19. 过盈连接一般属于可拆卸连接。(　　)
20. 配合件的过盈量及配合尺寸较小时，一般采用热胀冷缩法装配。(　　)
21. 配合件的过盈量及配合尺寸较大时，常用温差法装配。(　　)
22. 利用液压装拆过盈连接件时，轴向力小，配合面也不易擦伤。(　　)
23. 滚动轴承优点很多，无论在什么情况下，使用滚动轴承比使用滑动轴承好。(　　)
24. 尼龙轴承因热膨胀系数大，其强度和尺寸稳定性比金属轴承好。(　　)
25. 利用油的黏性和轴颈的高速旋转使轴颈与轴承完全被油膜隔开，即为液体静压润滑。(　　)
26. 滚动轴承与轴及轴承座孔配合的松紧程度，由滚动轴承的尺寸公差来保证。(　　)
27. 滚动轴承的直径系列，是指在轴承内径相同时有各种不同的外径，用右起第三位数字表示。(　　)
28. 在配合件采用相同基本偏差的情况下，滚动轴承内孔与轴配合较紧。(　　)
29. 滚动轴承的装配方法应根据轴承结构及轴承部件的配合性质来定。(　　)
30. 当滚动轴承内圈与轴、外圈与壳体孔都是紧配合时，应把轴承同时压在轴上和壳体孔中。(　　)
31. 滚动轴承的游隙，是指轴承两套圈同时沿径向或轴向的最大活动量。(　　)
32. 所谓预紧，就是在安装轴承时，用某种方法产生并保持一轴向力，以消除轴承中的游隙。(　　)
33. 主轴除具有足够的强度、刚度和抗振性之外，还应有较高的回转精度。(　　)

34. 采用带传动时，如果张紧力不足，会造成带在带轮上打滑，使带急剧磨损。(　　)

35. 两齿轮啮合的侧隙与中心距偏差无关。(　　)

36. 压装齿轮时，应尽量避免齿轮偏心、歪斜和端面未紧贴轴肩等安装误差。(　　)

37. 一对标准圆锥齿轮在传动时，必须使两齿轮分度圆锥相切、两锥顶重合。(　　)

38. 蜗杆传动的优点是传动效率较低，工作时发热大，需要有良好的润滑。(　　)

39. 严格控制液压缸与活塞之间的配合间隙是防止泄露和保证运动可靠的关键。(　　)

40. 把液压元件组成液压传动系统，是通过传输油压的管道来实现的。(　　)

41. 碳素钢、合金钢及铸铁都是有色金属。(　　)

42. 含碳量低于2%的铁碳合金为碳素钢。(　　)

43. QT400-18表示最大抗拉强度为400 $N/mm^2$的球墨铸铁。(　　)

44. 衡量材料强度的指数是弹性模量。(　　)

45. 在实际生产中，为了消除加工硬化，常采用重结晶退火工艺。(　　)

46. 和谐型机车轮轴与抱轴箱之间采用滚动轴承，滚动轴承摩擦系数小。(　　)

47. 当钢的含碳量大于0.9%时，随着钢中含碳量的增加，钢的强度、硬度直线上升，而塑性、韧性不断下降。(　　)

48. 在正火和退火之间，从经济上考虑，在可能的条件下应尽可能选择退火。(　　)

49. 1英寸＝25.4 mm。(　　)

50. 安装锯条时，锯齿应朝向前推的方向。(　　)

51. 低牵引点的转向架能大大减少轴重转移。(　　)

52. 倘若牵引电机的驱动力超过了轮轨间的黏着力将发生空转。(　　)

53. 称重调簧的目的是为了充分发挥机车的牵引力。(　　)

54. 圆轴扭转时，横截面圆心处的剪应力最大。(　　)

55. 模数 $m$ 表示齿轮齿形的大小，是没有单位的。(　　)

56. 小齿轮加热温度过高造成表面氧化，齿内组织变化出现热脆性。(　　)

57. 和谐2型电力机车采用的是电机全悬挂装置。(　　)

58. 横向油压减振器主要减弱机车的点头和蛇行运动。(　　)

59. 轴承内套和防尘圈应同时加热组装，加热温度相等。(　　)

60. 碳钢中含碳量是影响钢火花的决定因素。(　　)

61. 链传动可在两轴中心距较远情况下传递运动和动力，但不能保证准确的传动比。(　　)

62. 发生电气设备火灾时应立即切断电源，用灭火机、黄沙和水扑灭火种。(　　)

63. 电力机车轮对电机组装中，齿轮箱内的油越多越好。(　　)

64. 电力机车的弹性悬挂普遍采用两系悬挂。(　　)

65. 电力机车的速度越高，要求一系悬挂弹簧下的重量越轻。(　　)

66. 电力机车轮对的轮心与车轴的过盈量越大越好。(　　)

67. 电力机车轮对的轮心与车轴的过盈量越小越好。(　　)

68. 电力机车油压减振器当振动强烈时，减振能力相应增强；当振动减弱时，减振能力相应减弱。(　　)

69. 电力机车单侧齿轮传动一般用直齿轮，不用斜齿轮。(　　)

70. 电力机车双侧齿轮传动一般用斜齿轮，不用直齿轮。（　　）

71. 电力机车在运行中空转打滑的瞬间，轮周牵引力急剧上升。（　　）

72. 电力机车所能发挥的最大牵引力与牵引电机的功率和轮轨黏着系数有关。（　　）

73. 电力机车的轮缘润滑装置是将油喷在轮对踏面上。（　　）

74. 机车在运行中，每根轮对压在轨道上的重量即为轴重。（　　）

75. 轴重越大，机车每根轴所能发挥的黏着牵引力就越大。（　　）

76. 弹簧装置以上的重量称为簧上重量。（　　）

77. 轴箱轴承压装是保压时间越长越好。（　　）

78. 标准麻花钻的顶角为 110°。（　　）

79. 垂向油压减振器主要控制机车的点头与浮沉振动。（　　）

80. 低牵引的转向架便于机车有效发挥牵引力。（　　）

81. 过盈连接件的拆卸都是用压力拆卸法拆卸。（　　）

82. 确定部件装配顺序的一般原则是先下后上、从里向外。（　　）

83. 装配时，零件的清洗是一项很重要的工作，对于橡胶制品（如密封环等零件），一定要用汽油清洗。（　　）

84. 吊钩、吊环必须经过负荷试验和探伤检查合格后方可使用。（　　）

85. 起重用的吊具只要达到其强度计算值即可使用。（　　）

86. 转向架的作用之一是尽可能缓和线路不平顺对机车的冲击，保证机车运行平稳，减少动作用力及其危害。（　　）

87. 在吊运组装工作中，多人一起操作，一定要指派专人指挥吊车。（　　）

88. 吊装及吊运配件时，配件下禁止站人。（　　）

89. 在铸铁上铰孔时加煤油润滑，因煤油的渗透性强，会产生铰孔后孔径缩小现象。（　　）

90. 扩孔是用扩孔钻对工件上已有的孔进行精加工。（　　）

91. 铰孔是用铰刀对粗加工的孔进行精加工。（　　）

92. M10-7H-L，其中 L 表示旋合长度为短旋合长度。（　　）

93. 准螺纹代号的表示顺序是牙型、大径、旋向。（　　）

94. 研磨后的尺寸精度可达到 0.01～0.05 mm。（　　）

95. 软钢塑性较好，不容易折断，常用来作小型的研具。（　　）

96. 磨粉的粒度号数大，磨料细；号数小，磨料粗。微粉的号数大，磨料细；反之，磨料细。（　　）

97. 无机粘合剂应尽量用于平面对接和搭接的接头结构形式。（　　）

98. 环氧树脂对各种材料具有良好的粘接性能，因而得到广泛应用。（　　）

99. 用控制螺母扭角法来控制预紧力，其原理和测量螺栓伸长法不同。（　　）

100. 滚动轴承宽度系列，是指同一内径的轴承可有各种不同的宽度，用右起第七位数字表示。（　　）

101. 钢中含硫产生热脆性。（　　）

102. 高碳钢是指含碳量为 0.60%～1.70%的钢。（　　）

103. 高碳钢的焊接性能比较好，再加上其硬度较好，可作为构架的材料使用。（　　）

104. 金属在固态下随温度的改变由一种晶格变为另一种晶格的现象为同素异构转变。(  )

105. 珠光体用符号“Z”表示。(  )

106. 油压减振器利用油液的黏滞性形成阻尼,吸收振动冲击能量。(  )

107. 低牵引的转向架便于机车有效发挥牵引力。(  )

108. 高速客运电力机车的传动比一般货运电力机车的传动比大。(  )

109. 在阶梯剖视中,不应画出剖切平面转折处的投影。(  )

110. 电力机车发生轴重转移与牵引力无关。(  )

111. 两个传动齿轮的传动比等于这两个齿轮的齿数比。(  )

112. 两个传动齿轮之间的传动是滚动传动,没有摩擦。(  )

113. 齿轮传动时,齿面需要润滑是因为齿轮传动时啮合齿面一直存在摩擦。(  )

114. 为了保证齿轮箱内齿轮油的清洁,所以齿轮箱必须设计成密闭结构。(  )

115. 齿轮传动中,齿轮啮合的重合度可以小于1。(  )

116. 分离型轴承装配时,内、外圈应分别与相配合零件装配。(  )

117. 孔与轴的过盈装配,一般采用冷却轴、加热孔、压力机压入等方法。(  )

118. 一般手电钻只能钻 $\phi$12 以下的光孔。(  )

119. M16×2.0 的螺纹应该钻 $\phi$16 的螺纹底孔。(  )

120. 螺栓 M20×120 指的是中径为 20 mm、长度为 120 mm 的螺栓。(  )

121. 抛光不能改变零件原有的加工精度。(  )

122. 零件的加工质量主要是指加工精度的高低。(  )

123. 零件加工质量的好坏主要取决于机床的精度。(  )

124. 轮对压装传动绘制的压装吨位曲线要求平稳上升,不能有过大的不稳定的起落变化。(  )

125. 双侧齿轮传动比单侧齿轮传动更能传递转矩。(  )

126. 直柄麻花钻比锥柄麻花钻传递的转矩大。(  )

127. 装配单元系统图能直观地反映整个机械产品的装配顺序。(  )

128. 所有的金属材料都具有导电性。(  )

129. 生产类型和产品的复杂程度决定着装配的组织形式。(  )

130. 电动机的转子起输出机械转矩的作用。(  )

131. 电力机车走行部分的横向油压减振器主要是减弱机车在运行中产生侧滚、摇摆等不良运动。(  )

132. 电力机车的可靠性和安全性是评估性能优良的主要指标。(  )

133. 三轴转向架的中间轴上所装配的轴承不同,是为了保证电力机车的过曲线能力。(  )

134. 球墨铸铁能用乙炔气割的方法切断。(  )

135. 凸轮机构中,把凸轮曲线的最大压力角控制在许用范围来确定凸轮的最小半径。(  )

136. 电力机车上的减振装置刚度越小,减振效果越好。(  )

137. 电力机车上的牵引装置既传递牵引力,又传递制动力。(  )

138. $B_0$—$B_0$— $B_0$ 机车中间转向架与车体的横动量比两端的要大，是为了保证电力机车的过曲线能力。（ ）

139. 电力机车轮轨润滑装置是定时给轮轨润滑，延长轮轨的使用寿命。（ ）

140. 电力机车抱轴箱刮瓦，刮瓦量过多过少都会产生不良影响。（ ）

141. 剖视图中，相邻两零件的剖面线应用方向不同的线区别开。（ ）

142. 所有的金属材料都具有磁性。（ ）

143. HXD2C 型电力机车轴式为 $C_0$—$C_0$，表示由两台相同的三轴转向架组成的走行部。（ ）

144. 把影响某一装配精度的相互联系的尺寸，按一定顺序连接成封闭的形式，称为装配尺寸链。（ ）

145. 采用过定位可以使加工精度提高。（ ）

146. 不合格过程必然会产生不合格产品。（ ）

147. RAMS 是指可靠性、可使用性、可维修性和安全性。（ ）

148. 首件检验就是对试制的样车进行全面的检测和试验。（ ）

149. 电力机车空气管路系统中的主风缸空气压力在机车运行时，始终保持 700～900 kPa 之间的压力。（ ）

150. 电力机车车顶上的设备都是由控制风缸供给压缩空气。（ ）

151. 电力机车橡胶件的剪切模数与橡胶的品种、成本以及胶质无关。（ ）

152. 电力机车橡胶件的弹性模数与橡胶的品种、成本以及胶质无关。（ ）

153. 拉伸试验可以测定金属材料的强度和塑性。（ ）

154. 电力机车橡胶件的剪切模数取决于橡胶的硬度。（ ）

155. 电力机车橡胶件的弹性模数与橡胶的硬度无关。（ ）

## 五、简 答 题

1. 轴有何功用？分哪几类？
2. 什么叫压力角？我国常用的齿轮标准压力角是多少？
3. 什么是金属材料的机械性能？包括哪些主要性能？
4. 常用金属材料有哪些种类？
5. 试述电力机车排障器的作用。
6. 电力机车控制气路系统的主要作用是什么？
7. 电力机车的轴重是什么？
8. 电力机车的单轴功率是什么？
9. 什么是电力机车的结构速度？
10. 轮对压装后需要进行哪些检验？
11. 轮对运行磨耗以后，用什么方法消除一台机车的轮径差？
12. 什么是电力机车的轴箱定位？
13. 电力机车轴箱定位的作用是什么？
14. 电力机车的弹簧装置有什么作用？

15. 电力机车弹簧的静挠度是什么?
16. 电力机车弹簧的刚度是什么?
17. 油压减振器的作用原理是什么?
18. 什么是传动比?
19. 影响电力机车运行的力有哪些?
20. 什么是电力机车的轮重?
21. 电力机车轮对电机组装中齿轮箱中的齿轮油加入多少合适?
22. 齿轮传动和带传动相比较有何特点?
23. 螺纹连接的防松措施有哪些?
24. 什么是金属材料的工艺性?工艺性可分哪些项目?
25. 装配精度包括哪几项?
26. 合金元素对钢的性能有什么影响?
27. 金属工件的胀缩性对零件加工、测量和装配都有何影响?
28. 工艺规程有哪几类?
29. 轮缘润滑是减弱轮轨间摩擦,在机车运行中起什么作用?
30. 丝锥损坏的主要形式是什么?
31. 引起电力机车轴箱发热的原因主要有哪些?
32. 电力机车称重调簧的目的是什么?
33. 提高扩孔质量的措施有哪些?
34. 铰孔时铰刀为什么不能反转?
35. 选择滚动轴承润滑油的原则有哪些?
36. 小齿轮加热温度过高、过低时分别会出现什么问题?
37. 抱轴瓦组装过程中,测量抱轴瓦量需测量哪些参数?
38. 电机小齿轮是什么材料?机加工后需进行哪些热处理?
39. 电力机车上使用的通风机从原理上可分为哪两大类?
40. 读零件图的方法是什么?
41. 什么是车轮的轮缘角?
42. 电力机车的车钩主要具有哪些性能?
43. 电力机车牵引缓冲装置中,缓冲器的主要性能参数有哪些?
44. 电力机车电路按功能、作用和电压等级可分为哪几类电路?
45. 电力机车辅助电路的主要作用是什么?
46. 螺纹连接为何要预紧?
47. 金属的力学性能和工艺性能有哪些?
48. 简述齿轮的精度要求。
49. 简述滑动轴承常见的润滑方法。
50. 按照在控制系统中的作用来划分,举例说明电器可分为哪几类。
51. 设备磨损零件是否修换应考虑哪些方面?

52. 何谓工艺规程？
53. 电力机车空气管路根据位置的不同可分为哪些部分？
54. 撒砂是增大轮轨间摩擦，喷油是减弱轮轨间摩擦，在机车运行中各起什么作用？
55. 在热处理工艺中，退火的目的是什么？
56. 制定工艺规程的依据是什么？
57. 简述齿轮轮齿的失效形式。
58. 试述球墨铸铁热处理的目的和方法。
59. 使用钻模钻孔具有哪些优点？
60. 在液压系统中，什么是卸载回路？
61. 液压系统中的卸载回路有何作用？
62. 绝缘材料按其最高允许工作温度可分哪几级？其最高工作温度各为多少？
63. 锯条为什么要有锯路？
64. 高速电力机车为什么要设计成制造工艺复杂的流线型车体？
65. 大型工件划线的工艺要点有哪些？
66. 电力机车称重时，对重量有何要求？
67. 确定零件使用期限的方法有哪几种？
68. 液压基本回路有哪几大类？
69. 如何防止液压系统油温过高？
70. 滚动轴承的精度等级用什么来表示？其级别如何划分？

## 六、综 合 题

1. 已知主动轮直径 $D_1=200$，从动轮直径 $D_2=300$，求传动比。若 $n_1=1\ 200$ r/min，$n_2$ 等于多少？

2. 已知直齿圆柱齿轮的齿数 $z_1=20$，齿顶圆直径 $d_z=44$，求该齿轮的模数 $m$、分度圆直径 $d_1$。若该齿轮与另一齿数 $z_2=26$ 的齿轮啮合，求两齿轮的中心距为多少？

3. 在钢件、铸铁件上攻 M20 的螺纹，其底孔直径分别是多少？
4. 密封件装配有哪些方法和要求？
5. 手攻螺纹工艺要点是什么？
6. 改善电力机车轮轨不良黏着的具体措施有哪些？
7. 在电力机车结构上，可采取哪些措施减振？
8. 电力机车轮对的主要作用是什么？
9. 什么样的螺纹连接要控制拧紧力矩？控制拧紧力矩有哪些方法？
10. 制定装配工艺规程的一般方法和步骤是什么？
11. 简述测量误差产生的原因。
12. 何谓滚动轴承的游隙？游隙过大或过小有何影响？
13. 什么叫完全互换装配法？有哪些优缺点？
14. 根据图 1 所示的两视图，求作第三视图。

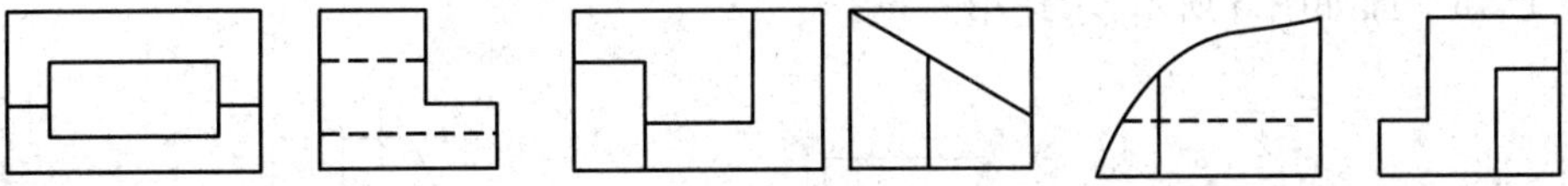

(a) (b) (c)

图 1

15. 使用砂轮机应注意哪些要求?

16. 根据图 2 所示的两面投影,求作第三投影。

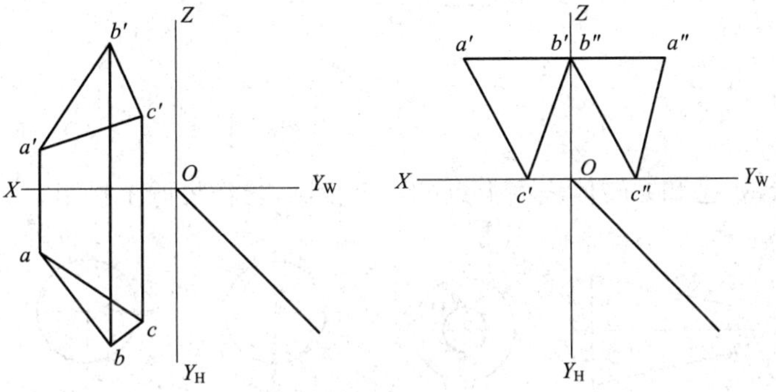


(a) (b)

图 2

17. 根据图 3 所示的两面投影,求作第三投影。

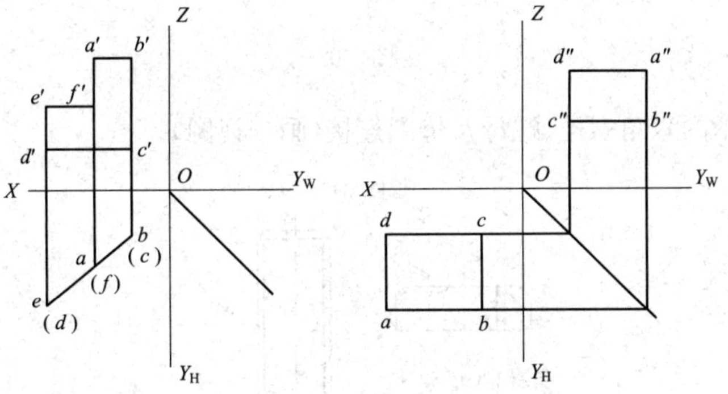


(a) (b)

图 3

18. 已知线段如图 4 所示,求作第三投影。

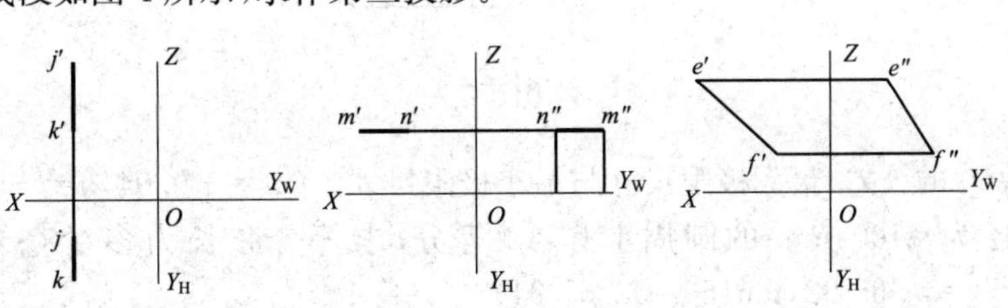


(a) (b) (c)

图 4

19. 已知平面如图 5 所示，求作第三投影。

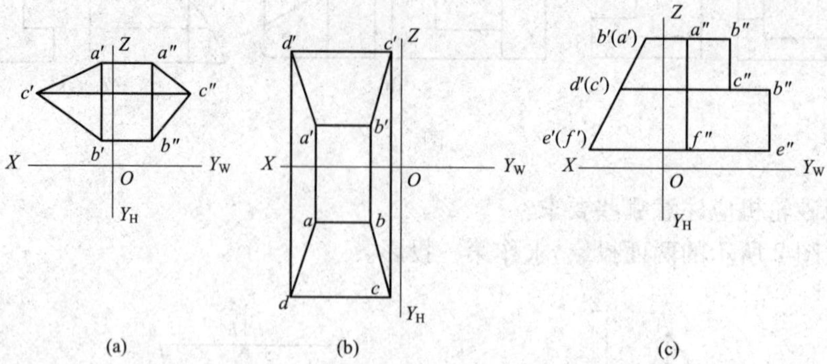


图 5

20. 如图 6 所示，已知回转体表面上点的一个投影，求作另两个投影。

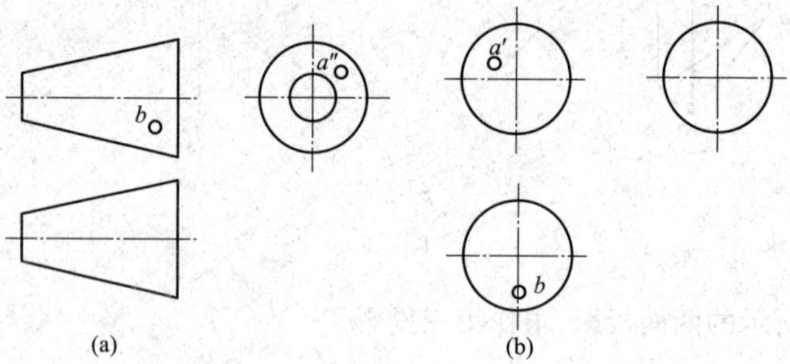


图 6

21. 将图 7 所示的六角螺栓、螺母及垫圈连接(画三视图)。

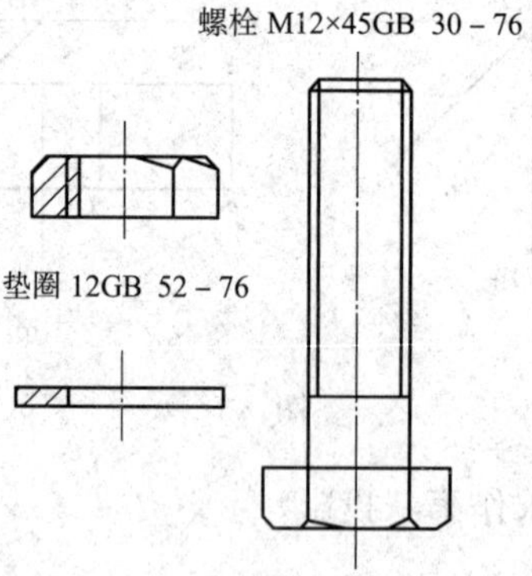


图 7

22. 计算 $\phi50$ 的公差、最大极限尺寸与最小极限尺寸。($m=+0.04$，$n=-0.03$)

23. 在直径为 $\phi100$ mm 的圆周上作 12 等分，求等分弦长为多少毫米？($\sin15°=0.258\,81$，$\cos15°=0.965\,92$，$\tan15°=0.267\,94$)

24. 试计算确定 M8-6H 和 M12-7H 的螺栓套螺纹前的圆杆直径。

25. 如图 8 所示，已知主视图、俯视图，补画左视图。

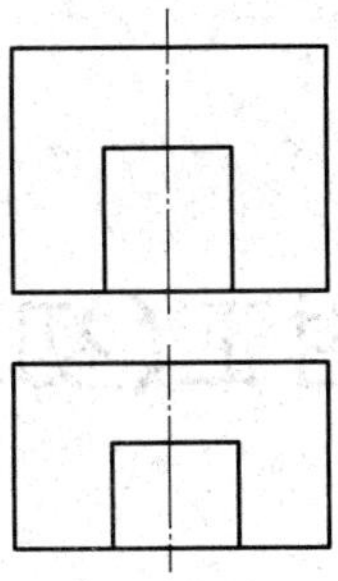

图 8

26. 转向架的主要作用是什么?

27. 螺纹传动按螺纹副性质可分为哪几种?设计滑动螺旋的准则是什么?

28. 一把游标卡尺,尺身每格为 1 mm,游标共有 20 格,当两个量爪合拢时,游标的 20 格刻线正好与尺身的 19 格刻线对齐,试计算该游标卡尺的读数精度为多少。

29. 用分度头配合划出工件上 11 个等分孔,试问每划一个等分后,分度手柄需要再转过多少转数和孔距数,即能正确划出下一个等分孔。(孔板数 53、54、57、58、59、62、66)

30. 电力机车的振动有什么危害性?

31. 影响电力机车轮轨间黏着系数的主要因素是什么?如何影响的?

32. 滚动轴承与滑动轴承比较有什么特点?

33. 保证产品装配精度的装配方法有哪几种?各有何特点?

34. 设计螺栓连接的依据是什么?

35. 电力机车顶盖漏雨是什么原因引起的?

# 电力机车钳工(初级工)答案

## 一、填 空 题

| | | | |
|---|---|---|---|
| 1. 公差带 | 2. 1 kW | 3. 塑性变形 | 4. 定位 |
| 5. 传递扭矩 | 6. 机械部分 | 7. 三 | 8. (1 353±3) |
| 9. 电 | 10. 45 | 11. 强度 | 12. 0.6 |
| 13. 20 | 14. 液压能 | 15. 模数 | 16. 悬挂弹簧 |
| 17. 构架 | 18. 侧滚与摇摆 | 19. ±2% | 20. 1∶10 |
| 21. 洛氏硬度 | 22. 梯形 | 23. 相互位置 | 24. 孔径 |
| 25. 2($B_0$—$B_0$) | 26. $C_0$—$C_0$ | 27. 0.7 | 28. 40 |
| 29. 油压 | 30. 减 | 31. 牵引电机 | 32. 压缩机 |
| 33. $C_0$—$C_0$ | 34. 轮缘根部 | 35. 过盈 | 36. 孔 |
| 37. 间隙 | 38. 轴 | 39. 加 | 40. 减 |
| 41. 尺寸 | 42. 进给 | 43. 径向 | 44. 工件材料 |
| 45. 切削深度 | 46. 尺寸准确 | 47. 6～9 | 48. 防燃 |
| 49. 防飏 | 50. ⊕ | 51. ⊖ | 52. 装配 |
| 53. 液压 | 54. 精度 | 55. 转矩 | 56. 有色金属材料 |
| 57. 0.25% | 58. 碳素工具 | 59. 粗细 | 60. 细齿 |
| 61. 攻螺纹 | 62. 套螺纹 | 63. 连接 | 64. 双 |
| 65. 锥角和长度 | 66. 刚性轴悬式 | 67. 离心力 | 68. 动不平衡 |
| 69. 煤油 | 70. 最小厚度 | 71. 普通 | 72. 摩擦力矩 |
| 73. 重 | 74. 同轴度 | 75. 滑动 | 76. 平面 |
| 77. 滚动体 | 78. 圆柱滚子 | 79. 基孔 | 80. 径向 |
| 81. 精度 | 82. 圆弹簧 | 83. 振动冲击 | 84. 牵引力 |
| 85. 2 | 86. 3 | 87. 形状 | 88. 36 |
| 89. 轮轨摩擦 | 90. 运动和动力 | 91. 表面热处理 | 92. 过渡配合 |
| 93. 润滑脂 | 94. 溜车事故 | 95. 两侧面 | 96. 转矩 |
| 97. 传递纵向力 | 98. 1 250 | 99. 0.3 | 100. 1 |
| 101. 15 | 102. 3 | 103. 安装尺寸 | 104. 正二等 |
| 105. 向心轴承 | 106. 碳素工具钢 | 107. 0.1 | 108. ±4% |
| 109. 制动缸 | 110. 垂直重量 | 111. 半悬挂 | 112. 宽相等 |
| 113. 视图 | 114. 缓冲器 | 115. 抱轴承式 | 116. 架悬挂 |
| 117. 动压 | 118. 稳定 | 119. 塞规 | 120. 排出 |

| | | | |
|---|---|---|---|
| 121. 化学 | 122. 毛坯表面 | 123. 误差程度 | 124. 安置 |
| 125. HRC62 | 126. 加工条件 | 127. 公差等级数字 | 128. 大于 |
| 129. 小于 | 130. 几何形状 | 131. 工件误差 | 132. 磨料 |
| 133. 0.005～0.03 | 134. 旋转 | 135. 矫正 | 136. 质量 |
| 137. 灵敏 | 138. 几何精度 | 139. 81 | 140. 螺栓 |
| 141. 回火索氏体 | 142. 硬度 | 143. 电弧焊 | 144. 综合 |
| 145. 锤头重量 | 146. 基准重合 | 147. 消除焊接内应力 | 148. 42CrMoA |
| 149. 3 min | 150. 黏着力 | 151. 密封容积 | 152. 脱链 |
| 153. 防松 | 154. 工作精度 | 155. 手擦 | |

## 二、单项选择题

| | | | | | | | | |
|---|---|---|---|---|---|---|---|---|
| 1. C | 2. B | 3. C | 4. A | 5. C | 6. B | 7. D | 8. B | 9. B |
| 10. D | 11. C | 12. A | 13. C | 14. A | 15. B | 16. B | 17. A | 18. D |
| 19. B | 20. D | 21. A | 22. B | 23. A | 24. C | 25. C | 26. D | 27. A |
| 28. B | 29. B | 30. A | 31. A | 32. D | 33. C | 34. A | 35. C | 36. B |
| 37. B | 38. A | 39. C | 40. A | 41. D | 42. A | 43. C | 44. D | 45. C |
| 46. B | 47. B | 48. B | 49. D | 50. A | 51. A | 52. C | 53. B | 54. A |
| 55. C | 56. B | 57. B | 58. A | 59. D | 60. A | 61. C | 62. B | 63. C |
| 64. D | 65. D | 66. A | 67. A | 68. C | 69. B | 70. A | 71. B | 72. D |
| 73. D | 74. B | 75. A | 76. C | 77. A | 78. B | 79. B | 80. A | 81. C |
| 82. C | 83. D | 84. A | 85. B | 86. D | 87. B | 88. C | 89. A | 90. B |
| 91. B | 92. A | 93. A | 94. C | 95. C | 96. A | 97. B | 98. B | 99. B |
| 100. D | 101. C | 102. A | 103. B | 104. B | 105. D | 106. C | 107. C | 108. B |
| 109. D | 110. B | 111. D | 112. B | 113. B | 114. A | 115. D | 116. B | 117. A |
| 118. C | 119. C | 120. C | 121. A | 122. C | 123. A | 124. C | 125. B | 126. B |
| 127. A | 128. B | 129. A | 130. C | 131. C | 132. A | 133. B | 134. C | 135. C |
| 136. A | 137. A | 138. C | 139. C | 140. A | 141. C | 142. A | 143. D | 144. C |
| 145. B | 146. A | 147. C | 148. B | 149. A | 150. B | 151. A | 152. C | 153. D |
| 154. C | 155. D | | | | | | | |

## 三、多项选择题

| | | | | | | |
|---|---|---|---|---|---|---|
| 1. ABCD | 2. BCD | 3. ABCD | 4. ACD | 5. AC | 6. ABD | 7. AC |
| 8. AD | 9. BC | 10. BCD | 11. ABCD | 12. AC | 13. CD | 14. ABCD |
| 15. ABCD | 16. ABC | 17. ACD | 18. BCD | 19. ABD | 20. ABC | 21. BC |
| 22. ABC | 23. ABD | 24. ABCD | 25. BD | 26. ABC | 27. ABD | 28. BC |
| 29. ABC | 30. ABD | 31. ABCD | 32. ABD | 33. BC | 34. ABCD | 35. ABCD |
| 36. AC | 37. BD | 38. ACD | 39. BCD | 40. AD | 41. ACD | 42. BCD |
| 43. BD | 44. ABCD | 45. BD | 46. ABCD | 47. ACD | 48. ABCD | 49. ABD |
| 50. AB | 51. BC | 52. AB | 53. BCD | 54. ABCD | 55. BC | 56. ABC |

| | | | | | | |
|---|---|---|---|---|---|---|
| 57. ABCD | 58. AB | 59. BD | 60. ABCD | 61. ABD | 62. ABC | 63. AD |
| 64. AB | 65. BCD | 66. BC | 67. AC | 68. AB | 69. BC | 70. BD |
| 71. BCD | 72. AB | 73. ABC | 74. ABCD | 75. ABD | 76. ABD | 77. ABCD |
| 78. ABC | 79. ABD | 80. ABD | 81. ABC | 82. ABCD | 83. AC | 84. ABC |
| 85. ABD | 86. ABD | 87. BCD | 88. ACD | 89. BC | 90. BCD | 91. BCD |
| 92. AB | 93. AB | 94. BCD | 95. ABCD | | | |

## 四、判 断 题

| | | | | | | | | |
|---|---|---|---|---|---|---|---|---|
| 1. × | 2. × | 3. × | 4. √ | 5. × | 6. × | 7. √ | 8. √ | 9. × |
| 10. × | 11. × | 12. √ | 13. √ | 14. × | 15. √ | 16. √ | 17. √ | 18. √ |
| 19. × | 20. × | 21. √ | 22. √ | 23. × | 24. × | 25. × | 26. × | 27. √ |
| 28. √ | 29. √ | 30. √ | 31. × | 32. √ | 33. √ | 34. × | 35. × | 36. √ |
| 37. √ | 38. × | 39. √ | 40. √ | 41. × | 42. √ | 43. × | 44. × | 45. √ |
| 46. √ | 47. √ | 48. × | 49. √ | 50. √ | 51. √ | 52. √ | 53. √ | 54. × |
| 55. √ | 56. × | 57. × | 58. × | 59. × | 60. √ | 61. × | 62. × | 63. × |
| 64. √ | 65. √ | 66. × | 67. × | 68. √ | 69. √ | 70. √ | 71. × | 72. √ |
| 73. × | 74. × | 75. √ | 76. √ | 77. × | 78. × | 79. √ | 80. √ | 81. × |
| 82. √ | 83. × | 84. √ | 85. √ | 86. √ | 87. √ | 88. √ | 89. √ | 90. × |
| 91. √ | 92. × | 93. √ | 94. √ | 95. × | 96. √ | 97. × | 98. √ | 99. × |
| 100. √ | 101. √ | 102. √ | 103. × | 104. √ | 105. × | 106. √ | 107. √ | 108. × |
| 109. √ | 110. × | 111. √ | 112. × | 113. √ | 114. × | 115. × | 116. √ | 117. √ |
| 118. √ | 119. × | 120. × | 121. √ | 122. √ | 123. × | 124. √ | 125. √ | 126. × |
| 127. × | 128. √ | 129. √ | 130. √ | 131. √ | 132. √ | 133. √ | 134. × | 135. √ |
| 136. √ | 137. √ | 138. √ | 139. √ | 140. √ | 141. √ | 142. × | 143. √ | 144. √ |
| 145. × | 146. × | 147. √ | 148. × | 149. √ | 150. × | 151. √ | 152. √ | 153. √ |
| 154. √ | 155. × | | | | | | | |

## 五、简 答 题

1. 答：功用：(1)支承旋转零件(1分)；(2)传递运动和动力(1分)。分类：(1)心轴(1分)；(2)传动轴(1分)；(3)转轴(1分)。

2. 答：压力角，即作用力方向与运动方向所夹的锐角(2分)。我国常用的齿轮标准压力角为20°(3分)。

3. 答：金属材料在外力作用下所表现的抵抗能力称为机械性能(2分)。包括强度、塑性、硬度、韧性及疲劳强度等几个方面(3分)。

4. 答：常用金属材料分为黑色金属和有色金属两大类(1分)。黑色金属指铁及其合金，主要是各种碳素钢、合金钢及铸铁等(2分)。有色金属指除黑色金属外的各种金属及其合金，常用的有铝及铝合金、铜及铜合金、钛及钛合金、轴承合金(2分)。

5. 答：排障器的作用是排除线路上的障碍物，保证机车安全(5分)。

6. 答：主要作用是实现电力机车的制动与缓解(5分)。

7. 答:机车在静止状态下,每根轮轴压在钢轨上的重量称为轴重(5 分)。

8. 答:电力机车每根轴所能发挥的机车功率,称为单轴功率(5 分)。

9. 答:转向架在结构上所允许的机车最大运行速度,称为机车的结构速度(5 分)。

10. 答:(1)压装压力曲线检验(2 分);(2)注油油压检验(1.5 分);(3)电阻检验(1.5 分)。

11. 答:削除机车轮径差的方法:(1)轮对运行磨耗以后,轮箍定期旋修(2.5 分);(2)旋修或磨耗到限后,更换新的轮径箍(2.5 分)。

12. 答:轴箱对构架是个活动关节,轴箱与构架的连接方式称为轴箱定位(5 分)。

13. 答:轴箱定位决定了轴箱与轮对的位置,起到了固定轴距和限制轮对活动范围的作用(5 分)。

14. 答:(1)使机车运行平稳,振动减小(1 分);(2)保护车内各种设备免于振松、振裂、振坏(1 分);(3)有助于减轻乘务人员的疲劳(1 分);(4)减轻机车簧上部分振动对线路的冲击破坏作用(2 分)。

15. 答:弹簧或弹簧组在装到电力机车上后,在正常静载荷作用下的静变形量,称为弹簧或弹簧组的静挠度(5 分)。

16. 答:弹簧的刚度是弹簧产生单位变形量所需要的载荷,即载荷与挠度之比(5 分)。

17. 答:油压减振器是利用油液的黏滞性形成阻尼,吸收振动冲击能量(5 分)。

18. 答:传动比是从动齿轮齿数与主动齿轮齿数之比(5 分)。

19. 答:机车牵引力、机车制动力、机车阻力,以及来自列车的制动力和运行阻力(5 分)。

20. 答:轮重是"静轮荷重"的简称,是指机车在静止状态时每个车轮加于钢轨的重量(5 分)。

21. 答:加入齿轮油使油位能浸至大齿轮轮齿的 1/3 的高度处合适(5 分)。

22. 答:(1)齿轮传动结构紧凑,工作可靠,可实现较大传动比(2 分);(2)齿轮传动的传动效率高(1 分);(3)齿轮的制造安装要求高(1 分);(4)齿轮传动传递的功率和速度范围大(1 分)。

23. 答:螺纹连接防松措施有两类:(1)采用附加摩擦力防松装置:锁紧螺母(双螺母)防松、弹簧垫圈防松(3 分);(2)采用机械方法防松装置:开口销与带槽螺母防松、串联钢丝防松(2 分)。

24. 答:机器上的零件都必须经过各种手段,如铸、锻、焊、增压和切削加工等来完成,金属材料对各种工艺手段所表现出来的特殊性能称为"工艺性"(3 分)。金属材料的工艺性主要包括切削加工性、可锻性、可焊性、热处理性等(2 分)。

25. 答:装配精度包括几何精度和工作精度(1 分)。几何精度是指零件与机构间的相互位置精度、配合精度和结合松紧等在静态时的精度状况(2 分);工作精度是指产品在工作状态下的精度状况,如相对运动精度等(2 分)。

26. 答:提高强度和韧性,有些甚至比碳钢高一、二倍,在与碳钢硬度相同的条件下,具有更高的耐磨性(2.5 分);提高钢的淬透性,合金钢的淬火能使大截面工件获得均匀一致的组织,改善钢的化学性能,如耐腐蚀性、抗氧化性、磁性、红硬性、耐热性等(2.5 分)。

27. 答:金属工件的胀缩性对零件加工、测量和装配都有很大影响(2 分)。例如膨胀系数大的材料在切削加工和测量时难以控制尺寸精度(1.5 分);薄壁零件易变形,装卡困难,装配时精度降低,应力增加(1.5 分)。

28. 答:工艺规程可分为机械加工工艺规程、装配工艺规程及修理工艺规程三类(5分)。

29. 答:轮缘润滑是为了减少轮缘与钢轨的磨耗,延长轮箍和钢轨的使用寿命,定时喷撒在轮缘上,避免水对轮轨造成的锈蚀(5分)。

30. 答:丝锥损坏的主要形式是崩齿和折断(5分)。

31. 答:(1)滚动轴承型号、内外位置配置不对(1分);(2)轴箱内清洁度不符合要求(1分);(3)轴箱内零件有缺陷(1分);(4)缺少润滑油(1分);(5)轴箱内部零件如挡圈等位置、方向装错(1分)。

32. 答:(1)使轮、轴重分配均匀,充分发挥牵引力,防止空转(2.5分);(2)调整转向架前后、左右总体高度,使机车平衡,便于通过铁路限界,以及便于受电弓接触高压线(2.5分)。

33. 答:提高扩孔质量常采取下列措施:(1)采用合适的刀具几何参数、合适的切削用量,并选用合适的切削液(2分);(2)钻孔后,在不改变工件和机床主轴相互位置的情况下,立即换成扩孔钻进行扩孔(1分);(3)扩孔前,先用镗刀镗削一段直径与扩孔钻相同的导向孔,改善导向条件(1分);(4)利用夹具导套引导扩孔钻扩孔(1分)。

34. 答:铰刀在铰孔时,无论进刀或退刀,都只能顺转,不能反转(1分)。原因如下:(1)铰刀刀刃的切削角是有方向的,在顺转时才起切削作用,反转时不但不起切削作用,反而会磨损刀齿(2分);(2)铰刀在退出时反转,容易使切屑从铰刀后面挤进去,卡在铰刀与孔壁之间,划伤孔壁,增大孔的粗糙度值或使孔径扩大,还可能造成崩齿,严重时会折断铰刀(2分)。

35. 答:(1)工作温度低,油的黏度也低(2分);(2)工作负荷大,油的黏度要高(1分);(3)运动速度高,油的黏度要低(1分);(4)摩擦面之间的间隙小,油的黏度要低(1分)。

36. 答:当加热温度过高时,造成齿面发蓝、齿内组织变化,出现冷脆性,影响齿轮的综合机械性能,发生过早崩裂(2.5分)。当加热温度过低时,膨胀尺寸不足,热套深度小于规定值,出现松脱,不足以传递电机转矩,从而使牵引电机端盖轴承烧损(2.5分)。

37. 答:测量抱轴瓦端面与实际轮对、轮心衬面的间隙,在左右均等情况下,单侧间隙不小于0.6 mm(1.5分);合箱前检查瓦量应为0.1～0.15 mm(1分);合箱后检查瓦量应为0.25～0.4 mm(1分);为减少加工尺寸的综合积累误差,控制左、右轮的反齿隙在0.1 mm以下,确定并得出瓦的修正量(1.5分)。

38. 答:目前电机小齿轮使用的材料是20CrMnA(3分)。机加工后需进行渗碳及淬火处理(2分)。

39. 答:(1)离心式通风机(2.5分);(2)轴流式通风机(2.5分)。

40. 答:(1)看标题栏(1分);(2)分析图形,想象零件的结构形状(2分);(3)分析尺寸标注(1分);(4)了解技术要求(1分)。

41. 答:车轮轮缘外侧面与水平面的夹角(一般规定为65°)称为轮缘角(5分)。

42. 答:(1)具有自动联挂性能(2.5分);(2)具有闭锁、开锁、全开三态作用(2.5分)。

43. 答:(1)行程(1分);(2)最大作用力(1分);(3)容量(1分);(4)能量吸收率(2分)。

44. 答:(1)主电路(1.5分);(2)辅助电路(1.5分);(3)控制电路(2分)。

45. 答:辅助电路是指给机车辅助设备供电的电路(5分)。

46. 答:预紧的目的在于增强连接的可靠性和紧密性,防止受载后被连接件出现缝隙或发生相对滑移(5分)。

47. 答:金属的力学性能主要包括弹性强度、塑性、硬度、韧性及疲劳强度(2.5分)。金属的工艺性能主要包括铸造性能、锻造性能、焊接性能和切削加工性能(2.5分)。

48. 答:(1)运动精度(1.5分);(2)工作平稳性精度(1.5分);(3)接触精度(1分);(4)齿侧间隙(1分)。

49. 答:(1)手工润滑(1.5分);(2)滴油润滑(1.5分);(3)飞溅润滑(1分);(4)压油润滑(1分)。

50. 答:可分为控制电器和保护电器两大类(2分)。控制电器有:闸刀开关、接触器和按钮等(1.5分);保护电器有:熔断器、热继电器等(1.5分)。

51. 答:应考虑以下几个方面:(1)对设备精度的影响(1分);(2)对完成预定使用功能的影响(1分);(3)对设备性能的影响(1分);(4)对设备生产效率的影响(1分);(5)对零件强度的影响(0.5分);(6)对磨损条件恶化的影响(0.5分)。

52. 答:工艺规程是产品在加工、装配和修理过程中所使用的具有指导性的技术文件(2分),其中规定了工艺过程的内容、方法、工艺路线,以及所使用的设备及工、卡、量具等(2分)。工艺规程是一种技术法规,又称工艺守则(1分)。

53. 答:分为:(1)底架空气管路(1分);(2)转向架空气管路(1分);(3)司机室空气管路(1分);(4)总风缸空气管路(1分);(5)机械室空气管路(0.5分);(6)电空制动柜和空气干燥器管路(0.5分)。

54. 答:撒砂是在轮轨间出现空转、打滑时进行的,避免轮轨间的滑动摩擦而造成轮轨磨耗,是增大牵引力的过程(2.5分)。喷油是为了减少轮缘与钢轨的磨耗,延长轮箍和钢轨的使用寿命,定时喷撒在轮缘上,避免水对轮轨造成的锈蚀(2.5分)。

55. 答:(1)降低钢件硬度,改善切削加工性(1.5分);(2)细化晶粒,消除缺陷,改善组织以提高钢的机械性能(1.5分);(3)消除残余应力,稳定尺寸,减少变形和开裂倾向,为以后的机械加工和热处理做好性能和组织准备(2分)。

56. 答:制定工艺规程的依据大致有以下几点:(1)产品的图纸,如零件图、装配图等(1.5分);(2)产品的生产类型,如产量及生产方式等(1.5分);(3)现有的生产条件,如场地、设备、工艺装备、工人技术水平等(2分)。

57. 答:(1)轮齿的点蚀(1分);(2)齿面磨损(1分);(3)齿面胶合(1分);(4)轮齿折断(1分);(5)塑性变形(1分)。

58. 答:目的:主要改善它的基本组织,从而改善它的机械性能(2分)。方法:退火、正火、调质、高温淬火(3分)。

59. 答:使用钻模钻孔具有以下三个优点:(1)能减少划线工序,缩短生产周期(1分);(2)工件装夹迅速方便,能减少辅助时间(2分);(3)加工后能获得较高的形状和位置精度(2分)。

60. 答:当液压系统中的执行元件停止运动以后,能够使液压泵输出的油液以最小的压力直接流回油箱的基本回路叫卸载回路(5分)。

61. 答:当液压系统卸荷时,液压泵输出的功率最小,这样就可以节省动力消耗,减少系统发热,并可延长泵的使用寿命(5分)。

62. 答:绝缘材料按其最高允许工作温度可分Y、A、E、B、F、H、C七个级别(2分);其最高工作温度为:90 ℃、105 ℃、120 ℃、130 ℃、155 ℃、180 ℃、大于180 ℃(3分)。

63. 答:锯条有了锯路以后,使工件上的锯缝宽度大于锯条背部的厚度(2分),从而防止"夹锯"和锯条过热(2分),并减少锯条磨损(1分)。

64. 答:(1)机车运行时所受到的空气阻力和运行速度的关系,不是简单的线性关系(1.5分);(2)机车中、低速运行时,空气阻力不大,高速运行时,空气阻力突出地表现出来,以致成为进一步提高运行速度的严重限制因素(1.5分);(3)合理的流线型车体结构能减少机车运行阻力,节省机车的功率消耗(2分)。

65. 答:(1)正确选择尺寸基准(1分);(2)合理选定第一划线位置(一般主视图为第一划线基准)(1分);(3)正确选用工件安置基面(1分);(4)正确找正基准(0.5分);(5)正确借料(0.5分);(6)合理选择支承点(1分)。

66. 答:总重量偏差在±3%范围内(1.5分),轴重偏差在±2%范围内(1.5分),轮重偏差在±4%范围内(2分)。

67. 答:常用方法有四种:(1)运行试验法(1.5分);(2)调查统计法(1.5分);(3)实验室研究法(1分);(4)计算分析法(1分)。

68. 答:基本回路主要有以下几大类:(1)方向控制回路(1.5分);(2)速度控制回路(1.5分);(3)压力控制回路(1分);(4)多油缸顺序动作工作回路(1分)。

69. 答:(1)保持油箱中的正确油位(1分);(2)保持液压设备的清洁(1分);(3)在保证系统正常工作的条件下,尽量调低油泵的压力(1分);(4)正确选择油液,并注意保持油液干净(1分);(5)适当采用冷却装置(1分)。

70. 答:滚动轴承的精度等级用汉语拼音字母表示,共分5级(2.5分)。具体划分为:C(超精度)(0.5分)、D(精密级)(0.5分)、E(高级)(0.5分)、F(较高级)(0.5分)、G(普通级)(0.5分)。

## 六、综 合 题

1. 答:$i=n_1/n_2=D_2/D_1=300/200=1.5$(4分);$n_2=n_1/i=1\ 200/1.5=800$(r/min)(6分)。

2. 答:$d_z=m(z_1+2)$,则 $m=d_z/(z_1+2)=44/(20+2)=2$(4分)

$d_1=mz_1=2\times 20=40$(mm)(3分)

$a=m(z_1+z_2)/2=2(20+26)/2=46$(mm)(3分)

3. 答:钢钻头直径 $d=d_0-1.1t$(5分);铸铁钻头直径 $d=d_0-1.2t$,式中 $d_0$ 为螺纹外径,$t$ 为螺距(5分)。

4. 答:(1)装配前要认真检查密封件的尺寸和表面粗糙度,唇部不允许有轴向伤痕(2分);(2)装配时密封件表面要涂润滑油,采用压入装配时要注意密封件与壳体孔对正,注意密封件唇口朝向产生压力的方向(3分);(3)机械式密封,严格注意动、静环的接触面无伤痕,要清洗干净且有一定的浮动性(2分);(4)主轴安装密封的部位不得有锈蚀斑痕,装配过程中应保持清洁,切忌用金属工具直接敲击(3分)。

5. 答:(1)攻螺纹前螺纹底孔的孔口要倒角(2分);(2)工件装夹位置要正确,尽可能使螺孔中心线置于水平或垂直位置(1分);(3)开始攻丝时,丝锥应放正,压力要适当,攻至2~3圈时,目测或用角尺检查,并予以校正丝锥位置,切削部分全部攻入时停止对丝锥施压,靠丝锥螺纹自然旋进攻丝(2分);(4)经常将丝锥反转1/2圈使切屑碎断容易排出(1分);(5)攻不通孔螺丝时,应经常退出丝锥,清除积屑(1分);(6)退出丝锥时,当可以直接用手旋动时,应停止使用铰手(1分);(7)换丝锥时,应先用手旋入已攻出的螺孔直至手旋不动再用铰手(1分);(8)攻通螺纹时,应Ⅰ锥、Ⅱ锥交替使用攻削,以减轻Ⅰ锥的负荷(1分)。

6. 答:(1)采取在轮轨间撒入有一定要求的砂子的办法提高黏着系数(2分);(2)在钢轨表面使用化学除垢剂,有效的溶解和消除污垢,并且要避免在钢轨表面留下润滑层(3分);(3)利用电弧或等离子喷焰将附着在钢轨上的油垢烧掉(2分);(4)采用机械的方法,如金属刷、蒸汽或水的喷射器具,除去轨面上的油泥、尘土或水泥形成的特殊黏层(3分)。

7. 答:(1)降低弹簧刚度(1.5分);(2)采用二系悬挂(1.5分);(3)采用减振器(1.5分);(4)采用各种橡胶减振件(1.5分);(5)以螺旋弹簧代替板弹簧(2分);(6)采用架悬式电机悬挂(2分)。

8. 答:(1)机车全部重量通过轮对支承在钢轨上(2.5分);(2)通过轮对与钢轨的黏着产生牵引和制动力(2.5分);(3)通过轮对滚动使机车前进(2.5分);(4)轮对行经钢轨接头、道岔等线路不平顺处时,轮对直接承受全部垂向和侧向的冲击(2.5分)。

9. 答:对一些重要的、装配技术要求中规定出预紧力要求的螺纹连接要控制拧紧力矩(5分)。控制拧紧力矩的方法有控制扭矩法、控制螺纹伸长法、控制螺母扭角法三种(5分)。

10. 答:(1)对产品进行分析(2分);(2)确定装配的组织形式(2分);(3)根据装配单元确定装配顺序(2分);(4)划分装配工序(2分);(5)编制装配工艺卡片(2分)。

11. 答:测量误差的产生是多种原因造成的,归纳起来大体有四个方面:(1)装配误差:即由量具、量仪及其附件共同作用引起的(2.5分);(2)环境误差:即测量场所周围自然的和人为的环境条件共同作用所引起的(2.5分);(3)方法误差:即由测量方法或计算方法不完善所引起的(2.5分);(4)人员误差:即由测量人员自身能力或条件造成的(2.5分)。

12. 答:将轴承的一个套圈固定,另一个套圈沿轴向或径向的最大活动量叫作轴承的游隙(2分)。轴承的游隙不能过大,也不能过小(2分)。游隙过大,将使同时承受负荷的滚动体减小,单个滚动体负荷增大(2分),降低轴承寿命和旋转精度,引起振动和噪声,受冲击载荷时尤为显著(2分)。游隙过小,则加剧磨损和发热,也会降低轴承的寿命(2分)。

13. 答:完全互换法是指在同类零件中,任取一个装配零件,不经任何选择和修配就能装入部件(或机器)中,并能达到规定的装配精度要求(5分)。优点:(1)装配操作简单,易于掌握,生产效率高(1分);(2)便于组织流水线作业和实现装配过程自动化(1分)。(3)零件损坏后便于更换(1分)。缺点:这种装配方法对零件的加工精度要求较高(1分),尤其当装配精度要求较高时,零件难以按经济精度制造,所以大大增加了零件的制造费用(1分)。

14. 答:如图1所示。(10分)

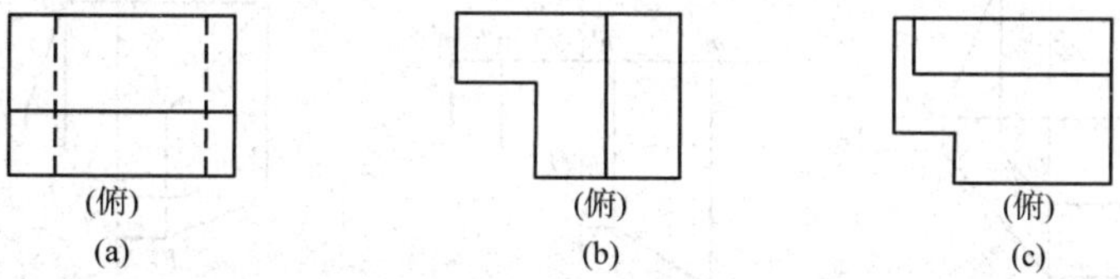


图 1

15. 答:使用砂轮机应注意:(1)砂轮旋转方向应与指示牌一致(2分);(2)启动后应待砂轮转速达到正常时再进行磨削(1分);(3)砂轮在使用时不准将被磨削件对砂轮撞击及施加过大的压力(1分);(4)砂轮表面跳动严重应及时用砂轮修整器修整(2分);(5)砂轮机的搁架与砂

轮的距离一般应保持在 3 mm 之内(1 分);(6)操作者应站在砂轮的侧面或斜面位置(1 分);(7)应根据磨削材质的不同而采用不同种类的砂轮(2 分)。

16. 答:如图 2 所示。(10 分)

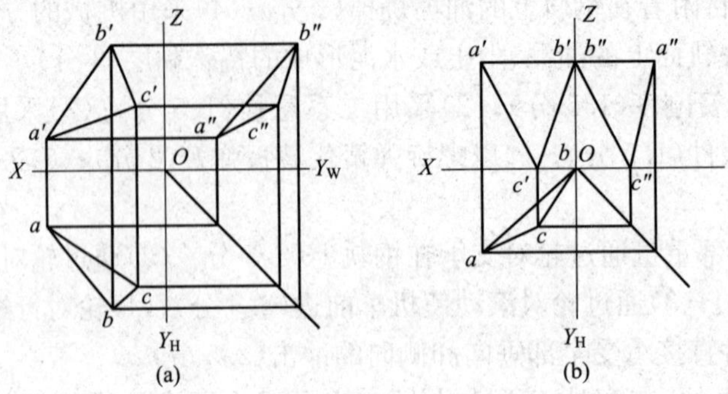


图 2

17. 答:如图 3 所示。(10 分)

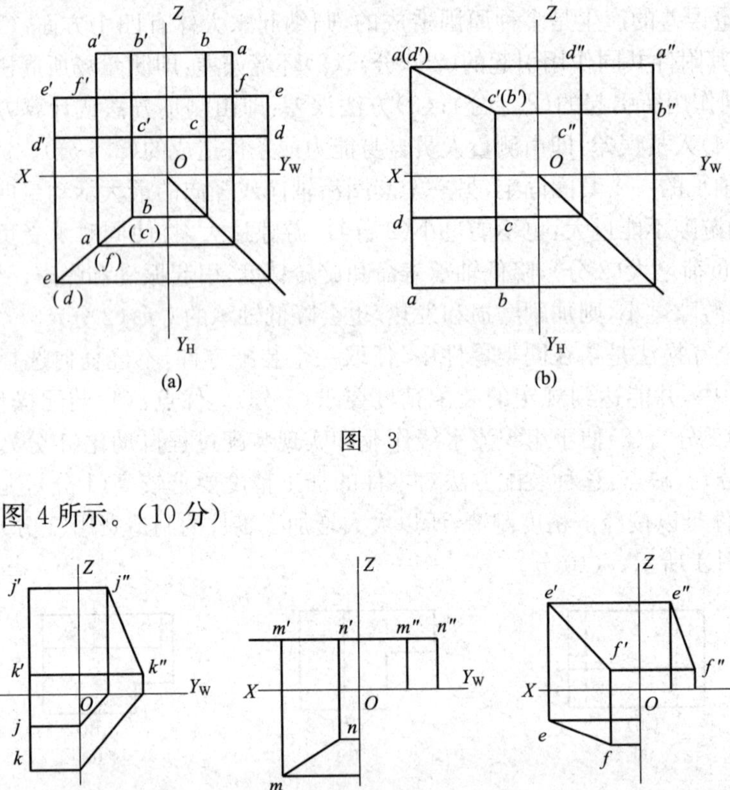


图 3

18. 答:如图 4 所示。(10 分)

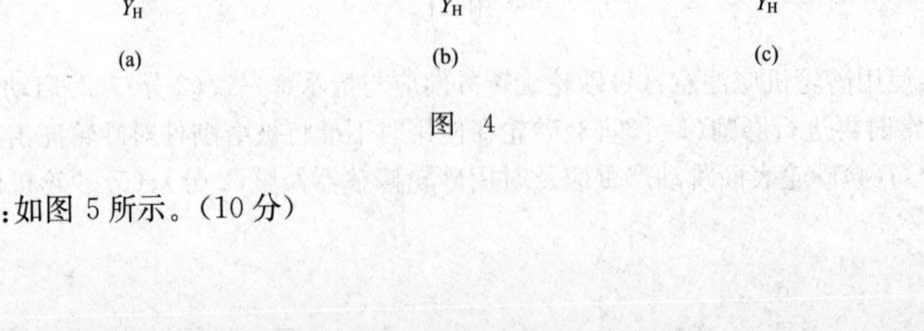


图 4

19. 答:如图 5 所示。(10 分)

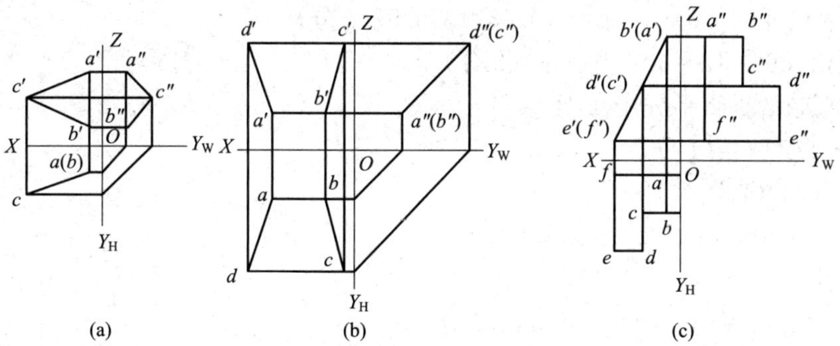


图 5

20. 答:如图 6 所示。(10 分)

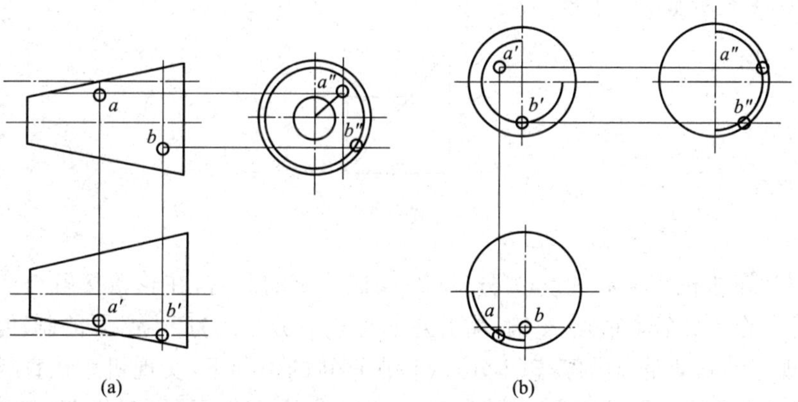


图 6

21. 答:如图 7 所示。(10 分)

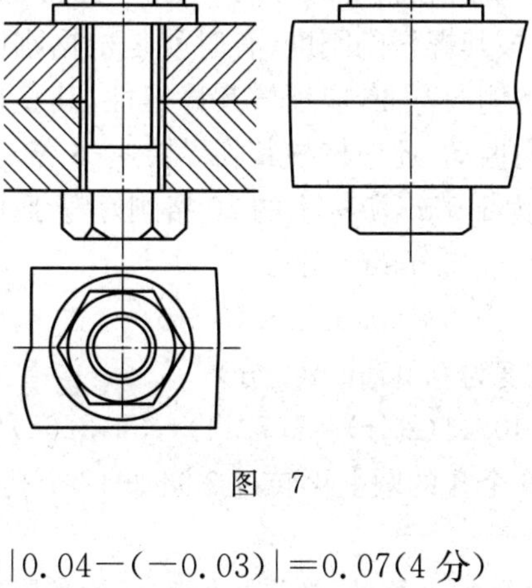

图 7

22. 答:公差=|m－n|=|0.04－(－0.03)|=0.07(4 分)

最大极限尺寸=$\phi$50＋m=$\phi$50.04(3 分)

最小极限尺寸$=\phi50+n=\phi50-0.03=\phi49.97$(3 分)

23. 解:(1)$360°/12=30°$(中心角)(2 分)

(2)作 30°弦的垂直平分线(2 分)

(3)计算 1/2 弦长(1 分)

$\sin15°=x/50$(1 分)

$x=\sin15°\times50\ \text{mm}=12.94\ \text{mm}$(1 分)

(4)求弦长

$L=2x=2\times12.94\ \text{mm}=25.88\ \text{mm}$(2 分)

答:弦长为 25.88 mm(1 分)。

24. 解:(1)圆杆直径 $d_0=d-0.13P=8\ \text{mm}-0.13\times1.25\ \text{mm}=7.84\ \text{mm}$(5 分)

(2)圆杆直径 $d_0=d-0.13P=12\ \text{mm}-0.13\times1.75\ \text{mm}=11.77\ \text{mm}$(5 分)

25. 答:如图 8 所示。(10 分)

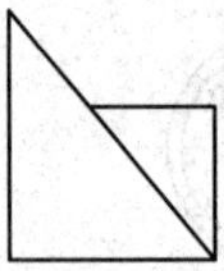

图 8

26. 答:(1)承担机车上部重量(2 分);(2)保证必要的黏着,在轮轨接触点产生轮周牵引力,并把牵引力传递给车体底架、车钩,牵引列车前进(2 分);(3)产生必要的制动力,实现机车的调速和在规定的制动距离内停车(2 分);(4)在钢轨的引导下,实现机车在直线和曲线上的运行,并保证机车曲线运行的安全和顺利(2 分);(5)缓和线路不平顺对机车的冲击,保证机车运行的平衡性,减少运行中的动作用力及其危害(2 分)。

27. 答:根据螺纹副摩擦性质不同,可分为滑动螺旋、滚动螺旋和静压螺旋(4 分)。由于滑动螺旋常采用梯形螺纹、锯齿形螺纹或矩形螺纹等,其失效主要是螺纹磨损。因此螺杆的直径和螺母高度通常是根据耐磨性计算确定的。传力螺旋应校核螺杆危险截面的强度,青铜或铸铁螺母以及承受重载的调整螺旋应校核螺纹牙的剪切和弯曲强度。要求自锁的螺杆应校核其自锁性,精密的传动螺旋应校核其螺杆的刚度(有时就是根据刚度确定其直径)。当螺杆受压力,其长径比很大时,容易产生侧向弯曲,应校核其稳定性,其直径也可以按稳定性要求确定,转速高的长螺杆可能产生横向振动,还应校核其临界转速(6 分)。

28. 解:已知尺身每小格为 1 mm,游标上的 20 格刚好等于主尺上的 19 mm(1 分),

所以,游标每格$=19/20=0.95$ mm(4 分)

尺身与游标每格相差$=1-0.95=0.05$ mm(3 分)

答:该游标卡尺的读数精度为 0.05 mm(2 分)。

29. 解:$n=40/z$(3 分)$=40/11$(2 分)$=3(7/11)=3(42/66)$(3 分)

答:手柄在分度盘中有 66 个孔的圆上再转过 3 圈加 42 个孔,即能正确画出下一个等分孔(2 分)。

30. 答:(1)破坏了机车运行的平衡性,严重地影响运行品质(2 分);(2)使乘务人员工作条件恶化,很快感觉疲劳,成为运行安全的潜在威胁(2 分);(3)使机车零部件受到破坏,这主要是振动和冲击使轴箱滚动轴承的寿命缩短,此外还将加速机车部分零部件的磨耗和疲劳破坏,引起零件结合部分的松弛,结果相应地降低了机车构件使用年限,增加了维修保养费用(2分);(4)使轨道受到动力作用,特别是机车在高速下的横向移动可能引起轨道位移,使机车有脱轨和倾覆的危险,振动还会加速钢轨的磨损、折损、接头的松动等等(2分);(5)引起轮对的瞬间减载,破坏黏着而发生空转,影响机车黏着牵引力的发挥(2分)。

31. 答:(1)黏着系数与材质有关。轮轨材质硬度不同,黏着也不同。当材质硬度大时,降低了轮轨接触面间的弹性变形力,因而黏着系数明显下降;反之,当接触面间材质的弹性越好时,黏着系数也越大(2分)。(2)与接触表面间的状态有关。从实际运行中可以知道,潮湿降雾、霜冻或小雨天气以及轨面有油污等不洁物时,黏着系数显著减少,适时适量的撒砂,将明显提高黏着系数。大雨后,钢轨表面清洁,黏着系数将增加(2分)。(3)与机车运行速度有关。运行速度低时,由于轮轨接触点的接触时间相对的要长一些,因而黏着系数较大,当速度提高后,由于机车振动和摇摆程度的加剧,使轮轨接触状态变坏,黏着系数将降低(2分)。(4)与轮轴重有关。轮轴重大时,接触表面的弹性和塑性变形大,黏着系数增大;反之,轮轴重小时,黏着系数也小(2分)。(5)牵引列车运行时,机车受翻车力矩影响,制动时,轴重将出现不平衡,运行中轮对与钢轨的纵向滑动等因素,都将降低黏着系数,而且车速越高,影响越大(2分)。

32. 答:(1)滚动轴承的摩擦系数小,功率损耗小,机械效率高,易于维护和启动(1.5分);(2)常用的滚动轴承是标准零件,采用滚动轴承后,机器的设计、制造和维修时间可缩短(1.5分);(3)对于同样大的轴颈,滚动轴承的宽度比滑动轴承小,可使机器的轴向结构紧凑(1.5分);(4)滚动轴承可同时承受径向力和轴向力,简化了轴承的结构(1.5分);(5)滚动轴承不需有色金属(1.5分);(6)滚动轴承抗冲击负荷的能力差,运转不平稳,有轻微振动(1.5分);(7)滚动轴承不能剖分,只能轴向装配,径向尺寸比滑动轴承大(1分)。

33. 答:(1)完全互换法:装配工作简单,生产效率高,可组织专业化生产,但要求零件加工精度较高,生产成本高(2.5分);(2)分组装配法(选择装配法):可将零件公差适当扩大,使加工较为容易,然后将零件按装配精度要求分组进行装配,适用于装配精度要求高、尺寸链组成环数目少的大批量生产中(2.5分);(3)修配法:将有关零件公差放宽进行加工,选择其中一个零件预留修配量,装配时按需要进行修配,使之满足装配精度要求,此种方法可使零件加工比较方便,但装配工作比较麻烦(2.5分);(4)调整法:确定一个或几个零件作为调整件,预先做好各种尺寸,装配时,根据不同的误差情况,选择尺寸合适的调整件装入;或用改变调整件的位置补偿或消除积累误差,使之达到装配精度要求(2.5分)。

34. 答:螺栓连接的设计,主要是根据连接的类型、连接的装配情况(预紧或不预紧)、载荷状态等条件,确定螺栓的受力,然后按相应的强度条件计算螺栓危险剖面的直径(螺纹小径)或校核其强度(6分)。螺栓的其他部分(螺纹牙、螺栓头、光杆)和螺母、垫圈的结构尺寸,是根据等强度条件及使用经验规定的,通常都不需要进行强度计算,可按螺栓螺纹的公称直径由标准中选定(4分)。

35. 答:(1)由于设计、制造方面的原因:顶盖结构设计不合理,制造工艺达不到要求,密封材料、密封胶都不能使顶盖与车体密封,造成雨水泄漏(5分);(2)由于使用保养不当:机车通风系统中当压缩机等工作时将机车室内空气抽出室外,外界空气通过侧墙百叶窗回流到室内,因侧墙过滤器不清洗、保养不当,使外界空气回流受阻,造成室内、外空气压力差,将雨水吸进室内造成漏雨(5分)。

# 电力机车钳工(中级工)习题

## 一、填 空 题

1. 测量主要是检测零件的几何量,即长度、角度及(　　)、形位误差等。

2. 常用的錾子淬火硬度为(　　)。

3. 孔与轴的过盈装配,一般采用冷却轴、(　　)、压力机压入等方法。

4. 手制动的作用是当机车长时间停留在轨道上时,防止(　　)的发生。

5. 影响螺栓强度的因素有螺纹牙的载荷分配、应力变化幅度、应力集中、附加应力、材料的(　　)。

6. 摩擦减振器的作用是(　　)。

7. 由两个形体表面彼此相交而产生的表面交线,称为(　　)。

8. 组合体的尺寸分三类:(　　)、定位尺寸和总体尺寸。

9. 锉刀的材料一般为(　　)。

10. 丝锥和板牙通常用(　　)钢来制造。

11. 普通麻花钻是用(　　)钢制成的。

12. 平行度是用来控制零件上被测表面直线或轴线相对于(　　)直线或轴线平行的程度。

13. 手锯锯条的前角为(　　)。

14. 手用铰刀的切削锥角一般为(　　)。

15. 普通螺纹的公称直径用字母(　　)表示。

16. 标注为(　　)的梯形螺纹,表示大径 40、螺距 7、单线、右旋、中径顶径公差代号为 7e。

17. 英制螺纹的螺距用 1 英寸长度内的(　　)来表示。

18. 用量针法测量外螺纹中径有三针法、两针法和单针法三种方法,其中(　　)法应用最广泛。

19. 精刮的目的是(　　)改善表面质量,通常采用点刮法。

20. 精刮时要将最大最亮的研点(　　)。

21. 精刮时中等研点只刮(　　)。

22. 精刮时小研点(　　)。

23. 刮削原始平板要经过(　　)两个步骤。

24. 研磨的基本原理包含着(　　)两个作用。

25. 表示磨料粗细的参数叫作(　　)。

26. 磨粉的号数越大,则磨料(　　)。

27. 大型工件划线时,若工件的尺寸比划线平台略大,则应以工件最大的划线平面为基面,在工件需要划线的部位,用其他平台或平尺接在划线平台的外端,校准各平台之间的平行度和(　　),然后将工件安放在划线平台上。

28. 由于弹性变形的恢复,使弯曲角和弯曲半径发生变化的现象叫作(　　)。

29. 铆钉的排列型式称为(　　)。

30. 铆钉与铆钉间或铆钉与铆钉板边缘的距离称为(　　)。

31. 在装配尺寸链中,封闭环通常就是(　　)。

32. 尺寸链原理可以用来分析机器的(　　)问题。

33. 某电动工具写着额定电压 220 V、额定功率 2.2 kW,则该工具正常工作时的电流为(　　)。

34. 标有"220 V、10 A"的移动电线电缆托盘能够连接最大(　　)kW 的电器。

35. 一用电器功率为 100 W,则其每小时耗电为(　　)kW·h。

36. 电力机车在构造上包括电气部分、机械部分和(　　)系统三大部分。

37. 电力机车的传动装置就是实现由电机到轮轴进行功率和(　　)传递的装置。

38. 电力机车的(　　)是发生轴重转移的根本原因。

39. 当储能制动器的储能缸排气后,储能制动器处于(　　)状态,机车可以停放在运行线上。

40. 储能制动器的(　　),是为了能够手动缓解储能制动器的储能缸。

41. 粗刮的目的是很快地(　　)或过多的余量,因此可采用连续推铲的方法。

42. $HX_{D2}$ 型电力机车分为两节,每节都有两个两轴转向架,每根轴都有独立的电机驱动,该型电力机车的轴式是(　　)。

43. $HX_{D2B}$ 型电力机车由两个三轴转向架支撑,每根轴都有独立的电机驱动,该型电力机车的轴式是(　　)。

44. 使用塞尺测量时,应先用较(　　)的一片插入被测间隙内,若仍有空隙,则挑选较厚的依次插入,直至恰好塞进且不松不紧,该片塞尺厚度即为被测间隙大小。

45. 量具或量仪的读数与被测尺寸的实际数值之差,称为(　　)。

46. 用装配尺寸链原理来研究零件之间的装配尺寸关系,分析计算部装或总装的几何精度,称为(　　)。

47. 新造轮对的车轮滚动圆直径要求为(　　)mm。

48. 镟修轮对的车轮滚动圆直径最低能到(　　)mm。

49. 保持车辆沿钢轨运行,防止车轮脱轨是由车轮的(　　)来完成的。

50. 电力机车的轮轨润滑装置是将油喷到(　　)上。

51. 我国对新造机车轮对的内侧距名义要求是(　　)。

52. 机车运行过程中,依靠(　　)使轮对具有复原功能和转向功能。

53. 常用的齿轮材料能保证齿面有足够的(　　)。

54. 常用的齿轮材料,要求齿芯有足够的(　　)。

55. 轴箱接地装置的作用是改变机车的导电性,防止(　　)电蚀。

56. 电力机车抱轴瓦刮瓦的目的是使轮对轴与抱轴瓦间形成(　　),减小轴瓦间的摩擦。

57. 电力机车称重调簧的目的是使轮轴重分配均匀,充分利用轮轨间的(　　),发挥最大牵引力。

58. 为保证液压泵正常吸油,油箱必须和(　　)相通。

59. 柱塞泵工作时，柱塞做(　　)运动。

60. 单作用式叶片泵可以改变(　　)和输油方向。

61. 控制液压油只许按一个方向流动，不能反向流动的方向阀叫作(　　)。

62. 摩擦轮传动中，主动轮是依靠(　　)的作用带动从动轮转动。

63. 链条装配后，过紧会增加负载，加剧(　　)。

64. 链条装配后，过松容易产生振动或(　　)。

65. 在螺纹连接中，安装弹簧垫圈是为了(　　)。

66. 普通平键的(　　)面是工作面。

67. 滑动轴承和滚动轴承是按工作元件的(　　)来划分的。

68. 滚动轴承内圈与轴的配合为(　　)制。

69. 滚动轴承外圈与轴承座孔的配合为(　　)制。

70. 电动机的能量转换形式是将电能转换成(　　)。

71. 光学分度头是测量(　　)和分度的光学仪器。

72. 为保证安装基础的强度，在安装设备前应对基础进行(　　)。

73. 采用先进的装配工艺可以缩短工时定额中的(　　)时间。

74. 流水作业组装有利于实现(　　)和机械化装配。

75. 广泛使用(　　)性原则可以缩短装配时间，提高装配工作效率。

76. 电力机车车轴的折损一般是由(　　)引起的。

77. 影响齿轮接触精度的主要因素是齿形精度及(　　)是否正确。

78. 齿侧间隙过大，则会造成齿轮换向(　　)大，容易产生冲击和振动。

79. 螺旋机构可将(　　)运动变换为直线运动。

80. 决定滑动轴承稳定性好坏的根本因素是轴在轴承中的(　　)。

81. 工厂一般使用风动工具，主要是因为风动工具(　　)。

82. 风动工具定期保养，需要(　　)，是为了保证工具润滑。

83. 电力机车的牵引力大于运行阻力时，机车进行(　　)速度运行。

84. 电力机车的牵引力小于运行阻力时，机车进行(　　)速度运行。

85. 电力机车运行中空转打滑的瞬间，轮周牵引力急剧(　　)。

86. 确定配合零件表面粗糙度时，还应与其(　　)精度和形位精度相适应。

87. 内径百分表用来测量(　　)和孔的形状误差。

88. 互换性条件，即保证零件的尺寸、几何形状、(　　)和表面粗糙度等技术要求的一致性。

89. 能直接从量具上或量仪上读出被测量数值的方法，叫作(　　)测量。

90. 用(　　)测量工件时，要求通端通过孔径、止端不通过孔径为合格工件。

91.《铁路技术管理规程》中规定：轮对轮箍踏面擦伤深度不超过 1 mm，滚动轴承的轮箍踏面擦伤深度不超过(　　)mm。

92.《铁路技术管理规程》中规定：电力机车轮箍踏面上有缺陷或剥离，长度不超过(　　)mm，深度不超过 1 mm。

93.《铁路技术管理规程》中规定：电力机车轮箍踏面擦伤深度不超过(　　)mm。

94. 齿轮传动中，为增加接触面积、改善啮合质量，在保留原有齿轮传动副的情况下，还应该采取(　　)措施。

95. 当需要用几块量块组合尺寸时,应尽可能选用最少的块数组合,是为了减少(　　)。

96. 千分尺的读数原理是将螺杆的角位移变为(　　)位移来进行长度测量的。

97. 在垂直于齿轮轴线的投影视图上,细点画线是表示齿轮的(　　)圆。

98. 錾削用的锤子是用碳素工具钢制成,并经淬硬处理,其规格用(　　)表示。

99. 活口扳手的规格是用扳手的(　　)表示。

100. 当旋转件转动时,旋转件的偏重将产生离心力,其大小与不平衡量、不平衡量与旋转中心之间的径向距离,以及(　　)的平方成正比。

101. 使用电钻时穿绝缘鞋,是为了(　　)。

102. 电力机车轮对电阻检验不应超过(　　)Ω。

103. 电力机车轮对轴向内的滚动轴承最主要的失效形式是(　　)。

104. 三轴转向架的中间位轴箱轴承不同,是为了保证电力机车的(　　)能力。

105. 我国电力机车的最小曲率半径一般定为(　　)m。

106. 电力机车的牵引力是通过(　　)发挥出来的。

107. 电力机车轮芯和轮箍间放置(　　)是为了防止轮箍弛缓时外窜,确保机车安全。

108. 结合部分可以互相转动的铆接称为(　　)。

109. 结合部分固定不动的铆接称为(　　)。

110. 铁路总公司下发的"八防"指的是防脱(脱落)、防燃(燃轴)、防断(断裂)、防爆(爆炸)、防火(火灾)、防离(分离)、(　　)。

111. 轴在机械中起支承旋转零件、传递(　　)等作用。

112. 螺纹完整的标记由螺纹代号、螺纹公差代号和(　　)代号组成。

113. 传动螺纹多用(　　)螺纹。

114. 螺纹起连接、传动、(　　)、测量等作用。

115. 常用的刀具材料有碳素工具钢、合金工具钢、高速钢、(　　)四种。

116. 常用的润滑剂有润滑油、(　　)、二硫化钼。

117. 电流的热效应 $Q=$(　　)。

118. 量具和量仪所能测出的最大和最小尺寸范围,称为该量具或量仪的(　　)。

119. 交流电动机接线有三角形和(　　)接法。

120. 交流电中最大值 $U_m$ 与有效值 $U$ 之间的关系是(　　)。

121. 三角带轮的槽间夹角比三角带截面夹角(　　)。

122. 电力机车轮对电机空转试验时,检查轴箱和电机抱轴箱的温升允许不大于(　　)℃。

123. 液压传动装置实质上是一种能量转换装置,将机械能转换为便于输送的液压能,最后转换为(　　),以驱动工作机构完成所要求的各种动作。

124. 普通蜗杆传动的正确啮合条件是:(1)在主平面内,蜗杆的轴向模数和蜗轮的端面模数相等;(2)蜗杆的(　　)和蜗轮的端面压力角相等;(3)蜗轮分度圆螺旋升角和蜗轮分度圆柱螺旋角相等且螺旋方向一致。

125. 活塞(或液压缸)运动速度与流量的关系式是(　　)。

126. 752732QKT 表示直径为(　　)特轻系列的圆柱滚子轴承。

127. 润滑脂的主要质量指标有(　　)和闪点。

128. 刀具材料的硬度一般要在 HRC(　　)以上。

129. 由发电设备、输配电设备以及用电设备组成的总体叫作(　　)。

130. 电力机车双侧斜齿轮传动中要求左右两对大小齿轮的反齿隙不大于(　　)mm。

131. 轴列式 $C_0$—$C_0$ 表示每一动轴为(　　)驱动。

132. $SS_4$ 型机车的牵引装置是靠(　　)牵引的。

133. $SS_3$ 型机车转向架基础制动装置为(　　)。

134. $HX_{D2}$ 型电力机车转向架的轴列式为(　　)。

135. $SS_4$ 型机车橡胶堆高度差的范围不大于(　　)mm,用加垫配平。

136. 配合有间隙配合、(　　)、过盈配合三种形式。

137. 有电流流通,负载可以正常工作的电路叫作(　　)。

138. 坐标系中空间某点的 $Y$ 坐标值,表示该点到(　　)面的距离。

139. 电力机车运行过程中的不良运动有点头、倾斜、侧滚、摇摆、伸缩、(　　)六种不良运动形式。

140. 垂直于一个投影面,与另外两个投影面都平行的直线段,称为(　　)线。

141. 任何复杂的零件都可以看作是由若干个(　　)组成。

142. 通常把低于(　　)V 的电压叫作安全电压。

143. 电力机车走行部分安装撒砂装置是为了在机车轮对出现空转、打滑时撒砂,增大(　　),便于发挥牵引力。

144. 深度千分尺可用于测量(　　)的深度及台阶的高度尺寸,其分度值为 0.01 mm。

145. 电力机车走行部分一系圆簧的材料是(　　)。

146. 电力机车空气管路系统中的(　　)系统向各种风动器械供风。

147. 钨钴类硬质合金的代号是(　　)。

148. 钢的热处理分为退火、正火、淬火、回火及(　　)。

149. 电力机车空气管路系统包括(　　)管路系统、控制气路系统和辅助气路系统。

150. 输电电压高低的原则是:容量越大,距离越远,输电电压就越(　　)。

151. (　　)是电力机车车体的基础。

152. 螺纹量规分为通端量规和止端量规两种。测量时,与被测螺纹旋合,合格的零件能使螺纹量规的通端通过,而螺纹量规的(　　)不能完全通过。

153. 磨削硬质合金类刀具应选用(　　)类砂轮。

154. 表示砂轮粗细的参数叫作(　　)。

155. (　　)和夹紧是安装工件的两个基本过程。

156. 定位心轴是工件以(　　)定位时的定位元件。

157. 支承钉和支承板适用于(　　)定位。

158. V 形铁适用于(　　)表面定位。

159. 钻床夹具的主要特点是(　　)。

160. 工件在没有定位时,具有(　　)个自由度。

161. 常用冷却润滑液可以分为(　　)大类。

162. 切削油是以(　　)为主的冷却润滑液。

163. 箱体的第一划线位置，一般应选择在箱体上待加工的(　　)最多的位置。

164. 利用划线工具使工件上有关的毛坯表面处于合适位置的划线过程叫作(　　)。

165. 大型工件划线首先要解决的是划线用的(　　)基准问题。

## 二、单项选择题

1. 使钢发生热脆性的元素是(　　)。

(A)P　(B)S　(C)Si　(D)Mn

2. 安装齿轮副时，若实际中心距大于计算中心距，则应使侧隙(　　)。

(A)减小　(B)增大　(C)不变　(D)可变可不变

3. 决定螺纹旋合性的主要参数是(　　)。

(A)中径　(B)大径　(C)小径　(D)螺距

4. 转向架蛇行运动时构架与车体产生相对位移，使组装在这两者之间的(　　)相对滑动，产生阻尼，达到阻止蛇行运动的目的。

(A)垂向减振器　(B)横向减振器　(C)摩擦减振器　(D)橡胶堆

5. 整车称重时，机车轮重偏差要求为(　　)。

(A)±2%　(B)±4%　(C)+3%、−1%　(D)±3%

6. 整车称重时，机车的总重量偏差一般为(　　)。

(A)±2%　(B)±4%　(C)+3%、−1%　(D)±3%

7. 铁与碳这两种元素作用后形成的化合物很硬、很脆，塑性几乎等于零，那么该化合物是(　　)。

(A)铁素体　(B)珠光体　(C)渗碳体　(D)马氏体

8. 在测量过程中，由一些无法控制的因素造成的误差称为(　　)。

(A)随机误差　(B)系统误差　(C)粗大误差　(D)偶然误差

9. 通过测量某一量值，并借助已知函数关系计算出需要的测量数据的测量方法叫作(　　)。

(A)直接测量　(B)间接测量　(C)函数计算　(D)误差换算

10. 用量具测出零件的弓高和弦长，通过公式计算出直径的测量方法叫作(　　)。

(A)直接测量　(B)间接测量　(C)函数计算　(D)误差换算

11. 两孔的中心距一般都用(　　)法测量。

(A)直接测量　(B)间接测量　(C)函数计算　(D)误差换算

12. 钻黄铜或青铜主要是解决钻头的(　　)。

(A)抗力　(B)挤刮　(C)散热　(D)扎刀

13. 钻锻件主要是解决钻头的(　　)。

(A)抗力　(B)挤刮　(C)散热　(D)扎刀

14. 机械制图中，能在图上直接标注的倒角形式为(　　)。

(A)1×45°　(B)2×30°　(C)1×60°　(D)1×90°

15. 在毛坯上扩孔主要解决的是(　　)的难题。

(A)切削深度　(B)定心难　(C)进给量　(D)转速选定

16. 在轴瓦内表面浇注一层巴氏合金的目的是(　　)。

(A)防锈　(B)提高轴瓦的耐磨性
(C)润滑配合轴　(D)提高强度

17. 由一个或一组工人在一台机床或一个工作地点对一个或同时对几个工件进行加工所连续完成的那一部分工艺过程,称为(　　)。
(A)工序　(B)工步　(C)工位　(D)安装

18. 一般来说,流水线、自动线装配都采用(　　)。
(A)完全互换法　(B)选配法　(C)调整法　(D)修配法

19. 为了防止电机悬挂装置失效,在电机上都装有(　　)装置。
(A)减振　(B)防落　(C)防松　(D)固定

20. 测量齿轮的公法线长度时,跨齿数应根据齿数来选择,一般跨齿数不宜少于齿数的(　　)。
(A)1/4　(B)1/9　(C)1/2　(D)1/6

21. 液压系统中工作油的理想温度为(　　),超过后油的工作寿命将下降。
(A)10 ℃～20 ℃　(B)20 ℃～60 ℃　(C)80 ℃　(D)30 ℃～50 ℃

22. 产生电力机车牵引力和制动力的动力电路是(　　)。
(A)主电器　(B)辅助电器　(C)控制电器　(D)电子电路

23. 刃磨錾子时,主要目的是磨(　　)。
(A)前刀面　(B)后刀面　(C)前角　(D)楔角

24. 手锯锯条的楔角是(　　)。
(A)30°　(B)40°　(C)50°　(D)60°

25. 组合夹具是由各种(　　)元件拼装组合而成的。
(A)专用　(B)可调　(C)标准　(D)特殊

26. 组合夹具拼装后具有(　　)。
(A)专用性　(B)通用性　(C)较高的刚性　(D)较小的外形尺寸

27. 液压传动装置实质上是一种(　　)装置。
(A)运动传动　(B)力的传递　(C)液体变换　(D)能量转换

28. 液压系统的动力部分是(　　)。
(A)电机　(B)液压泵　(C)油压缸　(D)液压马达

29. 液压传动是依靠(　　)来传递运动的。
(A)压力的变化　(B)流量的变化　(C)速度的变化　(D)密封容积的变化

30. 若要改变油缸的运动速度,只要改变流入液压缸中油液的(　　)即可。
(A)压力　(B)流量　(C)速度　(D)方向

31. 油液流经无分支管道时,每一横截面上通过的(　　)一定是相等的。
(A)压力　(B)流量　(C)速度　(D)平均流速

32. 已知活塞运动速度 $v=0.04$ m/s,活塞有效工作面积 $A=0.008$ m$^2$,则输入液压缸的流量为(　　)。
(A)$3.2\times10^{-4}$ m$^3$/s　(B)$3.2\times10^{-3}$ m$^3$/s
(C)5 m$^3$/s　(D)0.2 m$^3$/s

33. 已知活塞有效工作面积为 0.008 m$^2$,外界负载为 9 720 N,则液压缸的工作压力为

(  )Pa。

(A)$12.15\times10^4$ (B)$12.15\times10^5$ (C)$8.2\times10^{-7}$ (D)$8.2\times10^{-6}$

34. 旋转零件的重心不在旋转轴线上，当其旋转时只产生垂直旋转中心的离心力，此种现象称为(  )。

(A)静平衡 (B)静不平衡 (C)动平衡 (D)动不平衡

35. 旋转零件的重心在旋转轴线上，当其旋转时有不平衡力矩产生，此种现象称为(  )。

(A)静平衡 (B)静不平衡 (C)动平衡 (D)动不平衡

36. 一对轮对上的两个车轮的动不平衡点要求(  )。

(A)没有要求 (B)在同一截面并在车轴的两侧

(C)需去除车轮的动不平衡 (D)在同一截面并在车轴轴线同一侧

37. 在车轮上安装制动盘或轮箍时，需将制动盘或轮箍的动不平点与车轮的不平衡点(  )。

(A)都去除 (B)在同一位置 (C)相隔 180° (D)任意位置

38. 用测力扳手拧紧螺纹的目的是(  )。

(A)防松 (B)控制拧紧力矩 (C)保证正确连接 (D)提高装配效率

39. 组装螺栓前需要使用丙酮清洗，是为了(  )。

(A)防松 (B)控制拧紧力矩 (C)保证正确连接 (D)提高装配效率

40. 在螺纹连接处涂抹(  )能起到防松作用。

(A)润滑油 (B)螺纹锁固胶 (C)抗咬合剂 (D)防锈剂

41. 弹簧垫圈上开出斜口的目的是为了(  )。

(A)增大预紧力 (B)产生弹力 (C)防止螺母回转 (D)增大摩擦力

42. 下列方式不能对螺栓连接起到防松作用的是(  )。

(A)弹性垫圈 (B)螺纹锁固胶

(C)螺栓与穿入铁丝连接 (D)平垫

43. 螺纹连接属于(  )。

(A)可拆的活动连接 (B)不可拆的固定连接

(C)可拆的固定连接 (D)不可拆的活动连接

44. 滚动轴承预紧的根本目的是(  )。

(A)消除游隙 (B)减少变形

(C)增大载荷 (D)提高轴承工作时的刚度和旋转精度

45. 圆锥面过盈连接是利用包容件与被包容件的(  )而获得过盈量的。

(A)相对轴向位移 (B)过盈值的大小 (C)配合性质 (D)装配方法

46. 蜗杆传动机构正确啮合，蜗轮轮齿上的接触斑点位置应在(  )。

(A)齿面中部 (B)齿面端部

(C)齿面中部稍偏蜗杆旋出方向 (D)齿面中部稍偏蜗杆旋入方向

47. 当齿轮的接触斑点位置正确而接触面太小时，是由于(  )所致。

(A)侧隙太大 (B)中心距偏大 (C)中心距偏小 (D)齿形误差太大

48. 齿轮安装中心距误差不仅影响齿轮的接触位置，而且影响(  )。

(A)齿侧间隙　(B)接触面　(C)传动比　(D)传动效率

49. 两啮合齿轮(　)会产生同向偏接触。

(A)中心距太大　(B)中心距太小

(C)安装轴线不平行　(D)径向跳动

50. 两啮合齿轮接触面的大小是根据齿轮的(　)要求而定的。

(A)接触精度　(B)齿侧间隙　(C)运动精度　(D)转速高低

51. 采用分组选配法装配,配合精度的高低取决于(　)。

(A)零件的加工精度　(B)装配方法

(C)装配过程　(D)分组数

52. 根据装配精度合理分配各组成环公差的过程,叫作(　)。

(A)工艺分析　(B)尺寸计算　(C)解尺寸链　(D)精度保证

53. 封闭环的公差等于(　)。

(A)各组成环公差之和　(B)各组成环公差之差

(C)减环公差之和　(D)增环公差之和

54. 修配法解尺寸链的主要任务是确定(　)在加工时的实际尺寸。

(A)增环　(B)减环　(C)封闭环　(D)修配环

55. 采用修配法装配时,尺寸链中的各尺寸均按(　)制造。

(A)装配精度要求　(B)经济公差　(C)修配量　(D)封闭环公差

56. 装配时,通过调整某一零件的(　)来保证装配精度要求的方法叫作调整法。

(A)精度　(B)形状　(C)配合公差　(D)尺寸或位置

57. 电力机车的构架向轮对传递垂向力、纵向力和横向力的主要构件是(　)。

(A)端梁　(B)枕梁　(C)牵引梁　(D)侧梁

58. 砂箱一般安装在构架的(　)上。

(A)端梁　(B)枕梁　(C)牵引梁　(D)横梁

59. 人对下列振动中的(　)最敏感。

(A)左右横向振动　(B)前后纵向振动

(C)铅垂方向的振动　(D)都一样

60. 人对下列振动中的(　)最不敏感。

(A)左右横向振动　(B)前后纵向振动

(C)铅垂方向的振动　(D)都一样

61. 在轴两端的支承点,用轴承盖单向固定轴承分别限制两个方向的(　)。

(A)径向转动　(B)径向移动　(C)轴向移动　(D)轴向跳动

62. 一端用双向固定方式,如右端轴承双向轴向固定,左端轴承可(　)。

(A)发生轴向窜动　(B)发生径向圆跳动

(C)随轴游动　(D)自由运动

63. 角接触球轴承在装配和使用过程中,可通过调整内、外套圈的轴向位置来获得合适的(　)。

(A)径向游隙　(B)轴向游隙

(C)径向和轴向游隙　(D)都不对

64. 金属材料抵抗冲击载荷的作用而不被破坏的能力称为金属材料的(　　)。
(A)塑性　(B)韧性　(C)疲劳　(D)强度
65. 碳素结构钢含碳量为(　　)。
(A)>0.7%　(B)<0.7%　(C)>1%　(D)<0.5%
66. 应用最普遍的硬度为(　　)。
(A)HB　(B)HRC　(C)HT　(D)HV
67. 将钢加热到 Ac3 或 Acm 以上 30 ℃～35 ℃,保温一定时间,随后在空气中冷却下来的热处理过程为(　　)。
(A)正火　(B)退火　(C)淬火　(D)回火
68. 淬火加(　　)即为调质处理。
(A)低温回火　(B)中温回火　(C)高温回火　(D)正火
69. 渗碳后需进行的热处理工艺为(　　)。
(A)回火　(B)正火
(C)淬火+低温回火　(D)发蓝
70. 允许尺寸的变动量即为(　　)。
(A)公差　(B)偏差　(C)误差　(D)上偏差
71. 孔的尺寸减去轴的尺寸所得代数差为正时的配合为(　　)。
(A)间隙配合　(B)过盈配合　(C)过渡配合　(D)紧配合
72. 一般情况下优先使用的配合基准制为(　　)。
(A)基轴制　(B)基孔制　(C)任意　(D)基准制
73. 机械制造中常用的长度单位为(　　)。
(A)m(米)　(B)mm(毫米)　(C)μm(微米)　(D)dm(分米)
74. 直齿圆柱齿轮正确啮合的条件是(　　)。
(A)模数相等　(B)分度圆上压力角相等
(C)齿数相等　(D)模数相等及分度圆上压力角相等
75. 螺纹公称直径指(　　)。
(A)大径基本尺寸　(B)中径基本尺寸　(C)小径基本尺寸　(D)都不对
76. 人体能承受的安全电压为(　　)的电压。
(A)低于 250 V 高于 36 V　(B)低于 36 V
(C)低于 20 V　(D)低于 220 V
77. 在正常情况下,把电器设备不带电的金属部分用导线与大地连接起来叫作(　　)。
(A)保护接零　(B)保护接地　(C)绝缘　(D)断路保护
78. 电机电枢轴与小齿轮的配合是(　　)。
(A)过盈配合　(B)过渡配合　(C)间隙配合　(D)松配合
79. 测量抱轴瓦端面与实际轮对轮心衬面间隙时,在左右均等的情况下,单测间隙不得小于(　　)。
(A)0.25 mm　(B)0.4 mm　(C)0.6 mm　(D)0.5 mm
80. 三轴转向架上安装轴箱弹簧时,高度大的弹簧一般装在(　　)。
(A)转向架两端轮对轴箱上　(B)中间轮对轴箱上

(C)不一定　　(D)机车中间轮对轴箱上

81. 用样板比较法测量表面粗糙度时，一般情况下能较可靠地测量出(　　)的表面粗糙度。

(A)0.1～0.8 μm　　(B)1.6～12.5 μm

(C)25～100 μm　　(D)0.8～3.2 μm

82. 制动力的传递和牵引力的传递(　　)。

(A)过程一样，方向相反　　(B)过程一样，方向一样

(C)过程不一样，方向相反　　(D)都不对

83. 电力机车一对啮合的大、小齿轮，下列表述正确的是(　　)。

(A)齿数相等，模数不等　　(B)齿形角相等，模数相等

(C)齿数不等，模数不等　　(D)齿数、模数、齿形角都不等

84. 溢流阀用来调节液压系统中的恒定(　　)。

(A)压力　　(B)流量　　(C)方向　　(D)都不对

85. 为消除铸铁件的内应力所造成的精度变化，需在加工前做(　　)处理。

(A)回火　　(B)正火　　(C)时效　　(D)淬火

86. 形位公差带的形状决定于(　　)。

(A)公差项目　　(B)图样标注方法

(C)被测要素形状　　(D)公差项目和图样标注方法

87. 国标规定齿轮分度圆上的压力角为(　　)。

(A)45°　　(B)30°　　(C)20°　　(D)15°

88. 轮对电机组装中，为使大、小齿轮充分润滑，齿轮箱中的油(　　)。

(A)越多越好　　(B)越少越好　　(C)油位适当最好　　(D)任意

89. 下列钳工量具中，属于专用量具的是(　　)。

(A)卡钳　　(B)卡规　　(C)水平仪　　(D)内径百分尺

90. 螺纹有紧固、防松及传动作用，紧固连接通常用(　　)螺纹。

(A)三角形　　(B)梯形　　(C)矩形　　(D)锯齿形

91. 用錾子錾削硬钢或铸铁等硬材料时，錾子的楔角取(　　)合适。

(A)30°～50°　　(B)40°～50°　　(C)50°～60°　　(D)60°～70°

92. 用錾子錾削铜或铝等软材料时，錾子的楔角取(　　)合适。

(A)30°～50°　　(B)40°～50°　　(C)50°～60°　　(D)60°～70°

93. 电力机车轴箱内零件按工艺要求应采用的装配方法是(　　)。

(A)分组装配法　　(B)完全互换法　　(C)修配法　　(D)调整法

94. 电力机车轮对轮与轴的装配应采用的装配方法是(　　)。

(A)分组装配法　　(B)完全互换法　　(C)修配法　　(D)调整法

95. 所谓定量泵就是(　　)的液压泵。

(A)密封容积不能变化　　(B)密封容积交替变化

(C)输出流量不可调　　(D)输出流量可调

96. 外啮合齿轮泵(　　)时实现吸油。

(A)轮齿脱开啮合、密封容积减小　　(B)轮齿脱开啮合、密封容积增大

(C)轮齿进入啮合、密封容积增大　　(D)轮齿进入啮合、密封容积减小

97. 外啮合齿轮泵(　　)时实现压油。

(A)轮齿脱开啮合、密封容积减小　　(B)轮齿脱开啮合、密封容积增大

(C)轮齿进入啮合、密封容积增大　　(D)轮齿进入啮合、密封容积减小

98. 渐开线齿轮啮合的主要特点是(　　)。

(A)保持恒定的传动比,具有传动的可分离性

(B)保持恒定的传动比,传动精度高

(C)保持恒定的传动比,传动效率高

(D)传动比大,传动效率高

99. 油压减振器是将电力机车振动冲击能量转变成(　　)。

(A)机械能　　(B)化学能　　(C)热能　　(D)流体能

100. 油压减振器的减振性能与(　　)无关。

(A)机车的运行时间　　(B)油压减振器内节流孔大小

(C)油压减振器内的活塞面积　　(D)油压减振器的油液黏度

101. 采用带传动时,带在带轮上的包角不能(　　)120°。

(A)大于　　(B)小于　　(C)等于　　(D)都不对

102. 使用链节数为奇数的链条时,应采取(　　)固定活动销轴。

(A)开口销　　(B)弹簧卡片　　(C)过渡链节　　(D)铆接

103. 齿轮在轴上固定,当要求配合过盈量很大时,应采用(　　)。

(A)敲击法装入　　(B)压力机压入

(C)液压套合装配法　　(D)都不对

104. 安装渐开线圆柱齿轮时,接触斑点处于异向偏接触的不正确位置,其原因是两齿轮(　　)。

(A)轴线歪斜　　(B)轴线不平行　　(C)中心距太大　　(D)中心距太小

105. 蜗杆传动机构的正确运转是蜗轮在任何位置上用于旋转蜗杆所需的转矩(　　)。

(A)均应相同　　(B)大小不同

(C)相同或不同都可　　(D)都不对

106. 采用液压传动用来传递运动和动力,作为工作介质的是具有一定压力的(　　)。

(A)气体　　(B)液体　　(C)机械能　　(D)动能

107. 电力机车在高速运行过程中,施行制动时主要以(　　)形式最有效。

(A)电阻制动　　(B)基础制动装置制动

(C)手制动装置制动　　(D)蓄能制动器制动

108. 电力机车在低速运行过程中,施行制动时主要以(　　)形式最有效。

(A)电阻制动　　(B)基础制动装置制动

(C)手制动装置制动　　(D)蓄能制动器制动

109. 单机停在线上防止溜车,施行制动时主要以(　　)形式最有效。

(A)电阻制动　　(B)基础制动装置制动

(C)手制动装置制动　　(D)蓄能制动器制动

110. 电力机车传动装置一般都是降速运动,传动件的误差被(　　)。

(A)放大　(B)缩小　(C)消失　(D)控制

111. 牌号为 YG8 的硬质合金材料比牌号为 YG3 的硬质合金材料的韧性和(　　)高。

(A)抗弯强度　(B)弹性　(C)硬度　(D)塑性

112. 选择定位基准时，一般都选用(　　)基准，因为其接触面积大，不论从准确度和受力变形来看都比较合理。

(A)设计　(B)测量　(C)装配　(D)加工

113. 552732QKT 轴承受(　　)载荷。

(A)径向　(B)轴向　(C)径向与轴向　(D)垂向

114. $SS_4$ 型机车中属于一系弹簧悬挂装置的是(　　)。

(A)橡胶堆　(B)垂直油压减振器

(C)摩擦减振器　(D)牵引缓冲装置

115. 轴承内圈与主轴、轴承外圈与箱体孔装配时，采用定向装配方法适用于(　　)。

(A)精度要求较低的主轴　(B)精度要求一般的主轴

(C)精度要求较高的主轴　(D)转速要求低的主轴

116. 保证丝杆、螺母传动精度的主要因素是(　　)。

(A)螺纹精度　(B)配合过盈　(C)配合间隙　(D)过渡配合

117. $SS_3$ 型轴箱各位配置的轴承的型号(　　)。

(A)内侧相同　(B)外侧相同　(C)都相同　(D)内、外侧都不同

118. 低温环境应选择(　　)的润滑油。

(A)黏度小、凝点低　(B)黏度大、凝点高

(C)凝点低、黏度大　(D)凝点高、黏度小

119. 放置在水平面上的物块，水平面对物块限制了(　　)个自由度。

(A)1　(B)2　(C)3　(D)4

120. 有机粘接剂填料的作用是(　　)，改善粘接剂的性能。

(A)缩短固化周期，增加固化强度　(B)增加基体材料的韧性和抗冲击强度

(C)降低粘接剂的热膨胀系数和收缩率　(D)缩短固化周期和收缩率

121. 牌号为 YT30 的硬质合金材料比牌号为 YT5 的硬质合金材料的(　　)低。

(A)抗弯强度　(B)韧性　(C)硬度　(D)疲劳强度

122. 在刀具材料中，(　　)的耐热性最高。

(A)碳素工具钢　(B)合金工具钢　(C)高速钢　(D)陶瓷

123. 在冷态下检查普通车床主轴与尾座中心线等高性时，允许(　　)。

(A)尾座高 0.05 mm　(B)尾座高 0.06 mm

(C)主轴高 0.05 mm　(D)主轴高 0.06 mm

124. 铁素体的代号为(　　)。

(A)P　(B)S　(C)F　(D)$Fe_3C$

125. 安装液压泵时，液压泵与原动机之间应具有较高的(　　)要求。

(A)平行度　(B)垂直度　(C)同轴度　(D)水平度

126. 当机件内部结构不能用单一剖切平面剖开，而是采用几个互相平行的剖切平面将其剖开，这种剖视图称为(　　)。

(A)斜剖　(B)旋转剖　(C)复合剖　(D)阶梯剖

127. 机械制图中,2∶1的比例是(　　)。

(A)放大的比例　(B)缩小的比例　(C)与实物相同　(D)与实物无关

128. 几何作图时,经常需要用圆弧来光滑连接已知直线。为保证相切,必须准确地作出连接圆弧的(　　)。

(A)圆心和切点　(B)圆心　(C)切点　(D)切线

129. 对高速、高精度的转轴,应进行(　　)试验。

(A)静不平衡　(B)动平衡　(C)静平衡　(D)动不平衡

130. 切削时,切屑流出的表面称为(　　)。

(A)主刀面　(B)切削表面　(C)前刀面　(D)基面

131. 前刀面与后刀面的交线称为(　　)。

(A)刀尖　(B)主切削刃　(C)副切削刃　(D)楔角

132. 前刀面与(　　)的夹角,称为前角。

(A)切削平面　(B)基面　(C)切削表面　(D)副截面

133. 电力机车在运行中,制动距离与(　　)有关。

(A)机车运行速度　(B)机车制动器倍率

(C)机车重量　(D)机车牵引力

134. 电力机车牵引缓冲装置安装在车体底架的(　　)上。

(A)边架　(B)侧架　(C)台架　(D)牵引梁

135. 铰刀校准部分的前角是(　　)。

(A)0°　(B)5°　(C)10°　(D)−5°

136. 用6个定位支承点限制了工件的4个自由度,这种定位是(　　)。

(A)不完全定位　(B)完全定位　(C)过定位　(D)欠定位

137. 工件只限制了4个自由度就能保证加工要求,这种定位是(　　)。

(A)完全定位　(B)不完全定位　(C)过定位　(D)欠定位

138. 计算夹紧力的主要依据是(　　)。

(A)工件的重量　(B)切削力的大小　(C)工件的形状　(D)加工方法

139. 盖板式钻床夹具的特点是(　　)。

(A)没有夹具体　(B)没有夹紧装置　(C)没有导向元件　(D)没有定位元件

140. 当加工的孔需要依次进行钻、扩、铰等多种工步加工时,一般应使用(　　)。

(A)可换钻套　(B)快换钻套　(C)特殊钻套　(D)多孔钻套

141. 孔的最小极限尺寸与轴的最大极限尺寸之代数差为正值叫作(　　)。

(A)间隙值　(B)最小间隙　(C)最大间隙　(D)最大过盈

142. 钻精密孔时,其表面粗糙度值为(　　)。

(A)3.2~6.4 μm　(B)0.4~3.2 μm

(C)0.2~0.4 μm　(D)0.4~1.6 μm

143. 空气弹簧大体上可分为(　　)和膜式两种。

(A)囊式　(B)自由膜式　(C)螺旋式　(D)板式

144. 调整基础制动装置中制动缸的活塞行程的目的是(　　)。

(A)保证闸瓦与轮箍的适当间隙　(B)增大闸瓦的压力
(C)减少机车运行阻力　(D)保证制动稳定的工作状态

145. 电力机车蓄能制动器的工作原理是(　　)。
(A)充气制动,排气缓解　(B)充气缓解,排气制动
(C)充气制动,排气制动　(D)都不对

146. 减少夹紧(　　)的措施之一是夹紧力尽可能与切削力、重力同向。
(A)上差　(B)下差　(C)误差　(D)公差

147. 起重作业中,吊装绳与垂线间的夹角一般不大于(　　)。
(A)30°　(B)45°　(C)60°　(D)75°

148. 高速旋转下的径向轴承,其内孔精加工尽量采用(　　)。
(A)手工刮削　(B)精车　(C)研磨　(D)精镗

149. 高速电力机车的牵引电机通常采用(　　)悬挂。
(A)轴悬式　(B)架悬式　(C)体悬式　(D)全悬式

150. 机车轮对内侧距为(　　)±3 mm。
(A)1 353　(B)1 533　(C)1 335　(D)1 535

151. Q235A与45号钢比较,(　　)焊接性好。
(A)Q235A　(B)45号钢　(C)一样　(D)都不对

152. 在螺纹标注中,应注出螺距的是(　　)。
(A)普通螺纹
(B)管螺纹和梯形螺纹
(C)细牙普通螺纹、梯形螺纹和锯齿形螺纹
(D)所有螺纹

153. 互换装配法对装配工艺技术水平要求(　　)。
(A)很高　(B)高　(C)一般　(D)不高

154. 畸形工件需多次划线时,为保证加工质量必须做到(　　)。
(A)安装方法一致　(B)划线方法一致
(C)划线基准统一　(D)借料方法相同

155. 箱体加工时,是用箱体的(　　)来找正的。
(A)面　(B)孔　(C)安装基准　(D)划线

156. 当麻花钻顶角小于118°时,两主切削刃呈(　　)形。
(A)直线　(B)曲线　(C)外凸　(D)内凹

157. 下列违反安全操作规程的是(　　)。
(A)自己制订生产工艺　(B)贯彻安全生产规章制度
(C)加强法制观念　(D)执行国家安全生产的法令、规定

158. 目测麻花钻(　　),可以判断出麻花钻后角的大小。
(A)横刃斜角　(B)顶角　(C)前角　(D)钻心角

159. 麻花钻主切削刃上各点的前角和后角是不等的,就外缘处来说,(　　)。
(A)前角最大,后角最小　(B)前角最小,后角最大
(C)前角最大,后角最大　(D)前角最小,后角最小

160. 修磨钻铸铁的群钻主要是磨出(　　)。

(A)三尖　(B)七刃　(C)分屑槽　(D)双重顶角

161. 拆卸时的基本原则是,拆卸顺序与(　　)相反。

(A)装配顺序　(B)安装顺序　(C)组装顺序　(D)调节顺序

162. 修磨薄板群钻主要是将两主切削刃磨成圆弧形,钻尖磨低,直到形成(　　)。

(A)三尖　(B)分屑槽　(C)两顶角　(D)外刃

163. 单位时间内通过某断面的液压流体的体积,称为(　　)。

(A)流量　(B)排量　(C)容量　(D)流速

164. 普通麻花钻扩孔切削时容易产生(　　)。

(A)进给困难　(B)扎刀　(C)加工效率低　(D)加工质量差

165. 在 $\phi$20 mm 的底孔上扩 $\phi$40 mm 的孔,则切削深度为(　　)mm。

(A)5　(B)10　(C)15　(D)20

## 三、多项选择题

1. 交流电动机的接线方式有(　　)接法。

(A)三角形　(B)两两　(C)交叉　(D)星形

2. 油脂主要质量指标有(　　)。

(A)黏度　(B)凝点　(C)密度　(D)闪点

3. 装夹工件的工装必须考虑(　　)方面。

(A)定位　(B)环境　(C)夹紧　(D)重量

4. 低温环境下应选择(　　)的润滑油。

(A)黏度大　(B)黏度小　(C)凝点高　(D)凝点低

5. 电力机车轮对轴箱发热可能的原因有(　　)。

(A)轴向轴承错误,横动量不对　(B)轴向轴承油脂失效或缺少

(C)轴箱体变形　(D)车轴弯曲

6. 液压控制阀可分为(　　)。

(A)方向控制阀　(B)压力控制阀　(C)旋转控制阀　(D)流量控制阀

7. 电力机车齿轮传动装置的作用是(　　)。

(A)增加转速　(B)降低转速　(C)增加转矩　(D)降低转矩

8. 一对啮合的大、小齿轮,(　　)是肯定相等的。

(A)模数　(B)齿数　(C)齿厚　(D)齿形角

9. 研磨剂是由(　　)调和而成的混合剂。

(A)磨粒　(B)研磨液　(C)水　(D)颜料

10. 新造车轮的基本尺寸分为(　　)。

(A)$\phi$1 150　(B)$\phi$1 250　(C)$\phi$1 252　(D)$\phi$1 254

11. 机车一、二系悬挂部分采用的垂向减振方式有(　　)。

(A)橡胶垫　(B)悬挂弹簧　(C)减振器　(D)柔性连接

12. 滚动轴承最主要的失效形式是(　　)。

(A)疲劳点蚀　(B)锈蚀　(C)磨损　(D)裂纹

13. 轮对是机车的重要组成部分,承担着(　　)重任。
(A)供电　(B)承重　(C)转向　(D)牵引和制动
14. 一系悬挂在转向架运转过程中,承担着转向架的(　　)。
(A)减振　(B)承重　(C)转向　(D)牵引和制动
15. 二系悬挂是连接转向架与车体的过渡缓解,将车体的(　　)转移到转向架上。
(A)减振　(B)承重　(C)转向　(D)牵引和制动
16. 排石器和撒砂装配是机车运行的安全保障,承担着机车的(　　)。
(A)清除大障碍　(B)排除小障碍
(C)增大制动/牵引力　(D)润滑轨道
17. 避免产生刮削废品的方法是(　　)。
(A)采用合理的刮削方法　(B)选用合适的显示剂
(C)刮刀的前角要正确　(D)及时检测
18. 机车的制动系统是保证机车安全运行的关键,它可以(　　)。
(A)紧急制动　(B)停放制动　(C)电控制动　(D)电磁制动
19. 齿轮箱内装有干净的齿轮油是齿轮传动的保障,齿轮油能够(　　)啮合齿轮。
(A)清洗　(B)润滑　(C)冷却　(D)防护
20. 研磨表面拉毛的原因主要有(　　)。
(A)研磨剂中混入杂质　(B)研磨剂涂得不均匀
(C)工件及研具擦洗得不净　(D)研磨棒伸出长度太长
21. 牵引装置是传递机车(　　)的重要组成部分。
(A)转向　(B)承重　(C)牵引　(D)制动
22. 为了提高机床的工作精度,应从(　　)两个方面考虑。
(A)防止机床变形　(B)提高操作者的技术水平
(C)防止机床振动　(D)提高工艺水平
23. 过盈配合组装时,可以采取(　　)方式装入。
(A)冷压　(B)热套　(C)注油压　(D)增加润滑
24. 轴箱轴承一般采用(　　)。
(A)圆锥滚子轴承　(B)圆珠轴承　(C)径向轴承　(D)圆柱滚子轴承
25. 高级优质碳素钢含(　　)较低。
(A)碳　(B)硫　(C)硅　(D)磷
26. 根据所受载荷不同,轴可分为(　　)。
(A)转轴　(B)心轴　(C)曲轴　(D)传动轴
27. 电力机车设置轮轨润滑装置的作用是(　　)。
(A)润滑轮轨　(B)润滑车轮
(C)增大车轮与轮轨摩擦　(D)防止轮轨磨损与锈蚀
28. 电力机车运行过程中有(　　)不良运动形式。
(A)点头和摇摆　(B)倾斜和侧滚　(C)伸缩和蛇行　(D)加速和减速
29. 带传动机构装配时,还要保证两带轮相互位置的正确性,可用(　　)进行测量。
(A)直尺　(B)拉线法　(C)划线盘　(D)光照法

30. 轴与孔的配合分为(　　)。

(A)过盈配合　(B)小过盈配合　(C)过渡配合　(D)间隙配合

31. 轮齿损坏常有(　　)等形式。

(A)齿面锈蚀　(B)齿面点蚀　(C)轮齿折断　(D)齿面塑性变形

32. 可以用来测量工件内孔尺寸的量具有(　　)。

(A)游标卡尺　(B)内径千分尺　(C)角度尺　(D)杠杆百分表

33. 下列刮刀可用于平面刮削的是(　　)。

(A)粗刮刀　(B)细刮刀　(C)精刮刀　(D)三角刮刀

34. 润滑技术的内容包括(　　)。

(A)正确选用润滑剂的品种和用量　(B)采用合理的润滑方式

(C)改善润滑剂的性能　(D)保持润滑剂的质量

35. 造成钻头产生折断的原因有(　　)。

(A)装夹不牢固　(B)扎刀现象　(C)进给量太小　(D)钻头崩刃

36. 钻孔时,造成孔壁粗糙的原因有(　　)。

(A)钻头不锋利　(B)后角太小

(C)进刀量太大　(D)冷却不足,冷却液润滑差

37. 在静平衡试验时,为提高静平衡架的精度,应该(　　)。

(A)圆柱(棱形刀口)必须经过淬火和精磨

(B)两支撑面必须相互平行并严格找正水平位置

(C)专用心轴本身应具有较好的平衡精度

(D)支架支撑面应具有较好的直线度

38. 油压减振器的减振性能与减振器内的(　　)有关。

(A)油量　(B)节流孔大小　(C)活塞面积　(D)油液黏度

39. 按照量具的用途和特点,可将其分为(　　)等几种类型。

(A)万能　(B)标准　(C)通用　(D)专用

40. 以下属于轮对组成部分的是(　　)。

(A)轮心　(B)齿轮　(C)拐臂　(D)车轴

41. 万能角度尺用来测量工件的内外角度,按其分度值划分主要分为(　　)。

(A)10′　(B)5′　(C)2′　(D)1′

42. 常用于消除系统误差的测量方法有(　　)。

(A)反向测量补偿法　(B)基准变化消除法

(C)对称测量法　(D)抵销法

43. 研磨工具是保证研磨工件几何形状正确的主要因素,常用的研磨工具有(　　)。

(A)平板　(B)环　(C)棒　(D)球

44. 一般研磨平面的方法是:工件沿平板表面以(　　)运动轨迹进行研磨。

(A)8 字形　(B)仿 8 字形　(C)直线往复　(D)螺旋形

45. 下列关于研磨的说法,错误的是(　　)。

(A)通用平面的精度等级是 0 级最低,3 级最高

(B)研磨后的尺寸进度可达到 0.01～0.05 mm

(C)软钢塑性较好,不容易折断,常用来作小型的研具

(D)有槽的研磨平板用于精研磨

46. 铆钉按照形状常分为(　　)、管状空心和铭牌铆钉等。

(A)平头铆钉　(B)半圆头铆钉　(C)沉头铆钉　(D)半圆头沉头铆钉

47. 下列关于装配的说法,正确的是(　　)。

(A)将零件连接组合成为组件的操作过程,叫作部件装配

(B)装配之前,利用试配法检查零件配合是否适当,叫作零件的预装

(C)分组装配法的装配精度完全取决于零件加工精度

(D)部件装配是从基准零件开始的

48. 钳工常用的钻孔设备有(　　)。

(A)台钻　(B)立钻　(C)磁力钻　(D)手电钻

49. 丝锥常用(　　)制成。

(A)高速钢　(B)低碳钢　(C)碳素工具钢　(D)合金工具钢

50. 标准螺纹包括(　　)。

(A)普通螺纹　(B)梯形螺纹　(C)管螺纹　(D)锯齿形螺纹

51. 链连接主要用来连接轴和轴上的传动零件,实现(　　)。

(A)轴向固定　(B)周向固定　(C)传递动力　(D)传递扭矩

52. 当轴上安装的零件需要沿轴向移动时,可采用(　　)连接。

(A)普通平键　(B)导向平键　(C)花键　(D)滑键

53. 花键连接按其坡面形状不同,可分为(　　)。

(A)矩形花键　(B)摆形花键　(C)圆弧线花键　(D)渐开线花键

54. 滑块联轴器主要用于(　　)的低速轴的连接。

(A)有剧烈冲击载荷　(B)没有剧烈冲击载荷

(C)允许两轴线有一定径向偏移　(D)不允许两轴线有一定偏移

55. 滑动轴承工作时轴瓦与轴颈直接接触并有相对运动,将产生摩擦、磨损和发热,故滑动轴承常见的失效形式有(　　)。

(A)磨损　(B)点蚀　(C)交合　(D)疲劳破坏

56. 滚动轴承的主要优点是(　　)。

(A)摩擦阻力小,易启动　(B)轴向尺寸小,旋转精度高

(C)润滑维修方便　(D)径向尺寸较大

57. 机车上选用弹簧(如一系悬挂、二系悬挂、摩擦减振器、储能制动器中的弹簧),主要是利用弹簧的(　　)。

(A)传递动力　(B)缓冲和减振

(C)储存及输出能量　(D)传递扭矩

58. 轴承润滑的作用主要包括(　　)。

(A)减小摩擦　(B)传递热量　(C)防止锈蚀　(D)减小噪声

59. 液压传动系统一般是由(　　)组成的。

(A)动力部分　(B)控制部分　(C)执行部分　(D)辅助部分

60. 动压滑动轴承最突出的优点是(　　)。

(A)运转中阻尼性能好　(B)工艺性好
(C)良好的抗振性能　(D)良好的运转平稳性

61. 整体车轮不得涂覆(　　)。
(A)防锈油　(B)腻子　(C)油漆　(D)润滑油

62. 下列可以作为电力机车齿轮传动的传动比的有(　　)。
(A)88∶21　(B)96∶24　(C)120∶23　(D)74∶17

63. 下列属于“八防”的防燃(燃轴)的是(　　)。
(A)新造、检修车轴超声波、磁粉探伤过程
(B)磨轴颈、防尘圈及圆弧工序控制,车轴各管控尺寸
(C)轮对轴承、电机轴承、抱轴承箱装配,轴箱装配的转动灵活及跑合温升
(D)油脂的着火将造成车轴烧伤

64. 下列属于“八防”的防脱(脱落)的是(　　)。
(A)轮对压装的轮轴过盈量控制及压装、反压曲线
(B)电机悬挂、牵引环节的螺栓紧固
(C)梯子、轴箱前盖等安装可靠
(D)车底悬挂、车顶固定、排障器等件的连接螺栓紧固

65. 下列属于“八防”的防断(断裂)的是(　　)。
(A)车体底架的焊接过程　(B)电机悬挂装置的拉力件磁粉探伤
(C)一系、二系悬挂弹簧的磁粉探伤　(D)牵引杆的磁粉探伤

66. 下列属于“八防”的防爆(爆炸)的是(　　)。
(A)车内风包的过载造成风包爆炸　(B)车内的易爆物品
(C)高压电压互感器防爆　(D)主变压器的防爆

67. 下列属于“八防”的防火(火灾)的是(　　)。
(A)电线、电缆、防寒材料、密封填充材料、橡胶密封条及橡胶部件、司机室及走廊地板、编织套管、包塑金属管、座椅等非金材料
(B)电线路、导电铜排连接组装
(C)变压器、真空断路器、25 kV 电缆等关键部件
(D)高压端子、电缆达到难燃并通过烟火试验

68. 下列属于“八防”的防裂(裂损)的是(　　)。
(A)齿轮箱的焊缝或铸造探伤要求
(B)车轴、车轮的探伤要求
(C)构架或构架各梁的焊缝探伤要求
(D)构架上传感器安装座及扎线板的焊缝探伤要求

69. 下列属于“八防”的防离(分离)的是(　　)。
(A)车钩钩体、三态作用试验
(B)受电弓防止自动下降与电网分离
(C)钩提杆及座、防跳插销、钩舌及钩耳、车钩落锁状态检查、确认、处理
(D)离合器在使用运行过程中自动分离

70. 下列属于“八防”的防飏(放飏)的是(　　)。

(A)制动装置、制动管路(含软管)、防关断折角塞门等部件
(B)制动装置、管路、塞门等部件的清洁、防护、安装过程
(C)前窗挡风玻璃安装严密,不得漏风
(D)车顶各件安装牢固,以免高速运行被吹飞

71. 常用的螺纹防松有(　　)。
(A)用锁紧螺母防松　(B)用弹簧垫圈防松
(C)用开口销与带槽螺母结合防松　(D)用止动垫圈防松
(E)串联钢丝防松

72. 下列说法正确的是(　　)。
(A)对于机件的肋、轮辐及薄壁等,如按纵向剖切,这些结构都不画剖面符号,而用粗实线将它与其邻接部分分开
(B)当零件回转体上均匀分布的肋、轮辐、孔等结构不处于剖切平面上时,可将这些结构旋转到剖切平面上画出
(C)较长的机件(轴、杆、型材、连杆等)沿长度方向的形状一致或按一定规律变化时,可断开后缩短绘制。采用这种画法时,尺寸可以不按机件原长标注
(D)当回转体零件上的平面在图形中不能充分表达平面时,可用平面符号(相交的两细实线)表示

73. 关于减小热变形误差的措施,正确的是(　　)。
(A)在恒温室内对工件进行加工
(B)在室外对工件进行加工
(C)加工前预热机床使其在热平衡状态下进行加工
(D)加工时充分冷却减少温升

74. 液压传动可以(　　)。
(A)实现无级调速　(B)传递较大的转矩
(C)保证严格传动比　(D)实现自动化

75. 柱塞泵的显著特点是(　　)。
(A)便于调节流量　(B)压力高　(C)流量大　(D)流量小

76. 机车运行的机械阻力包括(　　)。
(A)轮轨摩擦阻力　(B)干扰阻力
(C)轴承等滚动部件的摩擦阻力　(D)压差阻力

77. 挠性浮动齿式联轴节主要包括(　　)。
(A)半联轴节　(B)全联轴节　(C)外筒　(D)中间隔板

78. 刀具的非正常磨损包括(　　)。
(A)前刀面磨损　(B)卷刃　(C)破损　(D)后刀面磨损

79. 流量控制阀包括(　　)。
(A)减压阀　(B)节流阀　(C)溢流阀　(D)调速阀

80. 刀具切削部分的材料应具备(　　)。
(A)高的硬度　(B)足够的强度和韧性
(C)高的耐磨性　(D)良好的工艺性

81. 设备日常维护保养的主要内容有(　　)。

(A)日保养　(B)周保养　(C)月保养　(D)小修

82. 在切削过程中,工件上形成三个表面,即(　　)。

(A)粗表面　(B)待加工表面　(C)加工表面　(D)已加工表面

83. 液压传动装置通常由(　　)组成。

(A)管道　(B)液压泵　(C)液压缸　(D)阀类

84. 设备工作精度检查反映了(　　)设备的几何精度。

(A)静态　(B)动态　(C)工作状态

(D)空载　(E)负载

85. 研具常用的材料有(　　)。

(A)灰铸铁　(B)合金钢　(C)软钢　(D)球墨铸铁

86. 电动机的制动方法有(　　)。

(A)断电　(B)电磁抱闸　(C)反接　(D)能耗

87. 摩擦离合器根据摩擦表面的形状可分为(　　)。

(A)圆盘式　(B)圆柱式　(C)圆锥式　(D)多片式

88. 油箱根据其使用特点可分为(　　)。

(A)开式　(B)隔离式　(C)充气式　(D)气控式

89. 砂轮磨削时对工件起的作用是(　　)。

(A)切削作用　(B)刻划作用　(C)除杂作用　(D)抛光作用

90. 螺栓的拧紧应按照(　　)的方法,才能使地脚螺栓和设备受力均匀。

(A)从两端向中间　(B)从中间开始向两端

(C)对称轮换逐次拧紧　(D)从对角拧紧

91. 润滑剂的种类有(　　)。

(A)润滑油　(B)润滑脂　(C)固体润滑剂　(D)润滑液

92. 蜗轮副的修复工艺有(　　)。

(A)锉削修复法　(B)用高精度的加工设备来修复

(C)研磨修复法　(D)刮研修复法

93. 常用的热强钢有(　　)。

(A)马氏体钢　(B)奥氏体钢　(C)洛氏体钢　(D)莫氏体钢

94. 根据操作方式的不同,换向阀可分为(　　)。

(A)手动换向阀　(B)液压换向阀　(C)电磁换向阀　(D)机动换向阀

95. 在链传动中,按用途不同可将链分为(　　)。

(A)传动链　(B)起重链　(C)运输链　(D)铁链

96. 金属材料分为(　　)。

(A)黑色金属　(B)红色金属　(C)有色金属　(D)钢铁金属

97. 刮削时常用显示剂的种类有(　　)。

(A)红丹粉　(B)蓝油　(C)机油　(D)松节油

98. 氧化物磨料主要用于(　　)的研磨。

(A)铸铁　(B)黄铜　(C)碳素工具钢　(D)合金工具钢

99. 扩孔钻的特点有(　　)。
(A)导向性较好　(B)增大进给量　(C)改善加工质量　(D)吃刀深度小
100. 采用过盈配合连接的孔和轴装拆时可用(　　)。
(A)修配法　(B)压装法　(C)热装法　(D)冷装法
101. 对较重要的键连接,装配完成后应检查(　　)。
(A)键侧直线度　(B)键两侧平行度
(C)键槽对轴线对称度　(D)键侧间隙
102. 砂轮的硬度是指(　　)。
(A)砂轮所用磨料的硬度　(B)磨粒从砂轮表面脱落的难易程度
(C)结合剂粘结磨粒的牢固程度　(D)砂轮内部结构的疏密
103. 常见的电动机的保护电器有(　　)。
(A)熔断器　(B)变压器　(C)热继电器　(D)离合器
104. 常用于消除系统误差的测量方法有(　　)等。
(A)反向测量补偿法　(B)基准变换消除法
(C)对称测量法　(D)抵消法
105. 锪孔的主要类型有(　　)。
(A)圆柱形沉孔　(B)圆锥形沉孔　(C)锪孔的凸台面　(D)阶梯形沉孔
106. 应使用(　　)清洗橡胶制品,以防发胀变形。
(A)酒精　(B)汽油　(C)化学清洗剂　(D)丙酮
107. 铰削钢件时应加(　　)冷却润滑。
(A)煤油　(B)菜油　(C)猪油　(D)柴油
108. 下列部件可以采用研磨修复方法的是(　　)。
(A)轴承　(B)轴瓦　(C)接手　(D)精密套
109. 常见的基础制动形式有(　　)。
(A)踏面闸瓦制动　(B)盘形制动　(C)涡流制动　(D)电阻制动
110. 铁路机车车辆经常采用的一系悬挂弹簧种类有(　　)。
(A)圆弹簧　(B)板弹簧　(C)橡胶簧　(D)空气弹簧
111. 攻丝常用的工具是(　　)。
(A)板牙　(B)板牙架　(C)丝锥　(D)铰手
112. 空气弹簧的缺点是(　　)。
(A)结构复杂　(B)附件多　(C)制造成本高　(D)维护检修复杂
113. 螺栓按螺距分为(　　)。
(A)普通　(B)细扣　(C)英制　(D)公制
114. 在斜面上钻孔,可采取(　　)的措施。
(A)铣出一个平面　(B)车出一个平面
(C)錾出一个小平面　(D)锯出一个平面
115. 链传动的失效形式主要有链条的(　　),为减少链传动的失效,常在张紧和润滑上下功夫。
(A)磨损　(B)疲劳　(C)拉断　(D)胶合

116. 碳化物磨料主要用于(　　)的研磨。
(A)铸铁　(B)黄铜　(C)硬质合金　(D)陶瓷
117. 钻精密孔需采取的措施有(　　)。
(A)改进钻头切削部分几何参数　(B)选择合适的切削用量
(C)改进加工环境　(D)提高切削液质量
118. 螺旋机构分为(　　)螺旋机构。
(A)转动　(B)普通　(C)差动　(D)滚珠
119. 铰刀根据加工孔的形状分为(　　)。
(A)菱形　(B)正方形　(C)圆柱形　(D)圆锥形
120. 金属材料的硬度表示材料在静载荷作用下(　　)。
(A)表面密度的增加　(B)抗其他硬物压入表面的能力增加
(C)强度的另一种表现形式　(D)抵抗表面局部变形和破坏的抗力增强
121. 凸轮机构根据结构和用途可分为(　　)。
(A)圆盘凸轮　(B)圆柱凸轮　(C)圆锥凸轮　(D)滑板凸轮
122. 凸轮与从动杆的接触形式有(　　)。
(A)平面接触　(B)尖端接触　(C)滚子接触　(D)凹面接触
123. 夹具常用的定位元件有(　　)。
(A)支承板　(B)定位衬套　(C)V形架　(D)定位销
124. 切削力可以分解为(　　)。
(A)法向力　(B)切向力　(C)径向力　(D)轴向力
125. 交流接触器通常是由(　　)组成的。
(A)传感部分　(B)阻抗部分　(C)电磁部分　(D)触头部分
126. 笼形异步电动机或三相异步电动机的启动方式有(　　)。
(A)直接　(B)减压　(C)升压　(D)耗磁
127. 刀具的辅助平面有(　　)。
(A)基面　(B)切削平面　(C)底面　(D)主截面
128. 滚动轴承实现预紧的方法有(　　)。
(A)横向预紧　(B)纵向预紧　(C)径向预紧　(D)轴向预紧
129. 铁路高速技术包括(　　)等先进技术。
(A)新型列车牵引方式　(B)轻型高速车辆
(C)运行控制指挥自动化　(D)高性能的线路结构
130. 表面粗糙度高度参数的注写方法正确的是(　　)。
(A)$R_x$　(B)$R_y$　(C)$R_z$　(D)$R_a$
131. 机车车辆限界包括(　　)。
(A)无偏移限界　(B)静偏移限界　(C)动偏移限界　(D)有偏移限界
132. 铁路机车车辆通常采用的弹簧种类有(　　)。
(A)圆弹簧　(B)板弹簧　(C)橡胶簧　(D)空气弹簧
133. 影响机床装配精度的因素有(　　)。
(A)机件的刚度　(B)工作温度变化　(C)设计缺陷　(D)磨损

134. 车床通用的夹具有(　　)。
(A)三爪自定心卡盘　　(B)五爪自定心卡盘
(C)花盘　　(D)顶尖
135. 链传动的类型有(　　)链传动。
(A)传动　　(B)起重　　(C)连接　　(D)牵引
136. 形位误差对零件的影响有(　　)。
(A)影响工作精度　　(B)影响工作寿命　　(C)影响可装配性　　(D)影响外观形象
137. 表面粗糙度对零件的影响有(　　)。
(A)加剧磨损　　(B)影响工作精度　　(C)影响手感　　(D)影响配合性
138. 常用的带传动有(　　)。
(A)齿带　　(B)V带　　(C)平带　　(D)高速带
139. 蜗杆传动的优点有(　　)。
(A)可实现单级大传动比　　(B)工作平稳、噪声低
(C)可防止逆转　　(D)加工方便
140. 普通螺纹的代号由(　　)组成。
(A)螺纹特征字母M　　(B)公称直径
(C)螺距　　(D)旋向
141. 由于(　　)的影响,机车在运行中会造成连接螺栓松动。
(A)摩擦　　(B)振动　　(C)冲击　　(D)温差变化较大
142. 平键的用途有(　　)。
(A)传递轴向力　　(B)传递转矩　　(C)导向　　(D)轴向固定
143. 花键连接与平键连接相比,其优点是(　　)。
(A)受力均匀　　(B)承载能力大　　(C)定心性好　　(D)导向性好
144. 滚动轴承的优点有(　　)。
(A)摩擦阻力小　　(B)效率高　　(C)安装方便　　(D)启动灵敏
145. 向心角接触轴承能承受(　　)载荷。
(A)径向　　(B)切向　　(C)轴向　　(D)横向
146. 滚子轴承与球轴承相比,其优点是(　　)。
(A)摩擦小　　(B)承载能力好　　(C)高速性能好　　(D)耐冲击
147. 滚动轴承的代号由(　　)组成。
(A)前置代号　　(B)类型代号　　(C)基本代号　　(D)后置代号
148. 液压传动的特点有(　　)。
(A)环境适应性好　　(B)传动平稳　　(C)承载能力大　　(D)体积小
149. 液压系统驱动刚性差的原因是(　　)。
(A)液压泵选得太小　　(B)空气混入液压系统
(C)驱动的负荷量太大　　(D)系统管路过长
150. 常用作研具材料的有(　　)。
(A)灰铸铁　　(B)合金钢　　(C)铜　　(D)球墨铸铁
151. 下列可用于划线基准的是(　　)。

(A)一条棱 (B)相互垂直的平面
(C)两条轴线 (D)一个平面与一条中心线

152. 在机械加工前进行的热处理有(　　)。
(A)淬火 (B)退火 (C)时效 (D)正火

153. 导致加工误差的原因可能是(　　)。
(A)装夹误差 (B)测量误差 (C)刀具磨损 (D)机床误差

154. 下列属于零件的是(　　)。
(A)轴箱拉杆 (B)车轴 (C)轮对 (D)牵引座

155. 常用的装配方法有(　　)。
(A)完全互换装配法 (B)选择装配法
(C)修配装配法 (D)调整装配法

156. 滚动轴承的游隙过大会导致(　　)。
(A)轴承寿命降低 (B)灵敏度增大 (C)振动 (D)有噪声

157. 机床夹具的作用有(　　)。
(A)保证工件加工质量 (B)提高劳动生产率
(C)改善工人劳动条件 (D)降低加工成本

158. 装夹工件的工装需考虑(　　)方面。
(A)结构 (B)定位 (C)环境 (D)夹紧

159. 麻花钻柄部的功能是(　　)。
(A)夹持 (B)定心 (C)传递扭矩 (D)定位

160. 可以用来测量工件内孔直径的量具有(　　)。
(A)内径千分尺 (B)游标卡尺 (C)钢直尺 (D)塞尺

161. 销在装配中主要起(　　)的作用。
(A)定位 (B)连接 (C)传递扭矩 (D)紧固

162. 导轨按摩擦状态可分为(　　)导轨。
(A)滑动 (B)滚动 (C)静压 (D)复合

163. 常用的清洗液有(　　)。
(A)汽油 (B)柴油 (C)煤油 (D)化学清洗液

164. 装配尺寸链中的封闭环,其实质就是(　　)。
(A)组成环 (B)要保证的装配精度
(C)装配过程中直接获得的尺寸 (D)装配过程最后自然形成的尺寸

165. 液压系统的辅助元件有(　　)。
(A)滤油器 (B)单向阀 (C)O形圈
(D)液压缸 (E)压力表

## 四、判 断 题

1. 完全互换法比修配法装配质量高。(　　)
2. 一个装配工序可以包括若干个装配工步。(　　)
3. 拧紧长方形布置的成组螺钉、螺母时,应从一端开始,按顺序进行。(　　)

4. 在需要精加工的已加工表面上划线时，用硫酸铜溶液作涂料。（　　）

5. 锉刀锉纹号的选择主要取决于工件的加工余量、加工精度和表面粗糙度要求。（　　）

6. 抱轴瓦变形、刮瓦不合格，可引起轴箱发热。（　　）

7. 电力机车轮轨间的黏着力随牵引力的增大而增大。（　　）

8. 标准麻花钻的顶角为 110°。（　　）

9. 在轴重合适的情况下，轮重超差，在一系圆簧下加减垫片最有效。（　　）

10. 轴重超差，在二系橡胶堆上加减调整垫片最有效。（　　）

11. 称重调簧的目的是为了使机车的轴重均匀分配。（　　）

12. 电力机车转向架除承受重力外，还承受纵向牵引力和制动力及当机车通过曲线时承受轮轨的横向侧压力等。（　　）

13. 刮削滑动轴承内孔时，若研点两端硬、中间微软，可以减少摩擦，防止漏油。（　　）

14. 渗碳体是指碳溶于 α-Fe 的固溶体。（　　）

15. 经过淬火后钢的硬度检验和成品零件的检验一般用布氏硬度。（　　）

16. 钢中含硫产生热脆性。（　　）

17. 高碳钢是指含碳量为 0.60%～1.70%的钢。（　　）

18. 高碳钢的焊接性能比较好，再加上其硬度较好，可作为构架的材料使用。（　　）

19. 金属在固态下随温度的改变由一种晶格变为另一种晶格的现象为同素异构转变。（　　）

20. 珠光体用符号“Z”表示。（　　）

21. 对于要求高硬度的零件，一般采用淬火处理，但相应的也降低了零件的韧性。（　　）

22. 油压减振器的减振性能与减振器内的油液黏度有关。（　　）

23. 油压减振器的减振性能与减振器内的活塞面积有关。（　　）

24. 油压减振器的减振性能与减振器内的节流孔大小有关。（　　）

25. 横向油压减振器主要减弱机车的点头和蛇行运动。（　　）

26. 电力机车油压减振器的性能可根据振动强弱自行调节。（　　）

27. 摩擦减振器的阻尼根据电力机车振动强弱可以自行调节。（　　）

28. 摩擦减振器的阻尼与电力机车的运行速度有关。（　　）

29. 摩擦减振器的阻尼是机械摩擦力，与摩擦件的相对速度无关。（　　）

30. 装配图中指引线不可以画成折线。（　　）

31. 油压减振器利用油液的黏滞性形成阻尼，吸收振动冲击能量。（　　）

32. 低牵引的转向架便于机车有效发挥牵引力。（　　）

33. 高速客运电力机车的传动比比一般货运电力机车的传动比大。（　　）

34. 在阶梯剖视中，不应画出剖切平面转折处的投影。（　　）

35. 电力机车发生轴重转移与牵引力无关。（　　）

36. 电力机车常用制动器的制动缸充气制动，排气缓解。（　　）

37. 当过盈量及配合尺寸较大时，可用温差法装配。（　　）

38. 电力机车储能制动器的主要作用是在机车不联电网、风缸不工作的情况下制动。（　　）

39. 电力机车启动时，应给储能制动器的储能缸供风，使制动器缓解，也可以采用手动缓

解。(　　)

40. 电力机车制动管路供风时,基础制动器制动,储能制动器缓解。(　　)

41. 储能制动器在行车过程中也和常用制动器一样能够充气制动、排气缓解。(　　)

42. 新型电力机车制动器能够自动调节缓解的行程,以保证能够及时制动。(　　)

43. 电力机车电机轴与小齿轮接触面积小于75%时,小齿轮存在松脱、弛缓的风险。(　　)

44. 限压阀维持系统压力恒定,同时使系统中多余的油流回油箱。(　　)

45. 溢流阀可以控制油路的流量,避免油路泄露过量的风险。(　　)

46. 方向控制油路是液压基本回路的一种。(　　)

47. 顺序阀是一种压力控制阀。(　　)

48. 调速阀是减压阀和节流阀串联组合而成的。(　　)

49. 液压管两端的滚珠是一个单向阀,只有连接恰当才能保证油路通畅,避免了因为连接不当造成伤害。(　　)

50. 工厂一般选用气动工具是因为气动工具轻便、便宜。(　　)

51. 液压系统中油泵的容积效率太低、泄漏损失过大会导致系统中油温过低。(　　)

52. 在蜗轮蜗杆的传动中,蜗轮是主动件。(　　)

53. 在蜗轮蜗杆的传动中,本身就带有自锁功能,所以不需要锁定装置。(　　)

54. 在齿轮传动中,小齿轮是主动齿轮时,该传动方式是减速传动。(　　)

55. 在齿轮传动中,两个齿轮的模数必定相同。(　　)

56. 两个传动齿轮的传动比等于这两个齿轮的齿数比。(　　)

57. 两个传动齿轮之间的传动是滚动传动,没有摩擦。(　　)

58. 齿轮传动时,齿面需要润滑是因为齿轮传动时啮合齿面一直存在摩擦。(　　)

59. 为了保证齿轮箱内齿轮油的清洁,所以齿轮箱必须设计成密闭结构。(　　)

60. 齿轮传动中,齿轮啮合的重合度可以小于1。(　　)

61. 齿轮的直径指的是齿轮最大圆的直径。(　　)

62. 因为模数是选用值,可以通过齿轮圆直径和齿数来估算出齿轮的模数。(　　)

63. 齿轮啮合传动过程中,为了在啮合齿廓之间形成油膜,以及传动过程中发热,所以齿廓之间必定留有间隙。(　　)

64. 齿侧间隙一般采用压铅法,即在齿面上粘结一段铅丝,旋转齿轮啮合后,铅丝的厚度就是齿侧间隙值。(　　)

65. 电力机车轮对轴箱内的轴承内圈需从轴上拆卸时,可用乙炔火焰加热法拆卸。(　　)

66. 往轴上装配滚动轴承时,必须把压力加在轴承外圈端面上。(　　)

67. 选择滚动轴承配合时,一般是固定套圈比转动套圈配合得紧一些。(　　)

68. 非液体摩擦轴承就是不使用润滑油的轴承。(　　)

69. 推力轴承装配时,紧环应与轴肩或轴上固定件的端面靠平,松环应与套件端面靠平。(　　)

70. 用加热法装配滚动轴承主要适用于轴承内圈与轴颈的装配。(　　)

71. 分离型轴承装配时,内、外圈应分别与相配合零件装配。(　　)

72. 过盈连接件的拆卸都是用压力拆卸法拆卸。（ ）

73. 二号扩孔钻能扩精度为 H11 的孔。（ ）

74. M16×2.0 的螺纹应该钻 $\phi 16$ 的螺纹底孔。（ ）

75. 手工铰孔时铰刀不能反转，即使退出也不能反转。（ ）

76. 圆柱内管螺纹的公称直径是指管子的内径。（ ）

77. 写着 M20×1.5 的丝锥，可以给螺栓 M20×120 的螺纹孔攻螺纹。（ ）

78. 等径丝锥比不等径丝锥切削量分配合理。（ ）

79. 螺纹零件拆卸时，关键是认清螺纹旋向，正确选择拆卸工具。（ ）

80. 螺栓紧固应该尽最大力气紧固，以防螺栓松脱。（ ）

81. 在光孔上攻丝应该先使用Ⅰ锥，待攻丝深度够了之后，使用Ⅱ锥重新修正螺纹扣。（ ）

82. 减少皮带轮两轮中心距可解决皮带转动中的打滑现象。（ ）

83. 丝锥的容屑槽有直槽和螺旋槽两种形式，使用螺旋槽丝锥攻螺纹时，切削平稳并能控制排屑方向。（ ）

84. 带轮表面太粗糙会加剧带的磨损，降低带的使用寿命。（ ）

85. 一般 V 形带轮传递的转矩比柱面带轮传递的转矩大得多，因为 V 形带轮的接触面积大。（ ）

86. 在装配过程中，每个零件都必须进行试装，通过试装时的修理、刮削或调整等工作，才能使产品达到规定的技术要求。（ ）

87. 产品验收技术条件是产品质量标准和验收依据，也是产品制造质量控制的主要依据。（ ）

88. 保证装配精度，从尺寸链的角度看，实际上就是保证封闭环的精度。（ ）

89. 采用完全互换法装配，装配精度完全依赖于零件的加工精度。（ ）

90. 研磨必须在精加工之后进行，是为了保证装配间隙和使用灵活性的重要手段。（ ）

91. 抛光不能改变零件原有的加工精度。（ ）

92. 零件的加工质量主要是指加工精度的高低。（ ）

93. 零件加工质量的好坏主要取决于机床的精度。（ ）

94. 轮对压装传动绘制的压装吨位曲线要求平稳上升，不能有过大的不稳定的起落变化。（ ）

95. 双侧齿轮传动比单侧齿轮传动更能传递转矩。（ ）

96. 双侧齿轮传动一般用斜齿轮传动，而不用直齿轮传动。（ ）

97. 扭矩扳手一般的工作范围是测量上限值的 10%至测量上限值。（ ）

98. 用编结法结成钢丝绳绳套时，编结部分的长度不应小于钢丝直径的 10 倍。（ ）

99. 吊运加工后的精密零件，应使用三角带作吊具，以防损坏加工表面。（ ）

100. 吊装及吊运配件时，配件下禁止站人。（ ）

101. 麻花钻的横刃磨短后，能减少切削时的轴向抗力和挤刮现象。（ ）

102. 装配单元系统图能直观地反映整个机械产品的装配顺序。（ ）

103. 确定部件装配顺序的一般原则是先下后上、从里向外。（ ）

104. 生产类型和产品的复杂程度决定着装配的组织形式。（ ）

105. 电动机的转子起输出机械转矩的作用。(　　)

106. 使用的计量器具必须是经过计量的合格产品,并且需要定期计量。(　　)

107. 刮削是指用刮刀在加工过的工件表面上刮去微量金属,以提高表面形状精度、改善配合表面间接触状况的钳工作业。(　　)

108. 刮削的作用是提高两个配合零件之间的配合精度和改善存油条件。(　　)

109. 二硫化钼是很好的润滑剂。(　　)

110. 当过盈量及配合尺寸较小时,一般采用在常温下压入配合法装配。(　　)

111. 钻孔时,加切削液的目的主要是为了润滑。(　　)

112. 在铸铁上铰孔时加煤油润滑,因煤油的渗透性强,会产生铰孔后孔径缩小现象。(　　)

113. 扩孔是用扩孔钻对工件上已有的孔进行精加工。(　　)

114. 铰削带有键槽的孔时,采用普通直槽铰刀。(　　)

115. 铰削 $\phi$20 mm 的孔时,铰削余量是 0.5 mm;铰削 $\phi$40 mm 的孔时,铰削余量是 0.3 mm。(　　)

116. 根据螺纹配合的要求,当要求配合性质变动较小时,采用精密螺纹。(　　)

117. 带轮表面太粗糙会加剧带的磨损,降低带的使用寿命。(　　)

118. 当电源电压为 380 V,负载的额定电压为 220 V 时,应作三角形连接。(　　)

119. 一个装配尺寸链可以没有减环,但不能没有增环。(　　)

120. 正弦交流电的三要素是最大值、角频率和初相角。(　　)

121. 可调管子板牙由两块组成,用来套管子外螺纹。(　　)

122. 通用平板的精度等级是 0 级最低,3 级最高。(　　)

123. 研磨后的尺寸精度可达到 0.01～0.05 mm。(　　)

124. 钢丝绳折断一股或绳股松散即应报废。(　　)

125. 金刚石磨料的切削能力、硬度比氧化物、碳化物磨料都低,实用效果也差。(　　)

126. 磨粉的粒度号数大,磨料细;号数小,磨料粗。微粉的号数大,磨料粗;反之,磨料细。(　　)

127. 狭窄平面要研成半径为 $R$ 的圆角,则采用直线研磨运动轨迹。(　　)

128. 弯曲半径不变,材料厚度愈小,变形愈大,中性层也愈接近材料的内层。(　　)

129. 常用钢件弯曲半径大于 2 倍厚度时,一般就可能会被弯裂。(　　)

130. 对于低压容器装置的铆接,应用强固铆接。(　　)

131. 只把铆钉的铆合头端部加热进行的铆接是混合铆。(　　)

132. 铆接时,铆钉并列排列,铆钉距离应小于 3 倍铆钉直径。(　　)

133. 热铆时,要把铆钉孔直径缩小 0.1～1 mm,使铆钉在热态时容易插入。(　　)

134. 铆接时,通孔的大小应随着连接要求的不同而有所变化。(　　)

135. 无机粘合剂应尽量用于平面对接和搭接的接头结构形式。(　　)

136. 环氧树脂对各种材料具有良好的粘接性能,因而得到广泛应用。(　　)

137. 装配工作的好坏对产品质量可能有一定影响。(　　)

138. 将零件连接组合成为组件的操作过程,叫作部件装配。(　　)

139. 装配之前,利用试配法检查轴上零件与轴配合是否适当,叫作零件的预装。(　　)

140. 零部件在径向位置有偏重,其偏重总是停留在铅垂方向的最低位置。(　　)

141. 任何长径比的旋转件只须进行静平衡。(　　)

142. 尺寸链封闭环的基本尺寸是其他各组成环基本尺寸的代数差。(　　)

143. 把一批配合件按实际尺寸分组,将大孔配大轴、小孔配小轴的配合方法叫作直接选配法。(　　)

144. 螺钉旋具常用规格有 100 mm、150 mm、200 mm、300 mm 和 400 mm 等。(　　)

145. 成套套筒扳手由一套尺寸相等的梅花套筒组成。(　　)

146. 用控制螺母扭角法来控制预紧力,其原理和测量螺栓伸长法不同。(　　)

147. 用双螺母拧紧双头螺柱时,是将两个螺母相互锁紧在双头螺柱上,再扳动螺母将双头螺柱拧入螺孔。(　　)

148. 松键连接所获得的各种不同配合性质是通过改变键的极限尺寸得到的。(　　)

149. 普通楔键连接,键的上、下两面是工作面,键侧与键槽有一定间隙。(　　)

150. 圆柱销一般依靠过盈固定在孔中,用以定位和连接。(　　)

151. 钻削圆锥销孔时,应按圆锥销大头直径选用钻头。(　　)

152. 过盈连接一般属于可拆卸连接。(　　)

153. 配合件的过盈量及配合尺寸较小时,一般采用热胀冷缩法装配。(　　)

154. 配合件的过盈量及配合尺寸较大时,常用温差法装配。(　　)

155. 钳工加工不属于机械加工。(　　)

156. 滚动轴承优点很多,无论在什么情况下,使用滚动轴承比使用滑动轴承好。(　　)

157. 高速旋转的滑动轴承比滚动轴承使用寿命长,旋转精度高。(　　)

158. 尼龙轴承因热膨胀系数大,其强度和尺寸稳定性比金属轴承好。(　　)

159. 利用外界的油压系统供给一定的压力润滑油,使轴颈与轴承处于完全液体摩擦状态,即为液体动压润滑。(　　)

160. 三油楔动压润滑的优点是对中性好,适应载荷的变化能力强,制造也较方便。(　　)

161. 静压轴承处于空载时,两相对油腔压力相等,油膜处于平直状态,轴浮在中间。(　　)

162. 滚动轴承的直径系列,是指在轴承内径相同时有各种不同的外径,用右起第三位数字表示。(　　)

163. 在滚动轴承代号数中,右起第一、二位数字表示轴承直径系列。(　　)

164. 滚动轴承宽度系列,是指同一内径的轴承可有各种不同的宽度,用右起第七位数字表示。(　　)

165. 滚动轴承与轴及轴承座孔配合的松紧程度,由滚动轴承的尺寸公差来保证。(　　)

166. 在配合件采用相同基本偏差的情况下,滚动轴承内孔与轴配合较紧。(　　)

167. 滚动轴承的装配方法应根据轴承结构及轴承部件的配合性质来定。(　　)

168. 当滚动轴承内圈与轴、外圈与壳体孔都是紧配合时,应把轴承同时压在轴上和壳体孔中。(　　)

169. 滚动轴承的游隙,是指轴承两套圈同时沿径向或轴向的最大活动量。(　　)

170. 滚动轴承的游隙在轴承工作时会因内、外圈的温升而增大。(　　)

## 五、简 答 题

1. 何谓钢的化学热处理?常用的方法有哪些?

2. 电力机车称重调簧的目的是什么?
3. 钻孔时,孔径超差的原因有哪些?
4. 钻孔时,孔位偏移的原因有哪些?
5. 钻孔时,孔眼歪斜的原因有哪些?
6. 分组装配法有什么优缺点?
7. 什么叫修配装配法?
8. 影响电力机车轮轨间黏着系数的主要因素是什么?
9. 双边斜齿轮传动热套小齿轮为什么要借齿隙?
10. 选择滚动轴承润滑油的原则有哪些?
11. 齿侧间隙太大或太小有什么影响?
12. 凸轮机构的运动有什么特点?
13. 旋转零件产生不平衡离心力的原因有哪些?
14. 装配图的特殊表达方法是什么?
15. 常用的钻模主要有哪几类?
16. 夹具中常见的基本夹紧机构有哪些?
17. 简述液压传动的定义和液压传动系统的组成。
18. 何谓轮系?其分类情况如何?
19. 简要说明轮系的特点。
20. 什么叫齿侧间隙?
21. 什么叫电力机车的轴重转移?
22. 抱轴瓦发热可能由哪些原因引起?
23. 轮对电机装置中轴箱拉杆组装在轮对上有哪些尺寸要求?
24. 电机小齿轮套装过盈量过大、过小会出现什么后果?
25. 电机小齿轮套装前要进行哪些检查?
26. 电机小齿轮套装后要进行哪些检查?
27. 什么叫共振现象?
28. 试述球墨铸铁热处理的目的和方法。
29. 避免渐开线齿轮产生根切现象的方法有哪些?
30. 轴箱悬挂装置的作用有哪些?
31. 刮瓦的目的是什么?
32. 螺栓在紧固连接中,其预紧力的大小对连接有何影响?
33. 二系弹簧支承装置的作用是什么?
34. 轮缘喷油器的作用是什么?油脂类轮缘润滑器由哪几部分组成?
35. 选择测量器具时应考虑哪些问题?
36. 比较理想的齿轮材料应具备哪些条件?
37. 螺纹连接为何要预紧?
38. 常用的齿轮材料及热处理方法有哪些?
39. 简述蜗杆传动的主要特点。
40. 砂轮的成分是什么?砂轮的选择主要有哪些内容?

41. 如何防止液压系统油温过高?
42. 铰孔后不圆的原因是什么? 如何预防?
43. 液压基本回路中的速度控制回路有哪些常见的形式?
44. 液压基本回路中的压力控制回路有哪些常见的形式?
45. 何谓粘接? 有哪些特点?
46. 刮削前应做哪些准备工作? 平面刮削分哪几个步骤进行?
47. 电力机车在运行中的振动形式有哪些?
48. 电力机车轮对空心轴电机产生的转矩是如何从小齿轮传递到轮对的?
49. 怎样测量、检查刮瓦量?
50. 电力机车单侧齿轮传动有什么优缺点?
51. 何谓刀具的主剖面? 在主剖面内测量的角度有哪些?
52. 对刀具切削部分的材料一般要求有哪些?
53. 电力机车上使用的 MX-1 型橡胶缓冲器的优缺点有哪些?
54. 何谓铰链四杆机构? 其基本类型有哪些?
55. 简述磨削加工的特点。
56. 简述机床夹具的组成部分。
57. 控制切削温度过高的措施有哪些?
58. 何谓切削用量? 选择切削用量的基本要求是什么?
59. 冷却润滑液的主要作用是什么? 可分为哪几类?
60. 钻套与刀具应采用何种配合?
61. 影响刀具耐用度的主要因素有哪些?
62. 轮对电机组装时需在抱轴瓦的哪些部分刮瓦?
63. 如果工件采用过定位或欠定位,将产生什么样的影响?
64. 电力机车车体由哪几部分组成?
65. 修配装配法的优缺点是什么?
66. 什么叫动不平衡?
67. 提高机械加工劳动生产率的途径有哪些?
68. 试分析液压系统压力不足产生的原因。
69. 螺纹连接预紧力为何要适当?
70. 在热处理工艺中,退火的目的是什么?

## 六、综 合 题

1. 一锥形轴孔配合所要的配合过盈量为 0.1 mm,轴的锥度为 1∶10,求轴向套进尺寸 $E$ 为多少? 并简述组装的过程。

2. 保证产品装配精度的装配方法有哪几种? 各有何特点?

3. 什么是润滑油的老化? 怎样确定?

4. 齿轮传动机构常见故障及产生原因是什么?

5. 使用起重绳索时应注意哪些事项?

6. 高速电力机车倾向于取消轮箍采用整体辗钢车轮,为什么?

7. 已知 $\phi$50js7 的标准公差 $\phi$50IT7 的标准公差值为 30 $\mu$m,试确定上、下偏差,计算最大、最小极限尺寸。

8. 螺纹连接的防松原理是什么?

9. 如图 1 所示,将主视图改画成全剖视图。

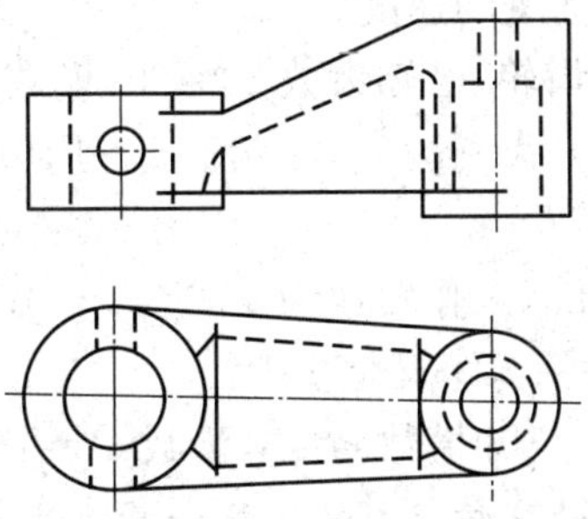

图 1

10. 传动系统如图 2 所示,电动机转速为 1 200 r/min,在 30 s 内齿条的移动距离为多少?

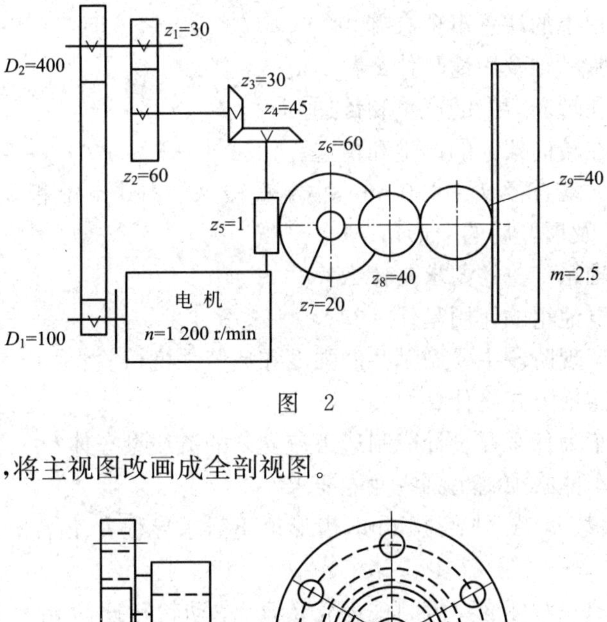


图 2

11. 如图 3 所示,将主视图改画成全剖视图。

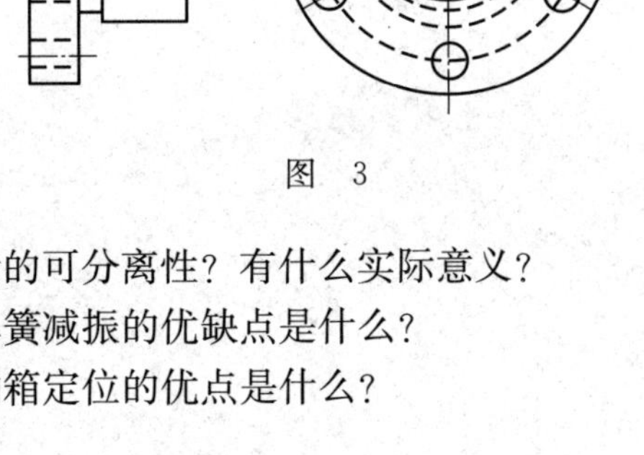

图 3

12. 什么叫渐开线齿轮的可分离性? 有什么实际意义?

13. 电力机车使用圆弹簧减振的优缺点是什么?

14. 电力机车拉杆式轴箱定位的优点是什么?

15. 电力机车轮对踏面是圆柱形还是圆锥形？为什么？

16. 有一单杆活塞油缸，活塞直径为 8 cm，活塞杆直径为 4 cm，若要求活塞往复运动速度均为 0.5 m/s，求进入油缸两腔的流量各为多少？

17. 某电力机车电动机转速 1 800 r/min，小齿轮齿数 20，大齿轮齿数 81，轮对直径 $D_1=1.25$ m（轮对打滑不计），求机车前进的速度。

18. 一相互啮合的标准圆柱齿轮，已知齿数 $z_1=20$，模数 $m=3$，中心距 $a=120$，求齿轮 1 的齿顶圆直径 $d_{a1}$、分度圆直径 $d_1$、齿顶高 $h_a$、全齿高 $h_1$、周节 $p_1$、齿厚 $s_1$ 以及齿数 $z_2$ 分别为多少？

19. 一旋转件的质量为 500 kg，工作转速为 5 000 r/min，平衡精度定为 G1，求平衡后允许的偏心距应是多少？允许的不平衡力矩又是多少？

20. 一对标准直齿圆锥齿轮，已知模数 $m=3$，齿数 $z_1=15$，$z_2=60$，齿顶高 $h'=3$ mm，齿根高 $h'=3.6$ mm，压力角 $\alpha=20°$，轴交角 $\delta=90°$，求小圆锥齿轮的分度圆锥角及分度圆直径。（$\tan 14°02'=0.25$，$\cos 14°02'=0.970\ 15$）

21. 使用手拉葫芦时应遵守哪些规则？

22. 钳工常用的拆卸工具和拆卸方法有哪些？

23. 拆卸产品过程中的注意事项有哪些？

24. 常用的润滑脂品种及用途是什么？

25. 简述牵引力在转向架上的产生和传递。

26. 简述制动力在转向架上的产生和传递。

27. 已知圆锥台大端直径 $d_n=150$ mm，小端直径 $d_z=100$ mm，板厚 $t=6$ mm，求圆锥台小口到锥顶的距离 $X$ 及展开后的扇形角。

28. 电力机车对轴箱定位的要求是什么？

29. 电力机车蓄电池组的作用是什么？

30. 电力机车构架现阶段主要做哪些静强度和疲劳强度试验？

31. 螺纹连接的防松方式是什么？

32. 高速电力机车为什么要设计成制造工艺复杂的流线型车体？

33. 电力机车的车体必须满足哪些性能要求？

34. 有一蜗杆，头数 $n=3$，外径 45 mm，齿形角 40°，求导程 $L$、齿深 $h$ 及中径 $d_2$ 各部尺寸。（精确到 0.01 mm）

35. 已知相啮合的一对标准直齿圆柱齿轮传动，主动轮转速为 $n_1=900$ r/min，从动轮转速 $n_2=300$ r/min，中心距 $A=200$ mm，模数 $m=5$ mm，求齿数 $z_1$、$z_2$。

# 电力机车钳工(中级工)答案

## 一、填 空 题

1. 表面粗糙度
2. HRC 56～62
3. 加热孔
4. 溜车事故
5. 机械性能
6. 阻止蛇行运动
7. 相贯线
8. 定形尺寸
9. 碳素工具钢
10. 合金工具
11. 高速
12. 基准表面
13. 0°
14. 1°～3°
15. M
16. Tr40×P7-7e
17. 牙数
18. 三针
19. 增加研点
20. 全部刮去
21. 顶部一小部分
22. 留着不刮
23. 正研、对角研
24. 物理的和化学的
25. 粒度
26. 越细
27. 高低尺寸
28. 回弹
29. 铆道
30. 铆距
31. 装配技术要求
32. 装配精度
33. 10 A
34. 2.2
35. 0.1
36. 空气制动
37. 转矩
38. 牵引力
39. 缓解
40. 手拉杆
41. 去除刀痕、锈斑
42. 2($B_0$—$B_0$)
43. $C_0$—$C_0$
44. 薄
45. 示值误差
46. 解装配尺寸链
47. 1 250
48. 1 150
49. 轮缘
50. 轮缘根部
51. 1 353 mm
52. 踏面锥度
53. 硬度
54. 韧性
55. 滚动轴承
56. 油隙
57. 黏着力
58. 大气
59. 往复
60. 输油量
61. 单向阀
62. 摩擦力
63. 磨损
64. 脱链
65. 防松
66. 两侧
67. 摩擦性质
68. 基孔
69. 基轴
70. 机械能
71. 角度
72. 强度测定
73. 辅助作业
74. 自动化
75. 互换
76. 疲劳裂纹
77. 安装位置
78. 空程
79. 旋转
80. 偏心距大小
81. 安全
82. 注油
83. 加
84. 减
85. 下降
86. 尺寸
87. 孔径
88. 相互位置
89. 绝对
90. 塞规
91. 0.7
92. 40
93. 0.7
94. 加载跑和
95. 累计误差
96. 直线
97. 分度
98. 重量
99. 长度
100. 转速
101. 防止触电
102. 0.01
103. 疲劳点蚀
104. 过曲线
105. 125
106. 轮轨间的摩擦力
107. 扣环
108. 活动铆接
109. 固定铆接
110. 防飏(放飏)
111. 运动和动力
112. 螺纹旋合长度
113. 梯形
114. 紧固防松
115. 硬质合金
116. 润滑脂
117. $0.24I^2Rt$
118. 测量范围
119. 星形
120. $U=U_m/\sqrt{2}$

| | | | |
|---|---|---|---|
| 121. 小 | 122. 40 | 123. 机械能 | 124. 轴向压力角 |
| 125. $V=Q/A$ | 126. 160 mm | 127. 稠度 | 128. 60 |
| 129. 电力系统 | 130. 0.15 | 131. 单独 | |
| 132. 牵引梁和斜拉杆低牵引点 | | 133. 独立单元制动器 | 134. $2(B_0-B_0)$ |
| 135. 1 | 136. 过渡配合 | 137. 通路 | 138. V(俯视面) |
| 139. 蛇行 | 140. 投影面垂直 | 141. 基本几何体 | 142. 36 |
| 143. 轨轮摩擦 | 144. 孔或键槽 | 145. 60SiMn | 146. 辅助气路 |
| 147. YG | 148. 表面热处理 | 149. 空气制动 | 150. 高 |
| 151. 底架 | 152. 止端 | 153. 碳化物 | 154. 粒度 |
| 155. 定位 | 156. 圆柱孔 | 157. 平面 | 158. 外圆柱 |
| 159. 都有引导元件——钻套 | | 160. 6 | 161. 3 |
| 162. 润滑 | 163. 孔和面 | 164. 找正 | 165. 支承 |

## 二、单项选择题

| | | | | | | | | |
|---|---|---|---|---|---|---|---|---|
| 1. B | 2. B | 3. A | 4. C | 5. A | 6. C | 7. C | 8. A | 9. B |
| 10. B | 11. B | 12. D | 13. C | 14. A | 15. B | 16. B | 17. A | 18. A |
| 19. B | 20. B | 21. D | 22. A | 23. D | 24. C | 25. C | 26. B | 27. D |
| 28. B | 29. D | 30. B | 31. B | 32. A | 33. B | 34. B | 35. C | 36. D |
| 37. C | 38. B | 39. A | 40. B | 41. C | 42. D | 43. C | 44. D | 45. A |
| 46. C | 47. D | 48. A | 49. C | 50. A | 51. D | 52. C | 53. A | 54. D |
| 55. B | 56. D | 57. D | 58. A | 59. A | 60. C | 61. C | 62. C | 63. B |
| 64. B | 65. D | 66. B | 67. A | 68. C | 69. C | 70. A | 71. A | 72. B |
| 73. B | 74. D | 75. A | 76. B | 77. B | 78. A | 79. C | 80. A | 81. B |
| 82. A | 83. B | 84. A | 85. C | 86. D | 87. C | 88. C | 89. B | 90. A |
| 91. C | 92. A | 93. B | 94. A | 95. C | 96. B | 97. D | 98. A | 99. C |
| 100. A | 101. B | 102. C | 103. C | 104. A | 105. A | 106. B | 107. A | 108. B |
| 109. D | 110. B | 111. A | 112. C | 113. C | 114. B | 115. C | 116. C | 117. A |
| 118. A | 119. C | 120. C | 121. C | 122. D | 123. B | 124. C | 125. C | 126. D |
| 127. A | 128. A | 129. B | 130. C | 131. B | 132. B | 133. D | 134. D | 135. A |
| 136. C | 137. B | 138. B | 139. A | 140. B | 141. B | 142. B | 143. A | 144. A |
| 145. B | 146. C | 147. B | 148. B | 149. C | 150. A | 151. A | 152. C | 153. D |
| 154. C | 155. D | 156. C | 157. A | 158. A | 159. A | 160. D | 161. A | 162. A |
| 163. A | 164. B | 165. B | | | | | | |

## 三、多项选择题

| | | | | | | |
|---|---|---|---|---|---|---|
| 1. AD | 2. AD | 3. AC | 4. BD | 5. AB | 6. ABD | 7. BC |
| 8. AD | 9. AB | 10. BCD | 11. AC | 12. AC | 13. BCD | 14. ABD |
| 15. ABD | 16. BC | 17. AD | 18. AB | 19. BC | 20. AC | 21. CD |
| 22. AC | 23. ABC | 24. AD | 25. BD | 26. ABD | 27. AD | 28. ABC |

| | | | | | | |
|---|---|---|---|---|---|---|
| 29. AB | 30. ACD | 31. BCD | 32. AB | 33. ABC | 34. ABCD | 35. ABD |
| 36. ABCD | 37. ABCD | 38. BCD | 39. ABCD | 40. ABD | 41. BC | 42. ABCD |
| 43. ABC | 44. ABD | 45. ABD | 46. ABCD | 47. BD | 48. ABCD | 49. ACD |
| 50. ABCD | 51. BD | 52. BD | 53. AD | 54. BC | 55. ACD | 56. ABC |
| 57. BC | 58. ABCD | 59. ABCD | 60. ACD | 61. BC | 62. ACD | 63. ABC |
| 64. ABD | 65. BCD | 66. CD | 67. ABCD | 68. BC | 69. AC | 70. AB |
| 71. ABCDE | 72. ABD | 73. ACD | 74. ABD | 75. ABC | 76. AC | 77. ACD |
| 78. BC | 79. BD | 80. ABCD | 81. AB | 82. BCD | 83. ABCD | 84. AB |
| 85. ACD | 86. BCD | 87. ACD | 88. ABC | 89. ABD | 90. BCD | 91. ABC |
| 92. BCD | 93. AB | 94. ACD | 95. ABC | 96. AC | 97. ABD | 98. ACD |
| 99. ABCD | 100. BCD | 101. AC | 102. BC | 103. AC | 104. ABCD | 105. ABC |
| 106. AC | 107. BCD | 108. BD | 109. ABC | 110. AC | 111. CD | 112. ABCD |
| 113. AB | 114. AC | 115. ABCD | 116. ABCD | 117. AB | 118. ACD | 119. CD |
| 120. BCD | 121. ABCD | 122. ABC | 123. ABCD | 124. BCD | 125. CD | 126. AB |
| 127. ABD | 128. CD | 129. ABCD | 130. BCD | 131. ABC | 132. ABCD | 133. ABD |
| 134. ACD | 135. ABD | 136. ABC | 137. ABD | 138. BC | 139. ABC | 140. ABCD |
| 141. BCD | 142. BC | 143. ABCD | 144. ABCD | 145. AC | 146. BD | 147. ACD |
| 148. BCD | 149. BD | 150. ACD | 151. BCD | 152. BD | 153. ABCD | 154. BD |
| 155. ABCD | 156. ACD | 157. ABCD | 158. ABD | 159. ABC | 160. AB | 161. AB |
| 162. ABC | 163. ABCD | 164. BCD | 165. ACE | | | |

## 四、判 断 题

| | | | | | | | | |
|---|---|---|---|---|---|---|---|---|
| 1. × | 2. √ | 3. × | 4. √ | 5. √ | 6. × | 7. × | 8. × | 9. √ |
| 10. × | 11. √ | 12. √ | 13. √ | 14. × | 15. × | 16. √ | 17. √ | 18. × |
| 19. √ | 20. × | 21. √ | 22. √ | 23. √ | 24. √ | 25. × | 26. √ | 27. × |
| 28. × | 29. √ | 30. × | 31. √ | 32. √ | 33. × | 34. √ | 35. × | 36. √ |
| 37. √ | 38. √ | 39. √ | 40. × | 41. √ | 42. √ | 43. √ | 44. × | 45. × |
| 46. √ | 47. √ | 48. √ | 49. √ | 50. × | 51. × | 52. × | 53. √ | 54. √ |
| 55. √ | 56. √ | 57. × | 58. √ | 59. × | 60. × | 61. × | 62. √ | 63. √ |
| 64. √ | 65. × | 66. × | 67. × | 68. × | 69. √ | 70. √ | 71. √ | 72. × |
| 73. √ | 74. × | 75. √ | 76. √ | 77. × | 78. × | 79. √ | 80. × | 81. √ |
| 82. × | 83. √ | 84. √ | 85. √ | 86. × | 87. √ | 88. √ | 89. √ | 90. √ |
| 91. √ | 92. √ | 93. × | 94. √ | 95. √ | 96. √ | 97. × | 98. × | 99. × |
| 100. √ | 101. √ | 102. × | 103. √ | 104. √ | 105. √ | 106. √ | 107. √ | 108. √ |
| 109. √ | 110. √ | 111. × | 112. √ | 113. × | 114. × | 115. × | 116. √ | 117. √ |
| 118. × | 119. √ | 120. √ | 121. × | 122. × | 123. × | 124. √ | 125. × | 126. √ |
| 127. × | 128. × | 129. × | 130. × | 131. √ | 132. × | 133. × | 134. √ | 135. × |
| 136. √ | 137. × | 138. × | 139. √ | 140. √ | 141. × | 142. × | 143. × | 144. √ |
| 145. × | 146. × | 147. √ | 148. × | 149. √ | 150. √ | 151. × | 152. × | 153. × |

154. √ 155. √ 156. × 157. √ 158. × 159. × 160. √ 161. √ 162. √
163. × 164. √ 165. × 166. √ 167. √ 168. √ 169. × 170. ×

## 五、简 答 题

1. 答:将工件放在一定的活性介质中加热(1分),使某些元素渗入工件表层,以改变表层化学成分和组织(1分),从而改善表层性能的热处理工艺(1分),称为化学热处理。常用的方法有:渗碳、氮化、氰化(碳氮共渗)及其他处理方法(2分)。

2. 答:(1)使轮、轴重分配均匀,充分发挥牵引力,防止空转(2.5分);(2)调整转向架前后、左右总体高度,使机车平衡,便于通过铁路限界,以及便于受电弓接触高压线(2.5分)。

3. 答:(1)钻头刃磨不对称,切削刃长度不等,高低不一致(1.5分);(2)钻头主轴径向偏摆或工件没有锁紧,有松动(1.5分);(3)钻头本身弯曲或装夹不好,使钻头有过大的径向跳动(1分);(4)没有选用合适的冷却液(1分)。

4. 答:(1)工件划线不正确(1.5分);(2)钻头横刃大、长,定心不准(1.5分);(3)起钻过偏而没有纠正(1分);(4)样冲眼不够深,没有起到很好的导向作用(1分)。

5. 答:(1)钻头不正(1分);(2)冷却液选用不当造成钻头产生弯曲变形(1分);(3)进刀量过大使钻头产生弯曲变形(1分);(4)工件固定不牢(1分);(5)工件材料内有砂眼、气孔(1分)。

6. 答:优点:降低了加工成本,提高了装配精度(2.5分)。缺点:增加分组的检测设备,当零件的实际尺寸分布不均匀时,会剩下多余的零件,故只适合用于成批或大量生产中(2.5分)。

7. 答:当尺寸链中环数较多、封闭环的精度要求很高时,可将各组成的公差放大到易于制造的精度并对某一组成环留下足够的补偿量,通过修配使其达到装配要求,这种方法叫修配装配法(5分)。

8. 答:(1)材质(1分);(2)接触表面间的状态(1分);(3)机车运行速度(1分);(4)机车运行状态(1分);(5)牵引列车运行时,受翻车力矩的影响(1分)。

9. 答:使双边大、小齿轮在传动过程中同一方向双边同时传递牵引力(1.5分),让牵引力在大、小齿轮双边传动中充分发挥出来(1.5分),避免因双边不同步造成单边作用而影响齿轮寿命(2分)。

10. 答:(1)工作温度低,油的黏度也低(1分);(2)工作负荷大,油的黏度要高(1分);(3)运动速度高,油的黏度要低(1.5分);(4)摩擦面之间的间隙小,油的黏度要低(1.5分)。

11. 答:齿侧间隙太小,齿轮传动不灵活,会加剧齿面磨损,甚至会因为齿轮热膨胀或受力变形而卡齿(2.5分);齿侧间隙过大,则会造成齿轮换向空程大,易于产生冲击振动(2.5分)。

12. 答:凸轮的运动多为连续的等速旋转运动、摆动或直线往复运动(2.5分);从动杆做等速或不等速、连续或不连续的周期性运动,从而使机器按照设计的程序进行工作(2.5分)。

13. 答:有本身形状不对称(1.5分)、零件材料内部组织不均匀(1.5分)、加工偏差(2分)等方面原因。

14. 答:(1)沿零件结合面剖切和拆卸画法(1分);(2)假想画法(1分);(3)展开画法(1分);(4)夸大画法(1分);(5)简化画法(1分)。

15. 答:主要有5类:(1)固定式钻模(1分);(2)回转式钻模(1分);(3)盖板式钻模(1分);

(4)翻转式钻模(1分);(5)滑柱式钻模(1分)。

16. 答:基本夹紧机构主要有:(1)楔块夹紧机构(1.5分);(2)螺旋夹紧机构(1.5分);(3)偏心夹紧机构(1分);(4)螺旋压板夹紧机构(1分)。

17. 答:液压传动是以液体为工作介质,利用液体压力来传递动力和进行控制的一种传动方式(2.5分)。液压传动系统主要由动力部分、执行部分、控制部分和辅助部分四部分组成(2.5分)。

18. 答:由一系列相互啮合齿轮组成的传动系统称为轮系(2分)。根据轮系运转时各齿轮的几何轴线在空间的相对位置是否固定,可分为定轴轮系和周转轮系两类(1.5分)。定轴轮系又可以分为单式轮系、复式轮系和回归轮系(1.5分)。

19. 答:(1)轮系可获得很大的传动比(1分);(2)轮系可实现变速要求(1分);(3)轮系可实现较远距离的传动(1分);(4)轮系可实现变向要求(1分);(5)轮系可合成或分解运动(1分)。

20. 答:齿侧间隙指齿轮副非工作表面法线方向的距离(5分)。

21. 答:当机车发挥牵引力运行时,各轴重发生变化,有的轴重将增加,有的轴重将减小,这就称为在牵引力作用下的轴重转移,或叫牵引力作用下的再分配(5分)。

22. 答:(1)抱轴瓦变形,刮瓦不合格(1分);(2)抱轴箱变形(1分);(3)抱轴箱缺油,毛线质量有问题(1分);(4)轮对尺寸、表面不合要求(1分);(5)抱轴瓦处清洁度不合要求(1分)。

23. 答:轴箱拉杆方轴与轴箱体及构架拉杆座相连接时,对1∶10斜面配合部分用0.1 mm塞尺检查,不允许贯通(2.5分);槽底部应有3~5 mm的间隙(2.5分)。

24. 答:电机小齿轮套装过盈量过大,齿轮内应力增加,影响齿轮的使用寿命(2.5分);过小,齿轮与轴的压力减少,摩擦力减少,传递电机的转矩不足,造成小齿轮松脱弛缓,使牵引电机端盖轴承烧损,以至轮对不能转动(2.5分)。

25. 答:(1)看小齿轮上的标记,同一台车电机尽量应用同厂家生产的小齿轮(1.5分);(2)用红丹粉检查电机电枢轴与小齿轮接合面,接触面积不得小于75%(1.5分);(3)用深度尺检查电机轴与小齿轮冷装时,小齿轮端面与电机轴端间距(2分)。

26. 答:(1)测量检查小齿轮装入的深度(1分);(2)测量大、小齿轮齿顶隙(1分);(3)测量大、小齿轮轴向错位(1分);(4)测量大、小齿轮的齿侧隙(1分);(5)测量左右两对大、小齿轮的反齿隙(1分)。

27. 答:共振是强迫振动中的一种很重要的特殊情形。当激扰频率和系统的自振频率相等时,就产生共振现象(5分)。

28. 答:目的:主要改善它的基本组织,从而改善它的机械性能(2.5分)。方法:退火、正火、调质、高温淬火(2.5分)。

29. 答:(1)最有效的方法是限制齿轮的最少齿数(1分),对于标准直齿圆柱齿轮,其最小齿数为17齿(1分);允许略有根切,其最小齿数为14齿(1分);(2)仿形法(1分);(3)变位齿轮方法(1分)。

30. 答:为了缓和轨道对机车的冲击和振动,改善部件工作的可靠性和乘务员的工作条件,在构架和轮对之间设置了弹簧和减振器系统,通过它把构架上的垂直负荷均匀地分配给各个轮对,使每根轴的轴重为23 t(5分)。

31. 答:目的:电机带动轮对转动过程中,轮对轴与抱轴瓦间形成油隙、油膜(2分)。一方面减少轮对与抱轴瓦的摩擦(1.5 分);另一方面使油箱中的油通过毛线吸上来,在轴与轴瓦间隙之间的负压下运动,润滑相对转动的部位及大、小齿轮等,从而提高使用寿命(1.5 分)。

32. 答:预紧力过小:在振动过程中会振松、掉落,起不到紧固作用(2.5 分)。预紧力过大:螺栓存在过大应力,振动过程中会出现断裂或疲劳破坏,影响使用寿命(2.5 分)。

33. 答:(1)通过它把车体质量均匀地分配到转向架上(2 分);(2)当机车过曲线时,可在车体与转向架之间产生相对位移,使机车顺利通过曲线(1.5 分);(3)当过曲线后,使车体和转向架位置复位到平衡位置,并传递各种附加力(1.5 分)。

34. 答:作用:减少轮缘、轮轨间磨耗和腐蚀,延长轮箍和钢轨的使用寿命(2.5 分)。组成:油箱、分配阀、喷嘴、连接管(2.5 分)。

35. 答:(1)选择测量器具时应考虑其规格指标和精度指标,即所选择的测量器具的测量范围、示值范围、刻度值、测量力等规格指标应满足被测量工件的要求(2.5 分);(2)测量器具的灵敏度、测量不确定度等精度指标应与被测工件的公差相适应(2.5 分)。

36. 答:理想的齿轮材料应具备的条件为:(1)齿面应具有足够的硬度(2 分);(2)齿芯应有足够的韧性(1.5 分);(3)良好的加工性能和经济性(1.5 分)。

37. 答:预紧的目的在于增强连接的可靠性和紧密性,防止受载后被连接件出现缝隙或发生相对滑移(5 分)。

38. 答:(1)中碳钢和中碳合金钢(采用锻坯),经淬火或表面淬火后进行低温回火处理(1 分);(2)低碳钢或低碳合金钢(采用锻坯),进行渗碳淬火处理(1 分);(3)铸钢,对锻坯进行正火处理(1 分);(4)灰口铸铁和球墨铸铁(1 分);(5)非金属材料(1 分)。

39. 答:(1)承载能力较大(1 分);(2)传动比大,而且准确(1 分);(3)传动平稳、无噪声(1 分);(4)具有自锁作用(1 分);(5)传动效率低,不能任意互换啮合(1 分)。

40. 答:砂轮是由磨料和粘结剂粘结而成的(1 分)。砂轮的选择主要包括砂轮种类的选择、砂轮硬度的选择、砂轮粗细的选择和砂轮组织的选择四个方面(4 分)。

41. 答:(1)保持油箱中的正确油位(1 分);(2)保持液压设备的清洁(1 分);(3)在保证系统正常工作的条件下,尽量调低油泵的压力(1 分);(4)正确选择油液,黏度不宜过高,并注意保持油液干净(1 分);(5)适当采用冷却装置(1 分)。

42. 答:主要原因及预防措施是:(1)铰削余量太大,刃口不锋利,有"啃刀"现象,产生振动,因而使孔壁出现棱形,所以余量要留得适宜,刃口要锋利(1 分);(2)铰前钻孔不圆,加工余量有厚有薄,使铰削负荷不一致,产生弹跳,造成孔径不圆,所以要提高钻孔质量(2 分);(3)钻床精度不高,主轴振摆大,铰刀产生抖动,就易出现多角形,故需提高钻床精度,防止铰刀振摆(2 分)。

43. 答:主要有:(1)节流调速回路(1 分);(2)容积调速回路(1 分);(3)容积节流调速回路(1 分);(4)速度换接回路(2 分)。

44. 答:主要有:(1)调压回路(1 分);(2)减压回路(1 分);(3)增压回路(1 分);(4)卸荷回路(1 分);(5)平衡回路(1 分)。

45. 答:借助粘接剂形成的连接称为粘接(2 分)。粘接的特点是:工艺简单、操作方便(1 分),粘接处应力分布均匀、变形小(1 分),此外还有密封、绝缘、耐水、耐油等特点(1 分)。

46. 答:刮削前的准备工作包括:选择合适的刮刀(1 分),配备油石及显示剂(1 分),选择研具及选择合适的刮削余量等(1 分)。平面刮削的操作分粗刮、细刮、精刮及刮花等四个步骤(2 分)。

47. 答:(1)浮沉振动:顺 $Z$ 轴的往复振动(1 分);(2)侧摆振动:顺 $Y$ 轴的往复振动(1 分);(3)伸缩振动:顺 $X$ 轴的往复振动(0.5 分);(4)侧滚振动:绕 $X$ 轴的回转振动(0.5 分);(5)点头振动:绕 $Y$ 轴的回转振动(1 分);(6)摇头振动:绕 $Z$ 轴的回转振动(1 分)。

48. 答:传递途径如下:小齿轮→大齿轮→传力销→弹性元件→连杆→弹性元件→活动传力销→传动空心轴→传力销→传力盘→弹性元件→活动传力销→连杆→弹性元件→传力销→主动轮→轮对(5 分)。

简化答案:传递途径如下:小齿轮→大齿轮→六连杆机构→空心轴→传力盘→六连杆机构→主动轮→轮对(5 分)。

49. 答:方法:用塞尺测量抱轴瓦端面与轮对衬面间隙、抱轴瓦背与抱轴箱间的间隙、抱轴瓦与抱轴间间隙、抱轴瓦上下接合面的间隙,并在规定范围内(5 分)。

50. 答:单侧齿轮传动的优点是牵引电动机的轴向尺寸可以加大,结构也较简单,制造成本低(2.5 分)。缺点是传动时轮对受偏于一侧的驱动力,左右轮子的受力不同(2.5 分)。

51. 答:通过刀具主切削刃上的一点,并与主切削刃在基面上的投影相垂直的平面称为主剖面(3 分)。在主剖面内测量的角度有前角、后角和楔角(2 分)。

52. 答:(1)较高的硬度(1 分);(2)足够的强度和韧性(1 分);(3)较高的耐磨性(1 分);(4)较高的耐热性(1 分);(5)较好的导热性(0.5 分);(6)较好的工艺性(0.5 分)。

53. 答:优点:(1)容量大(0.5 分);(2)性能好,能量吸收率高达 90%,适用于各种不同的冲击能量(0.5 分);(3)零件少,重量轻,成本低(0.5 分);(4)制造方便,检修容易(0.5 分)。缺点:橡胶片的性能不稳定,箱体易产生裂纹(3 分)。

54. 答:由四根杆状构件组成的转动副分别用铰链连接而成的平面连杆机构称为铰链四杆机构(2 分)。铰链四杆机构的基本类型有:曲柄摇杆机构、双曲柄机构和双摇杆机构(3 分)。

55. 答:(1)能获得很高的加工精度(1 分);(2)能加工材料硬度很高的工件(1 分);(3)切削温度很高,通常都要使用冷却液(1.5 分);(4)一般不适于加工毛坯件或加工余量太大的工件(1.5 分)。

56. 答:机床夹具主要由以下几部分组成:(1)定位元件(1.5 分);(2)夹紧装置(1.5 分);(3)引导元件(1 分);(4)夹具体(1 分)。

57. 答:(1)在刀具强度允许的条件下,适当增大前角(1 分);(2)在工艺系统刚性允许的条件下,适当减小主偏角(1 分);(3)合理选择切削用量(1 分);(4)提高刀具的刃磨质量,减小摩擦热的产生(1 分);(5)合理选择冷却润滑液(1 分)。

58. 答:切削用量是切削深度、进给量和切削速度的总称(2 分)。选择切削用量时的基本要求是:(1)保证安全(1 分);(2)保证工件的加工质量(1 分);(3)充分发挥机床和刀具的潜力,提高劳动生产率,降低成本(1 分)。

59. 答:冷却润滑液的主要作用是:(1)冷却作用(1 分);(2)润滑作用(1 分);(3)清洗作用(1 分)。常用冷却润滑液主要有水溶液、乳化液和切削油三类(2 分)。

60. 答:当钻孔、扩孔时可采用 F7/h6(2 分);当粗铰孔时可采用 G7/h6(1.5 分);精铰孔时采用 G6/h6(1.5 分)。

61. 答:影响刀具耐用度的主要因素有:(1)工件材料(1 分);(2)刀具材料(1 分);(3)切削用量(1 分);(4)刀具刃磨质量(1 分);(5)冷却润滑条件(1 分)。

62. 答:(1)在轴瓦两端刮成喇叭形(1 分);(2)如果抱轴瓦端面与轮心衬面间隙小于

0.6 mm,还需光一端瓦边(2 分);(3)抱轴瓦铲出椭圆形状,瓦量合箱前检查 0.1～0.15 mm,合箱后 0.25～0.4 mm(2 分)。

63. 答:过定位反而使工件定位不稳,夹紧后会使工件变形,破坏工件的定位精度(2.5 分)。而欠定位无法保证该工序所规定的加工要求,造成零件报废(2.5 分)。

64. 答:车体由底架、侧墙、车顶、顶盖、司机室、台架和排障器等部分组成(5 分)。

65. 答:优点:能在较低的制造精度下获得较高的装配精度(2.5 分)。缺点:不能互换,装配工作量大,只能用于单件小批量生产中(2.5 分)。

66. 答:旋转件在径向各截面上有不平衡量,且由此产生的离心力将形成不平衡力矩(2 分)。所以旋转时不仅会产生垂直旋转轴的振动,而且还会产生使旋转轴倾斜的振动。这种不平衡称为动不平衡(3 分)。

67. 答:改进产品结构设计(1 分);提高毛坯制造质量(1 分);改进机械加工方法(1 分);改善生产组织形式和劳动管理制度(1 分)。总之,各途径都必须以保证和提高产品质量及降低产品成本为前提(1 分)。

68. 答:液压系统压力不足有以下一些原因:(1)油泵本身不出油或输出的油压力不足(1.5 分);(2)系统压力油大量泄漏(1 分);(3)溢流阀发生故障或失灵(1 分);(4)管路中节流小孔、阀口或管道被污物堵塞等(1.5 分)。

69. 答:适当选用较大的预紧力对螺纹连接的可靠性以及连接件的疲劳强度都是有利的(1 分),但过大的预紧力会导致整个连接的结构尺寸增大,也会使连接件在装配中或偶然过载时被拉断(3 分)。因此,预紧力要适当,特别对重要的螺纹连接要严格控制预紧力(1 分)。

70. 答:(1)降低钢件硬度,改善切削加工性(1.5 分);(2)细化晶粒,消除缺陷,改善组织以提高钢的机械性能(1.5 分);(3)消除残余应力,稳定尺寸,减少变形和开裂倾向,为以后的机械加工和热处理做好性能和组织准备(2 分)。

## 六、综 合 题

1. 答:$E=\Delta d/c$(2 分)$=0.1/(1/10)=1$ mm(1 分)

故轴向套进尺寸为 1 mm(1 分)。

组装过程如下:(1)将轴套套在轴头,测量某一位置的轴向距离(例如两个平行端面)(3 分);(2)加热轴套后,再次测量该位置的轴向距离,控制其距离变小 1 mm(3 分)。

2. 答:(1)完全互换法:装配工作简单,生产效率高,可组织专业化生产,但要求零件加工精度较高,生产成本高(2.5 分);(2)分组装配法(选择装配法):可将零件公差适当扩大,使加工较为容易,然后将零件按装配精度要求分组进行装配,适用于装配精度要求高、尺寸链组成环数目少的大批量生产中(2.5 分);(3)修配法:将有关零件公差放宽进行加工,选择其中一个零件预留修配量,装配时按需要进行修配,使之满足装配精度要求,此种方法可使零件加工比较方便,但装配工作比较麻烦(2.5 分);(4)调整法:确定一个或几个零件作为调整件,预先做好各种尺寸,装配时,根据不同的误差情况,选择尺寸合适的调整件装入;或用改变调整件的位置补偿或消除积累误差,使之达到装配精度要求(2.5 分)。

3. 答:在使用过程中,受到机器磨损、空气氧化、受热、灰尘、水分,变酸和其他原因,逐渐使润滑同变质的过程称为老化(4 分)。确定老化程度应检查以下项目:颜色是否变暗、变黑或出现乳化现象(1 分);黏度比标准增加或降低(1 分);水分(1 分);不溶解杂质以及中和值、界面张力、稀释情况、灰分、皂化值等(1分),当润滑油的性能不符合规定指标时,必须予以更换(2分)。

4. 答:(1)齿轮材料选择不当,齿面硬度偏低,工作面磨损快(2.5分);(2)因淬火缺陷致使齿断裂(2.5分);(3)润滑不当或过载时使润滑油被压出工作面,产生干摩擦,使齿面金属剥蚀(2.5分);(4)调速换挡时,操作不当使轮齿间碰撞严重而引起崩齿(2.5分)。

5. 答:(1)使用前应仔细检查外观有无缺陷,并从直径估计能否安全起吊拆装零部件(2.5分);(2)选择合理的捆钩位置,以免滑脱和工件重心偏移造成倾侧(2.5分);(3)在起重绳索与零件转角处接触部位上,应垫上软性的木板之类的垫块,不使绳索受力集中而损坏(2.5分);(4)起重绳索用后除去污物,久置不用的钢丝绳应涂油后适当安放(2.5分)。

6. 答:(1)随着机车运行速度的大幅度提高,车轮高速转动产生的离心力(此力随着圆周速度的平方而增加)对轮箍产生的应力往往可能破坏轮箍的结合强度,因此,不能再采用套装轮箍,而改用整体车轮(2.5分);(2)随着塑料闸瓦、高磨闸瓦在高速车上的使用和推广,闸瓦传热散热不良将引起制动时轮箍温升过高,为了防止松箍事故,改用整体车轮(2.5分);(3)对某些采用空心轴传动的电机全悬挂机车,在轮心辐板上要开设连杆、销轴或空心轴拐臂的孔,使辐板强度被消弱,难以保证轮箍与轮心的配合强度,为此,改用整体车轮(2.5分);(4)轮踏面和轮缘的磨耗主要与轴重和轴距有关,而与运行速度关系不大,为了保证高速行车的安全,采用整体轮后,会增加维修成本,但从总的经济指标看,仍是合算的(2.5分)。

7. 答:上、下偏差为:±IT/2=±0.03/2=±0.015(mm)(4分)

最大极限尺寸:50+(+0.015)=50.015(mm)(3分)

最小极限尺寸:50+(−0.015)=49.985(mm)(3分)

8. 答:螺纹连接的防松原理:螺纹连接一般采用单线普通螺纹,螺纹升角小于螺旋副的当量摩擦角(3分)。因此,连接螺纹都能满足自锁条件(1分)。此外,拧紧以后螺母和螺栓头部等支承面上的摩擦力也有防松作用,所以在静载荷和工作温度变化不大时,螺纹连接不会自动松脱,但在冲击、振动或变载荷的作用,螺旋副间的摩擦力可能减小或瞬时消失(3分)。这种现象多次重复后,就会使连接松脱,在高温或温度变化较大的情况下,由于螺纹连接件和被连接件的材料发生蠕变和应力松弛,也会使连接中的预紧力和摩擦力逐渐减小,最终将导致连接失效,螺纹连接一旦出现松脱,轻者会影响机器的正常运转,重者会造成严重事故(3分)。

9. 答:如图1所示。(10分)

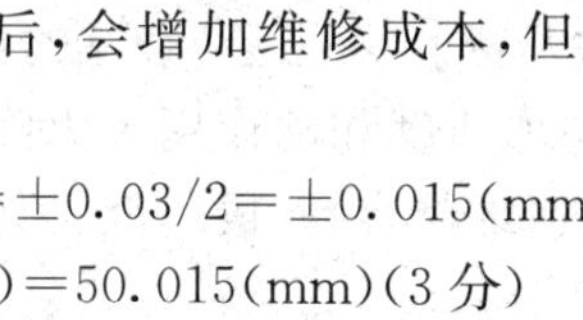

图 1

10. 答:移动量 $L$ 为:$L=m\pi z_9\cdot(n\div t)i_{1\sim9}$(5分)=2.5×3.14×40×(1 200×30)×100/400×30/60×30/45×1 160×20/40×40/40=130.8(mm)(5分)。

11. 答:如图2所示。(10分)

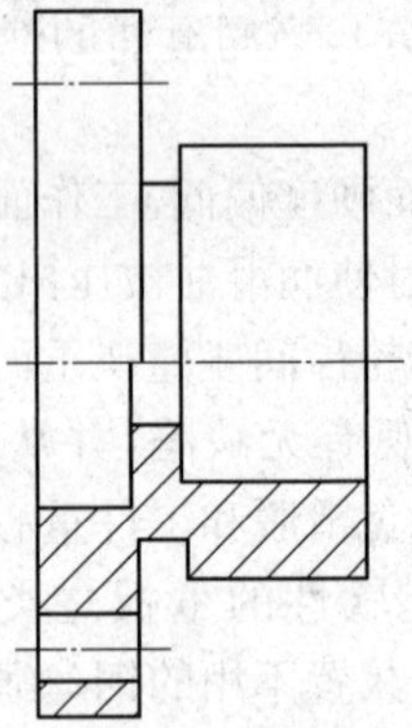

图 2

12. 答:齿轮间中心距稍有变化,对齿轮传动比没有影响的性质叫作渐开线齿轮传动的可分离性(5 分)。实际意义是因为齿轮与轴承的制造和安装总有误差,运转时轮齿间径向推力的作用以及轴承的磨损等,都会使实际中心距与设计的中心距不同,但中心距虽有变化,传动比仍可保持不变(5 分)。

13. 答:圆弹簧是利用受附加载荷时产生的弹性变形,将振动冲击能量转化为变形的位能,然后将位能释放出来,形成元件及簧上部分逐渐衰减的振动,在振动过程中冲击能量转化为热量而散发掉,簧上部分的振动加速度和动作用大大降低,轮轨间的冲击载荷明显减轻(4 分)。优点:结构简单、形体小、制造维修容易、成本低、工作灵敏性高、静挠度大(3 分)。缺点:几乎无吸振能力,振动衰减慢(3 分)。

14. 答:(1)设有磨耗件,不需要润滑,减少了维修保养工作量(2.5 分);(2)有一定的横向刚度,轮对不能自由横功,有利于改善运行中的蛇行运动,轮缘磨耗小(2.5 分);(3)轴箱与构架的弹性连接具有缓和冲击和隔音作用,橡胶件起到了降低动作用力,提高运动平稳性的作用,运行中减弱噪声(2.5 分);(4)不影响一系弹簧悬挂的单独设计,更易得到推广(2.5 分)。

15. 答:电力机车轮对踏面以 1∶20 和 1∶10 两段斜面制成圆锥形(4 分)。因为:(1)机车在曲线上运行时,外轮沿外轨所走的距离应该大于内轮沿内轨所走的距离(2 分);(2)由于内、外轮固装在同一轴上,如果两轮的踏面为圆柱形,势必引起内轮向后或外径向前的滑行(2 分);(3)如果踏面具有锥度,曲线通过时轮对又因离心力的作用往往贴靠外轨运行,这样外轮与外轨接触点处的直径 $D$ 必须大于内轮与内轨接触点处的直径 $d$,这就显著减少了滑行(2 分)。

16. 解:有杆腔流量(5 分):

$$Q_{有}=Av=\pi\left(\frac{D-d}{2}\right)^2 v=3.14\times\left(\frac{0.08-0.04}{2}\right)^2\times0.5=6.28\times10^{-4}\ \mathrm{m^3/s}$$

无杆腔流量(5 分):

$$Q_{无}=Av=\pi\left(\frac{D}{2}\right)^2 v=3.14\times\left(\frac{0.08}{2}\right)^2\times0.5=25.12\times10^{-4}\ \mathrm{m^3/s}$$

17. 答:$v=(\pi n z_1 D)/z_2$(5 分)

$=(3.14\times1\ 800\times20\times1.25)/81$(2 分)

$=1\ 744.44(\mathrm{m/min})$(2 分)

$=104.7(\mathrm{km/h})$(1 分)

18. 答:$d_{a1}=m(z_1+2)=3\times(20+2)=66$(mm)(2 分)

$d_1=m\cdot z_1$(1 分)$=3\times 20=60$(mm)(2 分)

$h_{a1}=m=3$(mm)(1 分)

$h_1=2.25m=2.25\times 3=6.75$(mm)(1 分)

$p_1=\pi m=3.14\times 3=9.42$(mm)(1 分)

$s_1=3.14m/2=3.14\times 3/2=4.17$(mm)(1 分)

$z_2=(2a-mz_1)/m=(2\times 120-3\times 20)/3=60$(2 分)

19. 解:因为 $V_e=ew/1\,000$,又 $V_e=1$ mm/s(2 分)

所以 $e=1\,000V_e/w=1\,000\times 1\times 60/2\times 3.14\times 5\,000=1.911$ μm(3 分)

$M=TR=mge=500\times 9.8\times 1.911\times 10^3\approx 9.364$ N·mm(3 分)

答:平衡后允许偏心距应是 1.911 μm,允许不平衡力矩是 9.364 N·mm(2 分)。

20. 答:(1)小齿轮分度圆锥角 $\phi_1$

因为 $\tan\phi_1=z_1/z_2=15/60=0.25$(4 分)

所以 $\phi_1=14°02'$(2 分)

(2)小锥齿轮分度圆直径 $df_1$

$df_1=m\cdot z_1=3\times 15=45$ mm(4 分)

21. 答:使用手拉葫芦时应遵守下列规则:(1)起重钱,要认真检查吊钩、链条和制动器等主要受力件是否损坏,并进行润滑(2 分);(2)起重链条要垂直悬挂,不得有错扭的链环,以免影响正常作业(2 分);(3)操作者拉动手拉链条时应站在手拉链条的同一平面内(2 分);(4)作业前应先试吊,并检查制动器是否正常可靠(2 分);(5)提升或下降重物时,拉动手拉链条不可用力过猛,应均匀缓慢用力,以免引起链条跳动或卡环(2 分)。

22. 答:钳工常用的拆卸工具有拔销器、拆卸圆螺母的扳手、拆卸弹簧挡圈的钳子、拉出器、销冲和铜棒等(5 分)。拆卸常用的拆卸方法有击卸法、拉拔法、顶压法、温差法和破坏法等(5 分)。

23. 答:(1)拆卸前一定要做好准备工作,包括技术准备、思想准备和工装准备(1.5 分);(2)拆卸零部件要按与装配相反的顺序进行,注意零部件的连接形式、位置和固定形式(1.5 分);(3)拆卸时注意零部件的松动方向、大小端、松紧环等,必须确认无误后才能进行拆卸(1.5 分);(4)无装配图的零部件的拆卸,一般要记录简单的装配顺序,或者画出装配顺序简图(1.5 分);(5)精密零件拆卸后必须注意方法,以免零件变形、磕碰,以致降低精度(2 分);(6)对于密封件或者铆接连接的零件、严禁拆卸的零件、拆卸后必然降低连接质量的零件,以及可以不拆卸的零件,尽量不拆卸,以保证产品质量(2 分)。

24. 答:(1)钙基润滑脂,具有良好的抗水性胶体安定性,适用于工作温度不超过 60 ℃的一般机械设备的润滑(2.5 分);(2)钠基润滑脂,不耐水,适用于不超过 120 ℃的机械摩擦装置(2.5 分);(3)铝基润滑脂,有较好的耐水性及金属表面的防腐蚀性,能用于潮湿的工作环境(2.5 分);(4)锂基润滑脂,内加油抗氧化剂、防锈剂等,适用于矿山、建筑、重型机械等大型设备的润滑(2.5 分)。

25. 答:机车的牵引力由牵引电机通过转换电能而产生旋转扭矩,通过驱动单元的齿轮传动带动轮对旋转,与轨道形成摩擦而产生机车牵引力(5 分)。车轮摩擦产生的牵引力传递到车轴→轴箱轴承→轴箱体→一系装置的拉杆或牵引导柱→构架→牵引装置→车体(5 分)。

26. 答:机车的制动力由制动器与车轮摩擦产生,也可以通过牵引电机的电枢作用限制轮对的旋转而形成机车制动(5 分)。轮对的减速与轨道形成的摩擦力传递到车轴→轴箱轴承→轴箱体→一系装置的拉杆或牵引导柱→构架→牵引装置→车体(5 分)。

27. 答:$X=h(d_z-t)/(d-d_z)$(2 分)

$=100(100-6)/(150-100)$(1 分)

$=188$(mm)(1 分)

$R=(d/2)^2+(h+X)^2$(1 分)

$=(150/2)^2+(100+188)^2$(1 分)

$=297.6$(mm)(1 分)

$B=360\times[3.14(d_1-t)/(2\times3.14R)]$(1 分)

$=360\times(150-6)/(2\times297.6)$(1 分)

$=87.12°$(1 分)

28. 答:(1)应保证轴箱能够相对于转向架在机车运行中做垂向跳动,以保证弹簧装置能够充分发挥其缓和冲击作用(4 分);(2)在机车通过曲线时,轴箱应当能相对于转向架构架做少量的横动,有利于几何曲线通过(3 分);(3)在机车纵向,则不允许轴箱发生位移,否则将引起轴距的变化或破坏转向架内各轴之间的平行关系(3 分)。

29. 答:通常情况下,110 V 电源柜及蓄电池组并联,为机车提供稳定的 110 V 电源(4 分)。在降弓情况下,蓄电池组供机车作低压试验和照明用(3 分)。在运行中电源柜故障情况下,蓄电池作维持机车故障运行的控制电源(3 分)。

30. 答:主要进行垂向(2 分)、抗扭(1.5 分)、电机动载荷(1.5 分)、横向(1.5 分)、纵向(1.5 分)、制动等方面的静强度和疲劳强度试验(2 分)。

31. 答:为了防止连接松脱,保证连接安全可靠,设计时必须采用有效的防松措施。防松的根本问题在于防止螺旋副相对转动(2 分),防松方法可分为摩擦防松(对顶螺母、弹簧垫圈、自锁螺母等防松)(4 分),机械防松(开口销与六角开槽螺母、止动垫圈、串联钢丝)、铆冲防松(4 分)。

32. 答:(1)机车运行时所受到的空气阻力和运行速度的关系,不是简单的线性关系(3 分);(2)机车中、低速运行时,空气阻力不大,高速运行时,空气阻力突出地表现出来,以致成为进一步提高运行速度的严重限制因素(4 分);(3)合理的流线型车体结构能减少机车运行阻力,节省机车的功率消耗(3 分)。

33. 答:(1)在受力最严重的情况下,车体必须有足够的强度和刚度,保证结构不致破坏和变形量最小,确保运行安全可靠(2 分);(2)适当减轻车体自重,而且重量前后、左右对称分布,满足重量分配的要求,重心应尽量低,以适应高速行车的需要(2 分);(3)车体在结构上应保证安装设备的方便、检查保养设备的方便以及检修时更换设备的方便(1.5 分);(4)司机室和机械室都要考虑到改善乘务员工作条件,在通风、采光、取暖、瞭望、隔音、隔热等方面尽量完善(1.5 分);(5)高速机车要有流线型的车体外壳,以减小空气的阻力(1.5 分);(6)车体的外形尺寸应在国家规定的机车车辆限界尺寸间(1.5 分)。

34. 解:$L=\pi\cdot n\cdot m_s=3.14\times3\times3=28.27$(mm)(3 分)

$h=2.2m_s=2.2\times3=6.6$(mm)(3 分)

$d_2=d-2m_s=45-2\times3=39$(mm)(3 分)

答:该蜗杆导程为 28.27 mm,齿深为 6.6 mm,中径为 39 mm(1 分)。

35. 解:$i=z_1/z_2=n_2/n_1=300/900=1/3$(2 分)

$z_1=(1/3)z_2$(1 分)

$d_{分}=mz$,$d_{分1}+d_{分2}=mz_1+mz_2$(2 分)

$A-(d_{分1}+d_{分2})/2=200$ mm(2 分)

$d_{分1}=100$ mm,$d_{分2}=300$ mm(1 分)

$z_1=100/5=20$,$z_2=300/5=60$(1 分)

答:齿数 $z_1$ 为 20,$z_2$ 为 60(1 分)。

# 电力机车钳工(高级工)习题

## 一、填 空 题

1. 减压阀是使出口压力(  )进口压力的压力控制阀。
2. 液压泵按其结构不同可分为柱塞泵、(  )和叶片泵。
3. 液压系统中的控制阀可分为压力控制阀、(  )控制阀和流量控制阀。
4. 电力机车轴瓦表面浇注一层巴氏合金,其作用是提高轴瓦的(  )性。
5. 机床中采用燕尾形导轨,其夹角通常是(  )。
6. 工件的安装包括(  )和夹紧两个过程。
7. 滑动轴承磨损后的修理方法为(  ),调整后重新刮研。
8. 电力机车的轴箱拉杆主要起(  )的作用。
9. 电力机车电机轴端的小齿轮是采用(  )方法退卸的。
10. 电力机车电机轴端的小齿轮套装时,若过盈量过大,会(  )齿轮使用寿命。
11. 螺纹通端工作塞规具有完整的牙型和标准的(  )。
12. 采用补偿法装配的关键是合理选择(  )。
13. 工件定位时,由于定位基准与设计基准不重合,而两个基准之间还存在一个(  ),因此对工件尺寸也将产生一个相应的误差,此误差称为基准不符误差。
14. 定位误差是由工件定位所造成的加工面相对其(  )的位置误差。
15. 齿轮的模数与周节的关系是(  )。
16. 钢的正火是钢全部变为均匀的(  )组织。
17. 钢的淬火和高温回火后得到(  )组织。
18. 正火一般用于低碳钢和低合金钢,以提高材料的(  )和硬度为主。
19. 直齿圆柱齿轮传动一般选用(  )轴承。
20. 直齿圆柱齿轮传动主要承受(  )载荷。
21. 两齿轮正确啮合传动的充分条件是(  )。
22. 在高度变位齿轮中,通常把小齿轮采用(  )变位,大齿轮采用负变位。
23. 轮齿损坏常有轮齿折断、齿面塑性变形、(  )等三种形式。
24. 常用的齿轮材料能保证齿面有足够的(  )。
25. 常用的齿轮材料,要求齿芯有足够的(  )。
26. 常用的电动机的降压启动有星-三角启动、(  )、自耦变压器降压启动。
27. 静平衡的作用是消除零件在径向位置上的偏重,使零件的重心与(  )重合。
28. 工件表面经精研磨后,其尺寸精度可控制到(  )mm或更高。
29. 常用的无机粘结剂主要是由磷酸和(  )组成的。
30. 加热法套装圆柱小齿轮于电机轴上,重要测量的参数为:冷套深度、加热温度、小齿轮与电机轴接触面积、(　　)的深度。

31. 一对斜齿轮啮合时,分度圆上的螺旋角应大小相等、方向(　　)。

32. 机床精度包括几何精度、(　　)、运动精度和动态精度。

33. 变位量一般用(　　)与变位系数的乘积来表示。

34. 电焊分为电阻焊、(　　)、电渣焊三种。

35. 量块按(　　)精度分 0、1、2、3 四级。

36. 量块按(　　)精度分 1、2、3、4、5 五级。

37. 轴箱接地装置的作用是改变机车的导电性,防止(　　)电蚀。

38. 对接焊缝主要用来承受作用于被焊件所在平面内的(　　)力和弯矩等应力。

39. 调质一般用于中碳素结构钢或(　　)。

40. 调质是提高零件(　　)机械性能。

41. 旋转体不平衡时产生的离心力大小与平衡重量、(　　)、转速有关。

42. $SS_4$ 型电力机车每节车有两台基本相同的转向架,仅牵引装置的牵引杆安装彼此相反,其作用是(　　)。

43. $SS_4$ 型及 $SS_4$ 改进型机车的轴重为 23 t,固定轴距为(　　)。

44. 新造电力机车轮对的滚动圆直径为(　　)。

45. $SS_4$ 型机车的同一轮对两滚动圆直径之差不大于(　　)。

46. $SS_8$ 型机车的同一机车所有轮对滚动圆直径之差不大于(　　)。

47. $SS_4$ 型机车的轮对自由横动量两侧之和为(　　)。

48. $SS_3$ 型电力机车每台转向架的第一、二根轴的每个轮对为双侧制动,制动倍率为 2.85,第三根轴的轮对为单侧制动,制动倍率为(　　)。

49. $SS_3$ 型电力机车曾经采用过的中心销牵引装置上的横向止挡,当机车通过曲线时,转向架相对车体横向位移若单边超过(　　)则进行弹性限位。

50. 在采用(　　)进行装配时,装配精度依赖于零件的加工精度。

51. 滚动轴承的内径尺寸只有(　　)偏差。

52. 滚动轴承的外径尺寸只有(　　)偏差。

53. 选择工件定位基准时,应遵守(　　)和基准统一原则。

54. 普通机械产品的装配精度是为了保证机床的(　　)和使用寿命,机床的装配精度还必须保证其工作精度。

55. 电力机车的构架在整体组焊后进行退火处理,作用是(　　)。

56. $SS_3$ 型电力机车的车轮轮心是(　　)结构。

57. 电力机车走行部分的传动大齿轮齿圈材料是(　　)。

58. 电力机车轮对电阻检验不应超过(　　)。

59. 电力机车轮对电机空转试验后,轴箱外表面温升应不超过(　　)。

60. 电力机车轮对轮芯材料是(　　)。

61. $SS_3$ 型电力机车走行部分的垂直油压减振器的阻尼系数为(　　)。

62. 电力机车走行部分一系圆簧的材料是(　　)。

63. 电力机车走行部分制动缸泄漏试验时,充气压力 400 kPa 在(　　)内泄漏应不大于 10 kPa。

64. $SS_3$ 型电力机车手制动手轮作用力为 500 N 时，机车手制动率为（　　）。
65. $CRH_5$ 动车组动车转向架驱动装置采用（　　）结构。
66. 滚压加工可以提高零件表面的耐磨性及表面（　　）。
67. 电力机车抱轴瓦刮瓦的目的是使轮对轴与抱轴瓦间形成（　　），减小轴瓦间的摩擦。
68. 电力机车称重调簧的目的是使轮轴重分配均匀，充分利用轮轨间的（　　），发挥最大牵引力。
69. 电力机车走行部分主动齿轮与从动齿轮的齿侧隙为（　　）。
70. 液压泵的输油量和密封容积变化的大小及（　　）成正比。
71. 为保证液压泵正常吸油，油箱必须和（　　）相通。
72. 柱塞泵工作时，柱塞做（　　）运动。
73. 齿轮泵是利用齿间（　　）的变化来实现吸油和压油的。
74. 单作用式叶片泵可以改变（　　）和输油方向。
75. 控制液压油只许按一个方向流动，不能反向流动的方向阀叫作（　　）。
76. 溢流阀主要是起溢流和（　　）作用。
77. 顺序阀实质上是一个由压力油液控制其开启的（　　）。
78. 流量控制阀是通过调节通过阀口的流量而改变执行机构（　　）的液压元件。
79. 调速阀是由减压阀和（　　）串联组合而成的。
80. 摩擦轮传动中，主动轮是依靠（　　）的作用带动从动轮转动的。
81. 摩擦轮传动分为两轴平行和（　　）两种类型。
82. 带传动中，带在带轮上的包角不能（　　）120°。
83. 三角带传动中，主动轮和从动轮的轮槽对称中心平面应（　　）。
84. 链条装配后，过紧会增加负载，加剧（　　）。
85. 链条装配后，过松容易产生振动或（　　）。
86. 蜗杆传动机构装配后，蜗杆轴线与蜗轮轴线（　　）。
87. 蜗杆传动机构装配后，蜗杆轴线应在蜗轮轮齿的（　　）内。
88. 在螺纹连接中，安装弹簧垫圈是为了（　　）。
89. 根据轴所受载荷不同，可将轴分为心轴、转轴和（　　）三类。
90. 普通平键的（　　）面是工作面。
91. 滑动轴承和滚动轴承是按工作元件的（　　）来划分的。
92. 滑动轴承获得液体摩擦状态可采用动压和（　　）两种润滑方法。
93. 滚动轴承内圈与轴的配合为（　　）制。
94. 滚动轴承外圈与轴承座孔的配合为（　　）制。
95. 主要用来保护电源免受短路损害的保护电器是（　　）。
96. 为使直接启动自锁控制线路具有过载保护作用，应在线路中增设（　　）。
97. 自动空气开关是具有（　　）的双重电器。
98. 电动机的能量转换形式是将电能转换成（　　）。
99. 蓄电池工作时是将（　　）变为电能释放出来。
100. 光学分度头是测量（　　）和分度的光学仪器。
101. 自准直仪的结构类型很多，其基本原理都是（　　）光学原理。

102. 精密机床的精密性主要通过传动部分和(　　)表现出来。

103. 机床床身导轨的几何精度直接关系到机床的几何精度和(　　)。

104. 大型机床的床身通常都是拼接而成的,拼接时用螺栓连接,用(　　)定位。

105. 为保证安装基础的强度,在安装设备前应对基础进行(　　)。

106. 为保证导轨的几何精度,精密机床的导轨都要进行(　　)度误差测量。

107. 千斤顶丝扣伸出部分一般不准超出丝扣全长的(　　)。

108. 流水作业组装有利于实现(　　)化和机械化装配。

109. 广泛使用(　　)性原则可以缩短装配时间,提高装配工作效率。

110. 在单件小批生产中,组装工作要避免工序过于(　　)而产生互相干扰。

111. $CRH_2$ 动车组转向架齿轮传动比为(　　)。

112. 动车组的运行阻力主要由空气阻力、(　　)组成。

113. 用数字化信息进行控制的自动控制技术称为(　　)。

114. $CRH_2$ 转向架基础制动装置采用(　　)方式。

115. 数控机床进行加工,首先必须将工件的几何信息和工艺信息(　　),并编制出加工程序输入数控系统。

116. 高速列车通过隧道时,在隧道中所引起的(　　)约与列车速度成正比。

117. 蜗杆传动机构装配后应进行啮合质量的检验,检验的主要项目包括蜗轮轴向位置、接触斑点、(　　)和转动灵活性。

118. 数控机床进行切削加工,其根据是(　　)。

119. 数控机床上零件加工程序正确性包括语法正确和(　　)两个方面。

120. 数控机床的程序输入可分为(　　)和自动输入两种方式。

121. 当列车高速行驶时,在线路附近将产生空气运动,这就是(　　)。

122. 清除铁屑必须使用专用工具,禁止用嘴吹或(　　)。

123. G 代码和 M 代码是描述零件加工工序过程各种操作和运行特征的(　　)。

124. 在数控机床中,机床直线运动的坐标轴规定为(　　)坐标系。

125. 在数控机床中,机床直线运动所使用的坐标系规定平行于主轴的轴线为(　　)轴,$X$ 轴是水平的。

126. 数控系统根据其(　　)的不同,可分为开环数控系统和闭环数控系统。

127. $SS_{4B}$ 型电力机车垂向油压减振器的阻尼系数是(　　)。

128. $SS_{4B}$ 型电力机车横向油压减振器的阻尼系数是(　　)。

129. 电力机车空气管路系统包括空气制动机管路系统、(　　)系统和辅助气路系统三部分。

130. 电力机车空气管路系统中(　　)实现机车的空气制动。

131. 电力机车空气管路系统中(　　)实现机车上各种设备的风动控制。

132. 电力机车空气管路系统中(　　)系统向各种风动器械供风。

133. 电力机车弹性悬挂装置是将机车上部重量弹性地加在轴箱上,以(　　)运动时的作用力。

134. 轴列式 $C_0—C_0$ 表示每一动轴为(　　)驱动。

135. $SS_3$ 型电力机车轮对在装配两侧大齿轮时,要求在齿轮分度圆圆周上两对应齿相互角度之差不得大于(　　),以保证同步啮合。

136. 电力机车车轴的折损一般是由(　　)引起的。

137. 电力机车车轮心铸成后,用(　　)和正火等热处理方法消除内应力。

138. $SS_1$ 型及 $SS_3$ 型电力机车传动装置的大、小齿轮,分度圆上的齿斜角是(　　)。

139. $SS_1$ 型及 $SS_3$ 型电力机车传动装置的大、小齿轮,齿轮的法面模数是(　　)。

140. $SS_1$ 型及 $SS_3$ 型电力机车传动装置的大、小齿轮,齿轮的端面模数是(　　)。

141. $SS_1$ 型及 $SS_3$ 型电力机车传动装置的大、小齿轮,刀具的法面压力角是(　　)。

142. $SS_3$ 型及 $SS_4$ 型电力机车传动装置的小齿轮中心孔的锥度是(　　)。

143. 推力轴承的装配,一定要使紧环靠在(　　)零件的平面上,松环靠在静止零件的平面上。

144. 链轮两轴线不平行会加剧(　　)的磨损,降低传动稳定性。

145. 影响齿轮接触精度的主要因素是齿形精度及(　　)是否正确。

146. 齿侧间隙过大,则会造成齿轮换向(　　)大,容易产生冲击和振动。

147. 蜗杆传动机构是用来传递相互(　　)的两轴间的运动。

148. 螺旋机构可将(　　)运动变换为直线运动。

149. 在轴上测量振动时,测点位置应选择在反映振动最为直接和(　　)的位置为宜。

150. 在拆卸旋转零件时,应尽量不破坏原来的(　　)。

151. 对于较长导轨的直线度,测量时采用(　　)法较合适。

152. 决定滑动轴承稳定性好坏的根本因素是轴在轴承中的(　　)。

153. 旋转机械的工作转速不应等于或接近于(　　),否则将使转子产生共振而带来严重后果。

154. 在高速轻载的情况下工作的轴承由于(　　)较小,常会发生高速涡动或油膜振荡等不稳定现象。

155. 联轴器内孔与轴的配合必须具有一定的过盈,过盈量大小一般为(　　)。

156. $SS_{4B}$ 型电力机车传动装置的一对斜齿轮啮合时,分度圆上的螺旋角(　　)、方向相反。

157. 电力机车传动装置中齿轮损坏的主要形式有轮齿折断、齿面塑性变形以及(　　)三种。

158. 中国铁路总公司要求在机车生产制造过程中实施"三检制","三检制"指的是(　　)。

159. 蜗轮蜗杆传动机构装配后,蜗杆轴线与蜗轮轴线应(　　)。

160. 实施制动时,使制动力分次增加,称为(　　)。

161. 一列车(或一辆车)的总闸瓦压力与其总重量的比值称为(　　)。

162. 从司机将制动阀手柄置于制动位时起,到机车或列车停下时为止,所走过的距离称为(　　)。

163. 电力机车采用(　　)和风道式独立通风两种通风方式。

164. 带有紧急制动的制动控制器简称(　　)。

165. $HX_{D2}$ 机车牵引电机功率为 1 250 kW,总功率为(　　)。

166. $HX_{D2}$ 机车的一系悬挂装置主要有位于每个轴箱体上的两组螺旋钢簧、(　　)和轴箱拉杆组件等构成。

167. HXD2 机车每组转向架配有(　　)组轮缘润滑器。

168. 用梯子登高时,梯子与地面夹角以(　　)为宜。

169. 转子找正的最终目的是保证两个转子在正常运转状态时的(　　)要求。

170. 高速列车采用动力分散式、(　　)实现形式。

171. 带传动时,如果张紧力(　　),承受载荷时带容易打滑;如果张紧力过大,又会大大缩短带的寿命。

172. 一般情况下,橡胶弹簧只作压簧和(　　),不作拉簧。

173. 液压减振器阻尼特性的调节可通过改变心阀上的节流孔的大小及(　　)来实现。

174. 360 牙的齿式分度装置,其分度数为 $360°/n$,或为分度数的(　　)。

175. 电力机车外墙表面平面度不超过(　　)。

176. 链传动是依靠链轮与链的啮合力来传动的,所以传动时初拉力不需(　　)。

177. 轮轨间最大静摩擦系数称为(　　)。

178. 膜式空气弹簧可分为(　　)和自由膜式两种。

179. 牵引电动机的(　　)经过轮对作用于钢轨,产生牵引力,通过轮对的滚动使机车牵引列车前进。

180. 铁道机车车辆轮对一般由车轴、轮箍和(　　)组装而成。

181. 轮对的组装工艺通常有热套和(　　)。

182. 感应淬火是利用(　　)通过工件所产生的热量,使工件表面、局部或整体加热并快速冷却的淬火。

183. 机车中修时牵引电动机悬挂端的吊杆和销子应进行(　　)检查。

184. 机车转向架通过曲线的最大偏移位置是(　　)。

185. 机车转向架通过曲线的自由位置是(　　)。

186. 机车转向架通过曲线的最大外移位置是(　　)。

187. 牵引电动机在机车上的安装一般采用(　　)的安装方法,以减小动作用力对电机和线路的破坏作用。

188. 轮心和车轴的组装,国外采用热套装工艺比较普遍,我国近来常采用(　　)工艺。

189. 轴承按工作元件摩擦性质可分为(　　)和滚动轴承。

190. 电力机车组装后应对整车进行(　　)试验。

## 二、单项选择题

1. 在刀具材料中,(　　)的抗弯强度最差。

(A)合金工具钢　　(B)高速钢　　(C)硬质合金钢　　(D)金刚石

2. 钢材经淬火后获得淬硬层深度的一种性质为(　　)。

(A)淬硬　　(B)淬透　　(C)硬化　　(D)调质

3. 钢经调质后所获的组织为(　　)。

(A)回火马氏体　　(B)回火索氏体　　(C)奥氏体　　(D)马氏体

4. 下列元素能促进铸铁石墨化的是(　　)。

(A)碳和硅　　(B)锰　　(C)磷和硫　　(D)镁

5. 经过淬火后的钢的硬度检验和成品零件的检验一般用(　　)。
(A)布氏硬度　(B)维氏硬度　(C)洛氏硬度　(D)都不对
6. 用(　　)做成的轴瓦基体与巴氏合金的结合力最好。
(A)青铜　(B)钢　(C)铸铁　(D)铁
7. 斜齿圆柱齿轮的模数和压力角为标准值的是(　　)。
(A)端面模数和端面压力角　(B)法面模数和法面压力角
(C)端面模数和法面压力角　(D)端面压力角和法面模数
8. 套装电机小齿轮时,在(　　)状态下对测量齿侧隙造成的测量误差最小。
(A)高温　(B)常温　(C)低温　(D)任意
9. 螺旋的机械效率大小与螺纹的(　　)及摩擦角有关。
(A)升角　(B)夹角　(C)中径　(D)导程
10. $HX_{D2}$ 型、$HX_{D2C}$ 型电力机车主电路的基本型式是(　　)传动系统。
(A)交-交　(B)交-直　(C)交-直-交　(D)直-直
11. 锯管子和薄板时,必须选用(　　)齿锯条。
(A)粗　(B)细　(C)随便　(D)厚
12. 在轴上零件的定位中,(　　)是轴向定位。
(A)键连接　(B)销连接　(C)过盈配合　(D)轴肩定位
13. 同一条渐开线上各点的曲率半径(　　)。
(A)相同　(B)不相同　(C)为一常数　(D)等于零
14. 为提高滚动轴承的装配精度,应使前后轴承的径向跳动量最大的方向在同一个(　　)内并位于旋转中心的同侧。
(A)水平面　(B)径向平面　(C)轴向平面　(D)垂直面
15. 关于减小热变形误差的措施,错误的是(　　)。
(A)在恒温室内对工件进行加工
(B)在室外对工作进行加工
(C)加工前预热机床使其在热平衡状态下进行加工
(D)加工时充分冷却减少温升
16. 轮对电机组装中,为使大、小齿轮充分润滑,齿轮箱中的油(　　)。
(A)越多越好　(B)越少越好　(C)油位适当最好　(D)任意
17. 现代化的精密机床的液压系统常用(　　)泵。
(A)齿轮　(B)叶片　(C)柱塞　(D)螺杆
18. (　　)是影响切削力的主要因素。
(A)工件材料　(B)切削用量　(C)刀具的角度　(D)冷却润滑液
19. 键连接中因键强度不够而被破坏是由(　　)引起的。
(A)挤压　(B)剪切　(C)扭转　(D)弯曲
20. 下列钳工量具中,属于专用量具的是(　　)。
(A)卡钳　(B)卡规　(C)水平仪　(D)内径百分尺
21. 螺纹有紧固、防松及传动作用,紧固连接通常用(　　)螺纹。
(A)三角形　(B)梯形　(C)矩形　(D)锯齿形

22. Q235A 与 45 号钢比较,(　　)焊接性好。
(A)Q235A　(B)45 号钢　(C)一样　(D)都不对
23. 按二等使用量块与按三等使用量块相比,可获得的测量精度(　　)。
(A)前者高　(B)后者高　(C)一样高　(D)都不对
24. 研磨合金工具钢、高速钢的最好磨料是(　　)。
(A)氧化铬　(B)碳化物　(C)金刚石　(D)氧化物
25. 钢中的杂质元素(　　)属有害元素。
(A)S　(B)Fe　(C)Si　(D)Mn
26. 量块分(　　)等。
(A)3　(B)6　(C)8　(D)4
27. 用水平仪测平面的直线度时,取样长度一般为(　　)。
(A)100 mm　(B)150 mm　(C)200 mm　(D)250 mm
28. 对于 $N$ 个有相对位置精度要求的作用面,错误的刮削程序是(　　)。
(A)先刮大面,后刮小面
(B)先刮复杂面,后刮简单面
(C)先刮技术要求高的面,后刮技术要求低的面
(D)先刮容易加工面,后刮难加工面
29. 高压与低压的分界值为(　　)。
(A)220 V　(B)250 V　(C)380 V　(D)500 V
30. 调质处理一般应安排在(　　)之后。
(A)毛坯锻造　(B)粗加工　(C)半精加工　(D)精加工
31. 螺旋测微量具的活动量杆上的螺纹螺距为 0.5 mm,活动套管在圆周上分成 50 等分格,当套管转动 10 格时,所测量的值应是(　　)。
(A)0.1 mm　(B)0.01 mm　(C)0.5 mm　(D)0.05 mm
32. 工件以平面定位时,定位误差包括(　　)位移误差和基准不重合误差。
(A)标准　(B)基准　(C)基面　(D)基础
33. 标准直齿圆柱齿轮,齿顶圆直径为 90 mm,齿数为 28,该齿轮的模数为(　　)mm。
(A)1　(B)2　(C)3　(D)4
34. 下列材料中,选用(　　)作齿轮材料。
(A)Q235A　(B)GCr15　(C)45 号钢　(D)20 号钢
35. 粗糙度标记的$\overset{3.2}{\surd}$表示该表面的表面粗糙度的高度参数轮廓(　　)$R_a$ 值为 3.2 μm。
(A)十点高度　(B)最大高度　(C)算术平均偏差　(D)最小高度
36. 珩磨用油石上磨粒的切削轨迹在工件表面上形成交叉又不重复的网纹,因而工件工作时其表面网纹可以(　　)。
(A)储存润滑油　(B)减少接触面　(C)增加摩擦力　(D)减少摩擦力
37. 在切削中碳合金钢锻坯时发现硬度过高,应采用(　　)处理来改善切削性能。
(A)完全退火　(B)球化退火　(C)正火　(D)调质
38. 经加工硬化了的金属材料,为了恢复其原有的性能,常进行(　　)处理。
(A)正火　(B)调质　(C)去应力退火　(D)再结晶退火

39. 在精加工时，切削深度及进给量小，切削力及变形小，可以修正粗加工时产生的(　　)。

(A)上差　(B)下差　(C)公差　(D)误差

40. 标注形位公差代号时，形状公差项目符号应写入形状公差框内(　　)。

(A)第一格　(B)第二格　(C)第三格　(D)第四格

41. 铰孔可达到(　　)。

(A)精度可达到IT7级，表面粗糙度可达到$R_a$1.6 μm

(B)精度可达到IT8级

(C)表面粗糙度可达到$R_a$0.8 μm

(D)精度可达到IT6级，表面粗糙度可达到$R_a$0.8 μm

42. 电力机车轴箱内零件按工艺要求应采用的装配方法是(　　)。

(A)分组装配法　(B)完全互换法　(C)修配法　(D)调整法

43. 电力机车轮对轮与轴的装配应采用的装配方法是(　　)。

(A)分组装配法　(B)完全互换法　(C)修配法　(D)调整法

44. 钻孔、扩孔时，钻套与刀具应采用(　　)配合。

(A)F7/h6　(B)G7/h6　(C)G6/h5　(D)H6/h5

45. 粗铰孔时，钻套与刀具应采用(　　)配合。

(A)F7/h6　(B)G7/h6　(C)G6/h5　(D)H6/h5

46. 砂轮磨内孔时，砂轮轴刚度较低，当砂轮在孔口位置磨削时，砂轮只有部分宽度参加磨削，切削力(　　)，孔口外的孔径磨出的较大。

(A)大　(B)较大　(C)小　(D)较小

47. 下列因素中，(　　)不是影响切削力的主要因素。

(A)工件材料　(B)切削用量　(C)刀具几何参数　(D)切削旋转速度

48. 所谓定量泵就是(　　)的液压泵。

(A)密封容积不能变化　(B)密封容积交替变化

(C)输出流量不可调　(D)输出流量可调

49. 所谓变量泵就是(　　)的液压泵。

(A)输出流量不可调　(B)密封容积交替变化

(C)输出流量可调　(D)密封容积不能变化

50. 外啮合齿轮泵(　　)时实现吸油。

(A)轮齿脱开啮合、密封容积减小　(B)轮齿脱开啮合、密封容积增大

(C)轮齿进入啮合、密封容积增大　(D)轮齿进入啮合、密封容积减小

51. 外啮合齿轮泵(　　)时实现压油。

(A)轮齿进入啮合、密封容积增大　(B)轮齿进入啮合、密封容积减小

(C)轮齿脱开啮合、密封容积减小　(D)轮齿脱开啮合、密封容积增大

52. 改变径向柱塞泵定子和转子之间的(　　)可以改变输出流量。

(A)转角　(B)转向　(C)离心力　(D)偏心距

53. 改变单作用叶片泵转子与定子的(　　)可以改变输出流量。

(A)偏心距　(D)转角　(C)转向　(D)压力

54. 换投向阀的作用是(　　)。

(A)控制油液流动方向　(B)控制执行机构运动方向

(C)调速　(D)卸荷

55. 在液压系统中,能起到安全保护作用的控制阀是(　　)。

(A)单向阀　(B)节流阀　(C)减压阀　(D)溢流阀

56. 溢流阀一般接在(　　)的油路上。

(A)支油路　(B)液压泵出口　(C)回油路　(D)任意油路

57. 调速阀属于(　　)类。

(A)方向控制阀　(B)压力控制阀　(C)流量控制阀　(D)运动控制阀

58. 造成低速时滑枕有(　　)现象的原因是滑枕润滑不良。

(A)时动时停　(B)爬行　(C)缓动　(D)慢动

59. 能够起到程序控制和安全保护作用的液、电讯号转换元件是(　　)。

(A)电磁换向阀　(B)压力继电器　(C)电液换向阀　(D)电、液调速阀

60. 楔键的上表面斜度为(　　)。

(A)1/100　(B)1/50　(C)1/30　(D)1/20

61. 标准圆锥销的锥度为(　　)。

(A)1/10　(B)1/20　(C)1/30　(D)1/50

62. 螺纹连接属于(　　)。

(A)可拆的活动连接　(B)不可拆的固定连接

(C)可拆的固定连接　(D)不可拆的活动连接

63. 键连接属于(　　)。

(A)可拆的活动连接　(B)不可拆的固定连接

(C)可拆的固定连接　(D)不可拆的活动连接

64. 直齿圆柱齿轮 1 和 2 的正确啮合条件是(　　)。

(A)$p_1=p_2, s_1=s_2$　(B)$p_1=p_2, m_1=m_2$

(C)$s_1=s_2, \alpha_1=\alpha_2$　(D)$m_1=m_2, \alpha_1=\alpha_2$

65. 正常标准齿轮不产生根切的最少齿数是(　　)。

(A)$z=12$　(B)$z=14$　(C)$z=17$　(D)$z=20$

66. 齿数、模数、齿距及分度圆直径之间的关系是(　　)。

(A)$z=p/\pi=d/m$　(B)$z=p/\pi=m/d$

(C)$m=p/\pi=d/z$　(D)$m=d/\pi=z/p$

67. 渐开线齿轮啮合的主要特点是(　　)。

(A)保持恒定的传动比,具有传动的可分离性

(B)保持恒定的传动比,传动精度高

(C)保持恒定的传动比,传动效率高

(D)传动比大,传动效率高

68. 在机械传动中,能够实现远距离传动的是(　　)。

(A)螺旋传动　(B)带传动　(C)齿轮传动　(D)蜗杆传动

69. 用于精密传动的螺旋传动形式是(　　)。

(A)普通螺旋传动 (B)差动螺旋传动 (C)滚珠螺旋传动 (D)直线螺旋传动

70. 在需要单向受力的传动机构中,常使用截面形状为(  )的螺纹。

(A)锯齿形 (B)三角形 (C)梯形 (D)矩形

71. 一般来说,剖分式滑动轴承属于(  )。

(A)动压滑动轴承 (B)静压滑动轴承 (C)液体摩擦轴承 (D)非液体摩擦轴承

72. 滚动轴承上没有注出级别代号,说明此轴承的级别为(  )级。

(A)C (B)D (C)E (D)G

73. 三角带表面标记的长度为(  )。

(A)计算长度 (B)标准长度 (C)外周长度 (D)中性层长度

74. 接触器是一种(  )。

(A)手动电器式开关 (B)自动电磁式开关

(C)保护电器 (D)行程开关

75. 电动机的转速与电磁转矩的关系称为(  )。

(A)转差 (B)转差率 (C)机械特性 (D)过载能力

76. 运行时,不能自行启动的电动机是(  )。

(A)交流电动机 (B)直流电动机 (C)同步电动机 (D)异步电动机

77. 不表示电器元件的真实相对位置,供一般检修、科技等人员使用的电路图是(  )。

(A)原理图 (B)安装配线图 (C)原理配线图 (D)控制配线图

78. 用水平仪或自准直仪测量表面较长零件的直线度误差的方法属于(  )测量法。

(A)直接 (B)比较 (C)角差 (D)线差

79. 光学合像水平仪与框式水平仪比较,其突出的特点是(  )。

(A)通用性好 (B)精度高 (C)测量范围大 (D)可直接读出读数

80. 一般来说,机床安装时导轨的精度主要由(  )来保证。

(A)加工 (B)检验 (C)测量 (D)调整

81. 由于大型零部件在吊装、摆放时会引起不同程度的变形,所以势必引起该零部件的(  )。

(A)尺寸差异 (B)形态变化 (C)位置变化 (D)精度变化

82. 下列限界中,空间利用率最低的是(  )。

(A)无偏移限界 (B)静偏移限界 (C)动偏移限界 (D)有偏移限界

83. 油压减振器是将电力机车振动冲击能量转变成(  )。

(A)机械能 (B)化学能 (C)热能 (D)流体能

84. 油压减振器的减振性能与(  )无关。

(A)机车的运行时间 (B)油压减振器内节流孔大小

(C)油压减振器内的活塞面积 (D)油压减振器的油液黏度

85. 渐开线齿形误差的测量常用(  )。

(A)比较测量法 (B)相对测量法 (C)绝对测量法 (D)直接测量法

86. 已知直齿圆柱齿轮 $m=5$、$z=40$,该齿轮的分度圆直径为(  )。

(A)200 mm (B)210 mm (C)187.5 mm (D)197.5 mm

87. 在成对使用的轴承内圈或外圈之间加衬垫,不同厚度的衬垫可得到(  )。

(A)不同的预紧力　(B)相同的预紧力　(C)一定的预紧力　(D)都不对

88. 接触式密封装置,因接触处的滑动摩擦造成动力的损失和磨损,故用于(　　)。

(A)高速　(B)低速　(C)重载　(D)轻载

89. 轴承内圈与主轴、轴承外圈与箱体孔装配时,采用定向装配方法适用于(　　)。

(A)精度要求较低的主轴　(B)精度要求一般的主轴

(C)精度要求较高的主轴　(D)转速要求低的主轴

90. 抱轴瓦与电机抱轴处采用的是(　　)连接。

(A)键　(B)销　(C)花键　(D)螺纹

91. 牵引电机的传动齿轮齿面磨削加工后必须进行(　　)。

(A)时效处理　(B)氮化处理　(C)探伤检查　(D)啮合检查

92. 两链轮装配后,中心距小于 500 mm 时,轴向偏移量应在(　　)以下。

(A)1 mm　(B)2 mm　(C)3 mm　(D)4 mm

93. 两链轮中心距大于 500 mm 时,轴向偏移量应在(　　)以下。

(A)1 mm　(B)2 mm　(C)3 mm　(D)4 mm

94. 使用链节数为奇数的链条时,应采取(　　)固定活动销轴。

(A)开口销　(B)弹簧卡片　(C)过渡链节　(D)铆接

95. 齿轮在轴上固定,当要求配合过盈量很大时,应采用(　　)。

(A)敲击法装入　(B)压力机压入

(C)液压套合装配法　(D)都不对

96. 安装渐开线圆柱齿轮时,接触斑点处于异向偏接触的不正确位置,其原因是两齿轮(　　)。

(A)轴线歪斜　(B)轴线不平行　(C)中心距太大　(D)中心距太小

97. 蜗杆传动机构的正确运转是蜗轮在任何位置上用于旋转蜗杆所需的转矩(　　)。

(A)均应相同　(B)大小不同

(C)相同或不同都可　(D)都不对

98. 保证丝杆、螺母传动精度的主要因素是(　　)。

(A)螺纹精度　(B)配合过盈　(C)配合间隙　(D)过渡配合

99. 丝杠回转精度是指丝杆的(　　)。

(A)径向圆跳动　(B)轴向窜动

(C)径向圆跳动和轴向窜动　(D)都不对

100. 采用液压传动用来传递运动和动力,作为工作介质的是具有一定压力的(　　)。

(A)气体　(B)液体　(C)机械能　(D)动能

101. 安装液压泵时,液压泵与原动机之间应具有较高的(　　)要求。

(A)平行度　(B)垂直度　(C)同轴度　(D)水平度

102. 在液压传动装置中,对压力阀的性能要求之一是压力波动不超过(　　)。

(A)$\pm 0.15\times 10^5$ Pa　(B)$\pm 1.5\times 10^5$ Pa

(C)$\pm 15\times 10^5$ Pa　(D)$\pm 10\times 10^5$ Pa

103. 采用修配法装配时,尺寸链中的各尺寸均按(　　)制造。

(A)装配精度要求　(B)经济公差　(C)修配量　(D)封闭环公差

104. 装配时,通过调整某一零件的(　　)来保证装配精度要求的方法叫作调整法。

(A)精度　(B)形状　(C)配合公差　(D)尺寸或位置

105. 牵引电机的工作特性主要是(　　)。

(A)速率特性和转矩特性　(B)调节特性

(C)平衡特性　(D)负载特性

106. 多工位加工可以减少(　　),提高生产效率。

(A)工件的安装次数　(B)刀具的数量

(C)工位数　(D)工步数

107. 刀具对工件的同一表面每一次切削称为(　　)。

(A)工步　(B)工序　(C)加工次数　(D)走刀

108. 工序基准、定位基准和测量基准都属于机械加工的(　　)。

(A)粗基准　(B)工艺基准　(C)精基准　(D)设计基准

109. 零件加工时一般要经过粗加工、半精加工和精加工三个过程,习惯上把它们称为(　　)。

(A)加工方法的选择　(B)加工过程的划分

(C)加工工序的划分　(D)加工工序的安排

110. 从零件表面上切去多余的材料,这一层材料的厚度称为(　　)。

(A)毛坯　(B)加工余量　(C)工序尺寸　(D)切削用量

111. 电力机车的控制是靠(　　)实现的。

(A)机械部分　(B)电气部分　(C)空气制动系统　(D)其他

112. 电力机车齿轮传动装置的作用是(　　)。

(A)增大转速,降低转矩　(B)增大转速,增大转矩

(C)降低转速,降低转矩　(D)降低转速,增大转矩

113. 电力机车牵引缓冲装置安装在车体底架的(　　)上。

(A)边架　(B)侧梁　(C)台架　(D)牵引梁

114. 电力机车上空气用量最大的系统是(　　)。

(A)制动机气路系统　(B)控制气路系统

(C)辅助气路系统　(D)都一样

115. 电力机车的构架向轮对传递垂向力、纵向力和横向力的主要构件是(　　)。

(A)端梁　(B)枕梁　(C)牵引梁　(D)侧梁

116. 砂箱一般安装在构架的(　　)上。

(A)端梁　(B)枕梁　(C)牵引梁　(D)横梁

117. 一般电力机车齿轮传动比小于(　　)。

(A)5　(B)4　(C)3　(D)2

118. 解决机车在两系弹簧上沉浮振动的方法是(　　)。

(A)采用较软的二系弹簧和较硬的一系弹簧

(B)采用较软的一系弹簧和较硬的二系弹簧

(C)采用均为较硬的一、二系弹簧

(D)采用均为较软的一、二系弹簧

119. 用来限制车体与转向架之间横向移动量的装置是(　　)。

(A)牵引杆 (B)旁承 (C)侧挡 (D)牵引销

120. 装配图主要表达机器或部件中各零件的(　　)、工作原理和主要零件的结构特点。

(A)运动路线 (B)装配关系 (C)技术要求 (D)尺寸大小

121. 看装配图分析零件,主要是了解它的(　　)和作用,弄清部件的工作原理。

(A)结构形状 (B)技术要求 (C)尺寸大小 (D)明细表

122. 国家标准中,(　　)级公差精度用于非配合尺寸。

(A)IT01～IT5 (B)IT6～IT10 (C)IT11～IT13 (D)IT12～IT18

123. 在直齿圆柱齿轮的规定画法中,齿顶圆及齿顶线用(　　)绘制。

(A)细实线 (B)粗实线 (C)虚线 (D)点划线

124. 看机械原理图可按(　　)先后顺序进行。

(A)传动系统 (B)装配件 (C)图示序号 (D)尺寸标注

125. 钳工常用刀具材料的硬度一般要在(　　)以上。

(A)HRC30 (B)HRC40 (C)HRC50 (D)HRC60

126. 工件表面磨削时有突然拉毛痕迹的缺陷原因之一是由于(　　)砂轮磨粒脱落夹在砂轮和工件之间而造成。

(A)粗粒度 (B)细粒度 (C)较粗粒度 (D)较细粒度

127. 一般适用于制造丝锥、板牙等形状复杂工具的牌号是(　　)。

(A)T12A (B)W18Cr4V (C)YG8 (D)Q345E

128. 标准麻花钻修磨后的横刃长度为原来的(　　)。

(A)1/3～1/2 (B)1/5～1/3 (C)1/6～1/4 (D)1/8～1/5

129. $SS_6$ 型电力机车轴箱横动量最大的是(　　)。

(A)一、三位 (B)二、五位 (C)四、六位 (D)都一样

130. 高速电力机车与低速电力机车相比,其轮对直径差要求(　　)。

(A)速度低,轮径差要求小 (B)速度高,轮径差要求小

(C)速度高,轮径差要求大 (D)都一样

131. 电力机车在运行中,制动距离与(　　)有关。

(A)机车运行速度 (B)机车制动器倍率

(C)机车重量 (D)机车牵引力

132. 某组成环增大,其他组成环不变,使封闭环减小称为(　　)。

(A)减环 (B)增环 (C)结合环 (D)形成环

133. 某组成环增大,其他组成环不变,使封闭环增大称为(　　)。

(A)减环 (B)增环 (C)结合环 (D)形成环

134. 离合器按实现过程分为操纵式离合器与(　　)。

(A)摩擦离合器 (B)自动离合器 (C)啮合离合器 (D)刚性离合器

135. 调整基础制动装置中制动缸的活塞行程的目的是(　　)。

(A)保证闸瓦与轮箍的适当间隙 (B)增大闸瓦的压力

(C)减少机车运行阻力 (D)保证制动稳定的工作状态

136. 为细化组织,提高机械性能,改善切削加工性能,对低碳钢零件进行(　　)处理。

(A)退火 (B)淬火 (C)正火 (D)再结晶退火

137. 齿轮强度计算的主要任务是，合理选择材料和热处理方法，恰当地确定参数尺寸，其中主要是确定齿轮的(　　)。

(A)抗弯强度　(B)弯曲应力　(C)模数　(D)齿数

138. 电力机车减振弹簧的刚度与下列(　　)因素无关。

(A)弹簧的材料　(B)簧条的直径　(C)有效圈数　(D)弹簧平均直径

139. 电力机车减振弹簧的静挠度与下列(　　)因素无关。

(A)弹簧的材料　(B)簧条的直径　(C)弹簧的受力　(D)弹簧平均直径

140. 机车在运行过程中发生事故或故障，需要进行的修理称为(　　)。

(A)小修　(B)临修　(C)辅修　(D)段修

141. 减少夹紧(　　)的措施之一是夹紧力尽可能与切削力、重力同向。

(A)上差　(B)下差　(C)误差　(D)公差

142. 下列电路对地耐压试验，耐压值最高的是(　　)。

(A)牵引回路对地　(B)辅助电路对地　(C)控制电路对地　(D)都一样

143. 电力机车在运行中对油压减振器的检修，铁标规定：(　　)。

(A)每隔半年卸下来在试验台上进行测试试验检查、整修

(B)每隔 1 年卸下来在试验台上进行测试试验检查、整修

(C)在保修期内，不需试验，检查、整修

(D)不需要试验、检查、整修，损坏后直接更换

144. 调整装配法是在装配时改变可调整件的(　　)。

(A)尺寸　(B)形状精度　(C)表面粗糙度　(D)相对位置

145. 电力机车主风缸内空气压力应控制在(　　)。

(A)500 kPa 以下　(B)500～750 kPa　(C)750～900 kPa　(D)900 kPa 以上

146. 钻头、丝锥、铰刀等柄式刀具，在磨削加工过程中，应特别注意刀具工作部分与安装基准部分的(　　)。

(A)圆柱度　(B)尺寸一致　(C)同轴度　(D)圆度

147. 电力机车库停时间长，再次投入使用，受电弓升弓风源是(　　)。

(A)主风缸　(B)辅助风缸　(C)控制风缸　(D)辅助压缩机打风

148. 电力机车正常运行，受电弓升弓风源是(　　)。

(A)主风缸　(B)辅助风缸　(C)控制风缸　(D)辅助压缩机打风

149. 电力机车对旅客列车施行电控制动功能的系统是(　　)。

(A)风源管路系统　(B)辅助管路系统　(C)控制管路系统　(D)制动机系统

150. 测量轴振动的方法是采用(　　)传感器。

(A)加速度　(B)速度　(C)位移　(D)都不对

151. 高速机械装置的(　　)是可能引起振动的主要部件。

(A)支架　(B)轴承　(C)支承轴　(D)转子

152. 高速旋转下的径向轴承，其内孔精加工尽量采用(　　)。

(A)手工刮削　(B)精车　(C)研磨　(D)精镗

153. 在临界状态下，最大静滑动摩擦力与物体(　　)成正比。

(A)约束反力　(B)主动力　(C)正压力　(D)重力

154. 电力机车传动装置一般都是降速运动,传动件的误差被(　　)。
(A)放大　(B)缩小　(C)消失　(D)控制
155. 在机械传动中,传动轴(　　)。
(A)只传递转矩　(B)只受弯曲作用
(C)受弯曲和扭转作用　(D)只受扭转作用
156. 连接轮对与构架的活动关节是(　　)。
(A)弹簧　(B)车轴　(C)轴箱　(D)悬挂装置
157. 推力球轴承有松紧圈之分,装配时一定要使紧圈靠在(　　)零件表面上。
(A)静止　(B)转动　(C)移动　(D)随意
158. 客、货运电力机车相比较,货运机车主要具有(　　)。
(A)较高的速度　(B)较大的功率
(C)运行平稳性和稳定性　(D)良好的粘着性能
159. 凿子一般用(　　)锻成,并经淬火处理。
(A)高速钢　(B)硬质合金　(C)碳素工具钢　(D)弹簧钢
160. 扩孔时的切削速度一般为钻孔时的(　　),进给量为钻孔时的 1.5～2 倍。
(A)1/4　(B)1/2　(C)15 倍　(D)2～3 倍
161. 装配时,使用可换垫片、衬条和镶条等以消除积累误差,使配合间隙达到要求的方法称为(　　)。
(A)调整法　(B)修配法　(C)选配法　(D)完全互换法
162. 液压泵的工作压力取决于(　　)。
(A)功率　(B)油液的流量　(C)负载　(D)油液的流速
163. 用螺纹量规检验螺纹属于(　　)测量。
(A)单项　(B)相对　(C)综合　(D)绝对
164. 作为检查工作样板的校对样板,在制造时,其精度和表面粗糙度与工作样板相比必须(　　)。
(A)高些　(B)相等　(C)低些　(D)一致
165. 只受弯曲作用的轴叫作(　　)。
(A)转轴　(B)心轴　(C)传动轴　(D)万向轴
166. 受弯曲和扭转作用的轴叫作(　　)。
(A)转轴　(B)心轴　(C)传动轴　(D)万向轴
167. 下列属于体心立方晶格的金属是(　　)。
(A)铝　(B)铜　(C)锌　(D)铬
168. 均衡生产要求(　　)。
(A)绝对的按要求的季节性安排生产　(B)按设备的设计能力安排生产
(C)避免时紧时松　(D)绝对平均地安排生产任务
169. 阻碍铸铁石墨化的是(　　)。
(A)碳　(B)硅　(C)磷　(D)锰
170. 牵引电机的抱轴轴承为(　　)。
(A)整体式　(B)剖分式　(C)可调式　(D)内锥式

171. 用划针盘、角尺等工具使零件上有关的毛坯表面均处于合适位置的工作称为(　　)。

(A)划线　(B)找正　(C)借料　(D)定位

172. 材料弯曲后，中间有一层材料既没有伸长也没有缩短，称为中性层，它的位置(　　)。

(A)取决于材料弯曲半径　(B)取决于材料弯曲半径和材料厚度的比值

(C)取决于材料的厚度　(D)取决于材料的塑性

173. 珩磨时，工件产生腰鼓的原因是(　　)。

(A)油石在孔两端超越过大　(B)油石在孔中两端超越过小

(C)油石在孔中只有一端超越　(D)油石本身质量不高

174. 有机粘接剂填料的作用是(　　)，改善粘接剂的性能。

(A)缩短固化周期，增加固化强度　(B)增加基体材料的韧性和抗冲击强度

(C)降低粘接剂的热膨胀系数和收缩率　(D)缩短固化周期和收缩率

175. 国标规定齿轮分度圆上的压力角为(　　)。

(A)45°　(B)30°　(C)20°　(D)15°

176. 刀具切削部分的常用材料中，红硬性最好的是(　　)。

(A)碳素工具钢　(B)高速钢　(C)硬质合金　(D)陶瓷

177. 在螺纹标注中，应注出螺距的是(　　)。

(A)普通螺纹

(B)管螺纹和梯形螺纹

(C)细牙普通螺纹、梯形螺纹和锯齿形螺纹

(D)所有螺纹

178. 使用压板夹持工件，搭压板的垫铁必须(　　)工件夹紧表面。

(A)微低于　(B)等于　(C)微高于　(D)等于或微高于

179. 普通车床的互锁机构是为了防止因操作不当而同时接通(　　)。

(A)主轴的正反转　(B)纵、横向机动进给

(C)机动进给和快速传动　(D)丝杆传动和纵横向机动进给

180. 为保证带轮在轴上安装的正确性，带轮装在轴上需检查其(　　)是否符合要求。

(A)径向圆跳动量　(B)断面圆跳动量

(C)径向和端面跳动量　(D)径向或端面跳动量

181. 操作(　　)时不能戴手套。

(A)钻床　(B)车床　(C)铣床　(D)机床

182. 提高导轨耐磨性的方法有导轨镶装、夹布、塑料板、淬硬钢条和(　　)。

(A)修磨　(B)导轨刮削　(C)导轨淬硬　(D)导轨校正

183. 拆卸时的基本原则是，拆卸顺序与(　　)相反。

(A)装配顺序　(B)安装顺序　(C)组装顺序　(D)调节顺序

184. 轴颈或壳体孔台阶处的圆弧半径应(　　)轴承的圆弧半径。

(A)大于　(B)小于　(C)等于　(D)约等于

185. 互换装配法对装配工艺技术水平要求(　　)。

(A)很高　(B)高　(C)一般　(D)不高

186. 滚动轴承的温升不得超过(　　),湿度过高时应检查原因并采取正确措施调整。

(A)60 ℃～65 ℃　(B)40 ℃～50 ℃　(C)25 ℃～30 ℃　(D)20 ℃～30 ℃

187. 带传动机构常见的损坏形式有(　　)、带轮孔与轴配合松动、槽轮磨损带拉长或断裂、带轮崩裂等。

(A)轴颈弯曲　(B)轴颈断裂　(C)键损坏　(D)轮磨损

188. 带传动机构装配时,两带轮中心平面应(　　),其倾斜角和轴向偏移量不应过大。

(A)倾斜　(B)重合　(C)相平行　(D)互相垂直

## 三、多项选择题

1. 常用的螺纹防松有(　　)。

(A)用锁紧螺母防松　(B)用弹簧垫圈防松

(C)用开口销与带槽螺母结合防松　(D)用止动垫圈防松

(E)串联钢丝防松

2. 下列说法正确的是(　　)。

(A)对于机件的肋、轮辐及薄壁等,如按纵向剖切,这些结构都不画剖面符号,而用粗实线将它与其邻接部分分开

(B)当零件回转体上均匀分布的肋、轮辐、孔等结构不处于剖切平面上时,可将这些结构旋转到剖切平面上画出

(C)较长的机件(轴、杆、型材、连杆等)沿长度方向的形状一致或按一定规律变化时,可断开后缩短绘制。采用这种画法时,尺寸可以不按机件原长标注

(D)当回转体零件上的平面在图形中不能充分表达平面时,可用平面符号(相交的两细实线)表示

3. 环境保护包括(　　)。

(A)调节气候变化　(B)提高人类生活质量

(C)保护人类健康　(D)促进人类与环境协调发展

4. 关于减小热变形误差的措施,正确的是(　　)。

(A)在恒温室内对工件进行加工

(B)在室外对工件进行加工

(C)加工前预热机床使其在热平衡状态下进行加工

(D)加工时充分冷却减少温升

5. 关于保持工作环境清洁有序,说法正确的是(　　)。

(A)整洁的工作环境可以振奋职工精神　(B)优化工作环境

(C)工作结束后再清除油污　(D)毛坯、半成品按规定堆放整齐

6. 关于旋转视图,下列说法正确的是(　　)。

(A)倾斜部分需先旋转后投影,投影要反映倾斜部分的实际长度

(B)旋转视图仅适用于表达所有倾斜结构的实形

(C)旋转视图不加任何标注

(D)假想将机件的倾斜部分旋转到与某一选定的基本投影面平行后再向该投影面投影所

得的视图称为旋转视图

7. 关于低压断路器的叙述，正确的是(  )。

(A)不具备过载保护功能 (B)安装使用方便，动作值可调

(C)操作安全，工作可靠 (D)用于不频繁通断的电路中

8. 符合安全用电措施的是(  )。

(A)火线必须进开关 (B)合理选择照明电压

(C)合理选择导线和熔丝 (D)移动电器不须接地保护

9. 对新建、改建、扩建的车间厂房，企业必须将防暑降温要求与主体工程(  )。

(A)同时策划 (B)同时安排 (C)同时设计

(D)同时施工 (E)同时完工 (F)同时投产

10. 以下选项应作为知识进行管理的有(  )。

(A)公司设计标准 (B)成熟工艺 (C)员工工作经验 (D)工作记录

11. 以下关于 IRIS 正式认证审核的叙述，正确的有(  )。

(A)认证审核是一次企业活动全部范围的完整审核，通过后将发放有效期为 3 年的证书

(B)如果没通过，必须在 90 天内重新审核

(C)如果由于 KO 问题没通过，认证过程必须从头开始，重新申请并进行完整的审核过程

(D)如果由于 KO 问题没通过，认证过程不必从头开始

12. IRIS 标准相比较 ISO 9001，增加的要求或过程有(  )。

(A)知识管理、多现场管理、企业经营计划、顾客关系管理

(B)项目管理、整合管理、范围管理、时间管理、项目质量管理、项目成本管理、沟通管理、风险和机会管理

(C)RAMS/LCC 管理、配置(技术状态)管理、首件检验、产品调试/客户服务

(D)产品设计技能、员工激励和授权、绩效管理、应急计划

13. 防止噪声危害应从(  )等方面考虑。

(A)声源 (B)传递途径 (C)接收者

(D)振幅 (E)频率 (F)持续时间

14. 高速列车的动力采用(  )牵引。

(A)电动车组 (B)电力机车 (C)动力集中 (D)动力分散

15. 在电镀件的主要表面上，不应有明显的(  )等镀层缺陷。

(A)针孔 (B)粗糙 (C)裂纹

(D)局部无镀层 (E)污迹 (F)不良色泽

16. 机车车辆限界包括(  )。

(A)无偏移限界 (B)静偏移限界 (C)动偏移限界 (D)有偏移限界

17. 任何铁路机车车辆转向架必须完成承载、(  )任务。

(A)牵引 (B)缓冲 (C)导向 (D)制动

18. 电刷镀层具有良好的(  )，电刷镀层与基体的结合强度比槽镀和喷镀层要高。

(A)表面质量 (B)结合强度 (C)表面硬度 (D)力学性能

19. 机床夹具按其使用特点可分为(  )等。

(A)通用夹具 (B)专用夹具 (C)可调夹具
(D)组合夹具 (E)万能夹具 (F)随行夹具

20. 钢制圆弹簧的特点可归纳为(　　)。
(A)重量轻 (B)运动灵活 (C)弹性大 (D)无阻尼

21. 空气弹簧大体上可分为(　　)。
(A)囊式 (B)膜式 (C)螺旋式 (D)板式

22. 囊式空气弹簧可分为(　　)等形式。
(A)三曲 (B)单曲 (C)双曲 (D)多曲

23. 约束和反约束的基本类型是(　　)。
(A)柔性约束 (B)光滑面约束
(C)圆柱形光滑铰链约束 (D)固定端约束

24. 机车运行的机械阻力包括(　　)。
(A)轮轨摩擦阻力 (B)干扰阻力
(C)轴承等滚动部件的摩擦阻力 (D)压差阻力

25. 挠性浮动齿式联轴节主要包括(　　)。
(A)半联轴节 (B)全联轴节 (C)外筒 (D)中间隔板

26. 滑动轴承的润滑方法有(　　)。
(A)手工润滑 (B)滴油润滑 (C)飞溅润滑 (D)压油润滑

27. 测量误差产生的原因有(　　)。
(A)装配误差 (B)环境误差 (C)方法误差 (D)人员误差

28. 轴箱按轴承类型分,可分为(　　)。
(A)圆柱轴承轴箱 (B)圆锥轴承轴箱 (C)滑动轴承轴箱 (D)滚动轴承轴箱

29. 根据牵引电机悬挂方式的不同,驱动装置的结构形式有(　　)。
(A)轴悬式 (B)架悬式 (C)半体悬式 (D)体悬式

30. 铁路机车车辆通常采用的弹簧种类有(　　)。
(A)圆弹簧 (B)板弹簧 (C)橡胶簧 (D)空气弹簧

31. 影响机床装配精度的因素有(　　)。
(A)机件的刚度 (B)工作温度变化 (C)设计缺陷 (D)磨损

32. 下列(　　)为位置公差项目符号。
(A)⊥ (B)// (C)◎ (D)○

33. 车床通用的夹具有(　　)。
(A)三爪自定心卡盘 (B)五爪自定心卡盘
(C)花盘 (D)顶尖

34. 刀具的非正常磨损包括(　　)。
(A)前刀面磨损 (B)卷刃 (C)破损 (D)后刀面磨损

35. 机床的机内振源包括(　　)。
(A)电机振动 (B)旋转零件不平衡
(C)往复零件的冲击 (D)切削力变化引起的振动

36. 选择公差等级时,要综合考虑(　　)等方面的因素。

(A)加工性能　(B)机械性能　(C)使用性能　(D)经济性能

37. 车间生产管理主要包括(　　)。

(A)物流管理　(B)计划管理　(C)组织管理　(D)准备管理

38. 对特大型和重型工件，可采用(　　)等方法进行划线。

(A)平尺调整　(B)拉线与吊线　(C)平线　(D)走条

39. 油液分析一般用于对(　　)的分析。

(A)润滑油　(B)液压油　(C)润滑脂　(D)冷却油

40. 流量控制阀包括(　　)。

(A)减压阀　(B)节流阀　(C)溢流阀　(D)调速阀

41. 在机械制造中使用夹具的特点有(　　)等。

(A)能保证工件的加工精度

(B)减少辅助时间，提高生产效率

(C)扩大通用机床的使用范围

(D)能使低等级技术工人完成复杂的施工任务

42. 切削塑性金属材料时，切削层的金属往往要经过(　　)。

(A)挤压　(B)滑移　(C)挤裂　(D)切离

43. 刀具切削部分的材料应具备(　　)。

(A)高的硬度　(B)足够的强度和韧性

(C)高的耐磨性　(D)良好的工艺性

44. 下列说法不正确的是(　　)。

(A)全剖视图用于内部结构较为复杂的机件

(B)当机件的形状接近对称时，不论何种情况都不可采用半剖视图

(C)采用局部剖视图时，波浪线可以画到轮廓线的延长线上

(D)半剖视图用于内外形状都较为复杂的对称机件

45. 影响刀具寿命的主要因素有(　　)。

(A)工件材料　(B)刀具材料

(C)刀具的几何参数　(D)切削用量

46. 零件加工精度包括(　　)。

(A)绝对位置　(B)尺寸　(C)几何形状　(D)相对位置

47. 标准公差数值的大小与(　　)有关。

(A)公差带　(B)公差范围　(C)基本尺寸　(D)公差等级

48. 刀具磨钝标准分(　　)两种。

(A)粗加工磨钝标准　(B)精加工磨钝标准

(C)加工标准　(D)磨钝标准

49. 以下属于可拆卸螺纹防松方法的是(　　)。

(A)双螺母防松　(B)弹簧垫圈防松　(C)自锁螺母防松　(D)焊接防松

50. 液压传动装置通常由(　　)组成。

(A)管道　(B)液压泵　(C)液压缸　(D)阀类

51. 常用的液压泵有(　　)。

(A)齿轮泵　(B)叶片泵　(C)水泵　(D)注塞泵

52. 液压阀按用途分为(　　)。

(A)压力阀　(B)方向阀　(C)流量阀　(D)直流阀

53. 工业生产中广泛使用的三相异步电动机,其主要由(　　)组成。

(A)滑子　(B)轮子　(C)定子　(D)转子

54. 带单向阀的调速阀由(　　)组成。

(A)减压阀　(B)节流阀　(C)单向阀　(D)多向阀

55. 在提高生产效率的过程中必须处理好(　　)三者之间的关系。

(A)质量　(B)生产率　(C)数量　(D)经济性

56. 以下使用台虎钳的做法正确的为(　　)。

(A)夹紧工件时,只能用手的力量扳紧手柄

(B)在强力作业时,应使力量朝向固定钳身

(C)在滑动钳身的光滑平台上不能进行敲击

(D)丝杠、螺母和其他活动表面上不需要加油

57. 液压控制元件按机能可分类为(　　),它是控制液体流量大小的元件。

(A)方向控制阀　(B)压力控制阀　(C)溢流阀　(D)流量控制阀

58. 液压辅助元件由(　　)、油管、接头、密封件、冷却器以及压力表等元件组成。

(A)油箱　(B)滤油器　(C)方向控制阀　(D)蓄能器

59. 平面连杆机构是由一些刚性构件用(　　)相互连接而组成的机构。

(A)转动副　(B)移动副　(C)固定副　(D)偏移副

60. 手持弓形锯的锯路有(　　)。

(A)波浪形　(B)八字形　(C)交叉形　(D)螺旋形

61. 精密检测诊断技术主要有(　　)。

(A)观察　(B)温度检测　(C)油液分析　(D)裂纹检测

62. 钢的热处理是将钢在固态下,通过加热、保温和冷却的方式来改变其内部组织,从而获得所需性能的一种工艺方法。热处理的种类有(　　)、钢的表面淬火和化学热处理。

(A)退火　(B)正火　(C)淬火　(D)回火

63. 研具常用的材料有(　　)。

(A)灰铸铁　(B)合金钢　(C)软钢　(D)球墨铸铁

64. 常用的拆卸法有(　　)。

(A)击卸法　(B)温差法　(C)拉拔法　(D)顶压法

65. 工艺系统的几何误差是指(　　)。

(A)操作误差　(B)机床误差　(C)刀具误差　(D)夹具误差

66. 液压油的物理性质有(　　)。

(A)润滑度　(B)质量　(C)黏度　(D)密度

67. 刀具的辅助平面有(　　)。

(A)基面　(B)切削平面　(C)底面　(D)主截面

68. 水平仪的读数方法有(　　)。

(A)相对读数法　(B)绝对读数法　(C)理论读数法　(D)实际读数法

69. 影响切削力的因素有(　　)。

(A)切削速度　(B)工件材料　(C)切削用量　(D)刀具几何参数

70. 滚动轴承实现预紧的方法有(　　)。

(A)横向预紧　(B)纵向预紧　(C)径向预紧　(D)轴向预紧

71. 表示泵的工作性能的主要参数有(　　)。

(A)流量　(B)容积　(C)扬程　(D)功率

72. 方向控制阀包括(　　)。

(A)减压阀　(B)单向阀　(C)节流阀　(D)换向阀

73. 电动机的制动方法有(　　)。

(A)断电　(B)电磁抱闸　(C)反接　(D)能耗

74. 数字式万能工具显微镜对工件测量的方法有(　　)。

(A)移位法　(B)影像法　(C)轴切法　(D)投影法

75. 机械设备防水密封的常用材料有(　　)。

(A)高分子弹性体　(B)塑料

(C)无机塑料　(D)抗水锈蚀性金属材料

76. 把钢加热到一定温度并在此温度下进行保温,然后缓慢地冷却到室温,这一热处理工艺称为退火。常用的退火方法有(　　)。

(A)不完全退火　(B)完全退火　(C)球化退火　(D)去应力退火

77. 刚性联轴器根据其结构特点可分为(　　)。

(A)固定式　(B)分离式　(C)可移式　(D)组合式

78. 蜗杆传动的组成包括(　　)。

(A)连杆　(B)蜗杆　(C)蜗轮　(D)传动轮

79. 离合器根据工作原理可分为(　　)。

(A)摩擦式　(B)滑动式　(C)滚动式　(D)啮合式

80. 精密机床传动链的误差是由各传动件的(　　)所造成的。

(A)基准误差　(B)制造误差　(C)设计误差　(D)装配误差

81. 交流接触器通常是由(　　)组成的。

(A)传感部分　(B)阻抗部分　(C)电磁部分　(D)触头部分

82. 笼形异步电动机或三相异步电动机的启动方式有(　　)。

(A)直接　(B)减压　(C)升压　(D)耗磁

83. 精密机床的精密性主要表现在(　　)。

(A)导轨　(B)床身　(C)刀具　(D)传动部分

84. 淬火是将钢加热到一定温度,经保温后快速在水(或油)中冷却的热处理方法。淬火是提高材料的(　　)、耐磨性的重要热处理方法。

(A)塑性　(B)强度　(C)韧性　(D)硬度

85. 錾子的热处理包括(　　)两个过程,其目的是为了保证錾子切削部分具有适当的硬度。

(A)退火　(B)调质　(C)淬火　(D)回火

86. 摩擦离合器根据摩擦表面的形状可分为(　　)。

(A)圆盘式　(B)圆柱式　(C)圆锥式　(D)多片式

87. 油箱根据其使用特点可分为(　　)。

(A)开式　(B)隔离式　(C)充气式　(D)气控式

88. 泵归纳起来可分为(　　)。

(A)容积泵　(B)回转泵　(C)流体作用泵　(D)叶片泵

89. 液压系统的组成部分有(　　)。

(A)驱动元件　(B)控制元件　(C)执行元件　(D)辅助元件

90. 液压传动的优点有(　　)。

(A)实现无级变速　(B)实现过载保护　(C)传动比精度高　(D)系统效率高

91. 液压传动的缺点有(　　)。

(A)实现无级变速　(B)实现过载保护　(C)传动比精度高　(D)系统效率高

92. 夹具常用的定位元件有(　　)。

(A)支承板　(B)定位衬套　(C)V形架　(D)定位销

93. 锯条的损坏形式有(　　)。

(A)锯条磨损　(B)锯条折断　(C)锯齿崩裂　(D)锯齿磨损快

94. 砂轮磨削时对工件起的作用是(　　)。

(A)切削作用　(B)刻划作用　(C)除杂作用　(D)抛光作用

95. 装配圆锥滚子时调整轴承间隙的方法有(　　)。

(A)垫片调整　(B)螺杆调整　(C)螺母调整　(D)螺钉调整

96. 润滑剂的种类有(　　)。

(A)润滑油　(B)润滑脂　(C)固体润滑剂　(D)润滑液

97. 轴承的装配方法有(　　)。

(A)锤击法　(B)螺旋压力机装配法

(C)液压机装配法　(D)热装法

98. 滑动轴承按结构形式不同可分为(　　)。

(A)组合式　(B)整体式　(C)剖分式　(D)瓦块式

99. 滑动轴承按工作表面的形状不同可分为(　　)。

(A)圆柱形　(B)椭圆形　(C)多油楔　(D)半圆形

100. 联轴器按结构形式不同可分为(　　)。

(A)锥销套筒式　(B)凸缘式　(C)椭圆式　(D)万向联轴器

101. 齿轮按外形轮廓不同可分为(　　)。

(A)圆柱齿轮　(B)分度齿轮　(C)圆锥齿轮　(D)非圆形齿轮

102. 蜗轮副的修复工艺有(　　)。

(A)锉削修复法　(B)用高精度的加工设备来修复

(C)研磨修复法　(D)刮研修复法

103. 转向架整体组焊后应进行整体(　　)处理,以消除内应力。

(A)回火　(B)退火　(C)时效　(D)喷丸

104. 根据操作方式的不同,换向阀可分为(　　)。

(A)手动换向阀　(B)液压换向阀　(C)电磁换向阀　(D)机动换向阀

105. 采用光学量仪对工件进行直线度测量,其方法有(　　)。

(A)间接测量法　(B)光线基准法　(C)实物基准法　(D)直接测量法

106. 弹簧按照所受载荷形式可分为(　　)。

(A)拉伸弹簧　(B)压缩弹簧　(C)扭转弹簧　(D)弯曲弹簧

107. 液压控制阀可分为(　　)。

(A)方向控制阀　(B)压力控制阀　(C)旋转控制阀　(D)流量控制阀

108. 凸轮机构根据结构和用途可分为(　　)。

(A)圆盘凸轮　(B)圆柱凸轮　(C)圆锥凸轮　(D)滑板凸轮

109. 凸轮与从动杆的接触形式有(　　)。

(A)平面接触　(B)尖端接触　(C)滚子接触　(D)凹面接触

110. 切削液可分为(　　)。

(A)水溶液　(B)切削剂　(C)乳化液　(D)油液

111. 钻削斜面上的孔或平面上的斜孔的特点是(　　)。

(A)钻头一侧受径向切削抗力　(B)钻孔时易使钻头偏斜,甚至折断

(C)孔的中心线与平面不垂直　(D)钻头轴线与平面不垂直

(E)钻削时切削力呈周期性变化　(F)钻削时钻头容易引偏

112. 在链传动中,按用途不同可将链分为(　　)。

(A)传动链　(B)起重链　(C)运输链　(D)铁链

113. 光学平直仪由(　　)组成仪器本体。

(A)平面反射镜　(B)平行光管　(C)读数测微系统

(D)光路系统　(E)读数望远镜　(F)分划板

114. 齿轮传动常见的失效形式主要有(　　)。

(A)齿的折断　(B)齿面损坏　(C)齿的润滑　(D)齿面平滑

115. 相关原则是图样上给定的(　　)两个相互有关的公差原则。

(A)形位公差　(B)相位公差　(C)尺寸公差　(D)尺寸偏差

116. 在切削时冲注切削液,切削液的作用为(　　)。

(A)清洗　(B)冷却　(C)润滑　(D)防锈

117. 齿轮的齿形曲线一般有(　　)。

(A)渐开线　(B)圆弧线　(C)单曲线　(D)摆线

118. 铰刀根据加工孔的形状分为(　　)。

(A)菱形　(B)正方形　(C)圆柱形　(D)圆锥形

119. 计算斜齿圆柱齿轮各部分尺寸时,首先要知道齿轮的给定参数是(　　)。

(A)模数　(B)齿数　(C)齿形角　(D)螺旋角

120. 刮削时常用显示剂的种类有(　　)。

(A)红丹粉　(B)蓝油　(C)机油　(D)松节油

121. 电力机车常用的减振装置有(　　)。

(A)橡胶堆　(B)摩擦减振器

(C)圆簧　(D)垂向和横向减振器

122. 扩孔钻的特点有(　　)。

(A)导向性较好　(B)增大进给量　(C)改善加工质量　(D)吃刀深度小

123. 钻削深孔时容易产生(　　)。

(A)发热严重　(B)振动　(C)孔的歪斜　(D)不易排屑

124. 薄钢件或有色金属制件,矫正时应使用(　　)。

(A)铁锤　(B)铜锤　(C)木锤　(D)橡皮锤

125. 金属材料的工艺性能包括(　　)。

(A)可焊性　(B)可锻性　(C)可铸性　(D)导电性

126. 金属材料的变形有(　　)。

(A)直线变形　(B)曲线变形　(C)塑性变形　(D)弹性变形

127. 过盈配合的孔和轴装配时可用(　　)。

(A)修配法　(B)压装法　(C)热装法　(D)冷装法

128. 对较重要的键连接,装配完成后应检查(　　)。

(A)键侧直线度　(B)键两侧平行度

(C)键槽对轴线对称度　(D)键侧间隙

129. 过盈连接的常见形式有(　　)过盈连接。

(A)平面　(B)曲面　(C)圆柱面　(D)圆锥面

130. 影响工艺系统刚度的主要原因是(　　)。

(A)机床各部件的刚度　(B)量具的刚度

(C)刀具的刚度　(D)工件的刚度

131. 通常的密封圈有(　　)。

(A)V 型　(B)P 型　(C)O 型　(D)Y 型

132. 油箱的作用是(　　)。

(A)储油　(B)保温　(C)分离油中杂质　(D)冷却

133. 在斜面上钻孔,可采取(　　)的措施。

(A)铣出一个平面　(B)车出一个平面

(C)錾出一个小平面　(D)锯出一个平面

134. 钻小孔的加工特点是(　　)。

(A)加工直径小　(B)排屑困难

(C)切削液很难注入切削区　(D)刀具重磨困难

135. 凸缘式联轴器适用于(　　)场合。

(A)低速、无冲击　(B)高速　(C)冲击　(D)轴的刚性好

136. 齿轮联轴器适用于(　　)场合。

(A)低速　(B)高速

(C)传递大扭矩　(D)两轴有较大综合位移

137. 碳化物磨料主要用于(　　)的研磨。

(A)铸铁　(B)黄铜　(C)硬质合金　(D)陶瓷

138. 钻精密孔需采取的措施有(　　)。

(A)改进钻头切削部分几何参数　(B)选择合适的切削用量

(C)改进加工环境　(D)提高切削液质量

139. 螺旋机构分为(　　)螺旋机构。
(A)转动　(B)普通　(C)差动　(D)滚珠
140. 箱体类零件加工的主要技术要求有(　　)。
(A)箱体轴承孔的尺寸精度、形状精度　(B)箱体各轴承孔的相互位置精度要求
(C)箱体主要平面的精度要求　(D)箱体轴承孔的表面粗糙度要求
141. 砂轮的硬度是指(　　)。
(A)砂轮所用磨料的硬度　(B)磨粒从砂轮表面脱落的难易程度
(C)结合剂粘结磨粒的牢固程度　(D)砂轮内部结构的疏密
142. 氧化物磨料主要用于(　　)的研磨。
(A)铸铁　(B)黄铜　(C)碳素工具钢　(D)合金工具钢
143. 理论误差是采用近似的加工方法而产生的,近似的加工方法包括(　　)。
(A)采用近似的刀具形状　(B)采用近似的成形运动轨迹
(C)采用近似传动比的成形运动　(D)采用近似的机床
144. 齿轮每转一周多次重复的转角误差(　　)。
(A)属于高频误差　(B)影响传动的平稳性
(C)使齿轮传动产生冲击　(D)使齿轮传动产生噪声
145. (　　)会使旋转机械产生不正常振动。
(A)轴颈不圆　(B)轴系的对中不良
(C)转子的不平衡量过大　(D)轴承系统失稳
146. 鼠笼式电动机的启动方法有(　　)。
(A)间接启动　(B)直接启动　(C)增压启动　(D)降压启动
147. 常见的电动机的保护电器有(　　)。
(A)熔断器　(B)变压器　(C)热继电器　(D)离合器
148. 下列关于万用表的使用,说法正确的有(　　)。
(A)测电压时,仪表和电路并联　(B)测电压时,仪表和电路串联
(C)严禁带电测量电阻　(D)使用前要调零
149. 交流电动机分为(　　)电动机。
(A)差动　(B)同步　(C)三相　(D)异步
150. 三相负载的连接方法有(　　)连接。
(A)三角形　(B)多边形　(C)圆形　(D)星形
151. 变压器按相数分为(　　)变压器。
(A)单相　(B)双相　(C)三相　(D)四相
152. 常用于消除系统误差的测量方法有(　　)等。
(A)反向测量补偿法　(B)基准变换消除法
(C)对称测量法　(D)抵消法
153. 测量方法误差可能是(　　)等原因引起的。
(A)计算公式不准确　(B)测量方法选择不当
(C)工件安装不合理　(D)计量器制造不理想
154. 对研磨蜗杆的要求是(　　)。

(A)齿厚精度高于工作蜗杆　　(B)齿厚精度低于工作蜗杆
(C)螺纹部分精度与工作蜗杆相同　　(D)粗糙度值不高于工作蜗杆

155. 对齿轮传动装配质量的检查主要是(　　)。
(A)直线度　　(B)齿侧间隙　　(C)圆度　　(D)接触斑点

156. 标准螺纹包括(　　)。
(A)普通螺纹　　(B)管螺纹　　(C)梯形螺纹　　(D)锯齿形螺纹

157. 工件矫正时,检验工具有(　　)。
(A)平板　　(B)直角尺　　(C)直尺　　(D)手锤

158. 铆接具有(　　)等优点。
(A)工艺简单　　(B)连接可靠　　(C)抗振　　(D)耐冲击

159. 锪孔的主要类型有(　　)。
(A)圆柱形沉孔　　(B)圆锥形沉孔　　(C)锪孔的凸台面　　(D)阶梯形沉孔

160. 钻斜孔的三种情况是指(　　)。
(A)在斜面上钻孔　　(B)在斜面上钻斜孔
(C)在平面上钻斜孔　　(D)在曲面上钻孔

161. 钻斜孔可以采用的方法是(　　)。
(A)用錾子在斜面上錾出一个平面,然后用中心钻钻出一个中心孔,再用所需的钻头钻孔
(B)钻斜孔时,可先用与孔径相等的立铣刀在斜面上铣出一个平面,然后再钻孔
(C)可用錾子在斜面上錾出一个平面,然后用小钻头钻出一个浅孔,再用所需的钻头钻孔
(D)可以在斜面上直接钻孔

162. 下列对于钻斜孔采用方法的叙述,不正确的是(　　)。
(A)钻斜孔时,可先用与孔径相等的立铣刀在斜面上铣出一个平面,然后再钻孔
(B)可用錾子在斜面上錾出一个平面,然后用小钻头钻出一个浅孔,再用所需的钻头钻孔
(C)可以在斜面上直接钻孔
(D)可以采用手动进给

163. 产品装配后的精度检验包括(　　)。
(A)几何精度检验　　(B)机械性能检验　　(C)相互位置检验　　(D)工作精度检验

164. 应使用(　　)清洗橡胶制品,以防发胀变形。
(A)酒精　　(B)汽油　　(C)化学清洗剂　　(D)丙酮

165. 圆锥形锪钻的锥角有(　　)。
(A)60°　　(B)75°　　(C)90°　　(D)120°

166. 铰刀选用的材料是(　　)。
(A)中碳钢　　(B)高速钢　　(C)高碳钢　　(D)铸铁

167. 锥度铰刀包括(　　)锥度铰刀。
(A)1∶10　　(B)1∶20　　(C)莫氏　　(D)1∶50

168. 钳工常用的钻孔设备有(　　)。
(A)台钻　　(B)立钻　　(C)车床　　(D)摇臂钻

169. 铰削钢件时应加(　　)冷却润滑。
(A)煤油　　(B)菜油　　(C)猪油　　(D)柴油

170. 钻模夹具上的钻套一般有(　　)钻套。

(A)固定　(B)可换　(C)快换　(D)特殊

171. 金刚石磨料主要用于(　　)的研磨。

(A)玛瑙　(B)黄铜　(C)硬质合金　(D)宝石

172. 对于完全互换装配法的特点,下列叙述正确的是(　　)。

(A)装配操作复杂

(B)生产效率高

(C)容易确定装配时间,便于组织流水装配线

(D)零件磨损后便于更换

173. 使用绝缘用具前，发现有下列(　　)情况时不准使用。

(A)漏气　(B)破裂

(C)局部有污物　(D)没有耐压试验合格证明

174. 下列(　　)是机械加工的工艺。

(A)箱体孔磨损后的镗孔镶套　(B)主轴精度超差的修复

(C)轴颈镶套　(D)锥度修磨

175. 下列部件可以采用研磨修复的方法的是(　　)。

(A)轴承　(B)轴瓦　(C)接手　(D)精密套

176. 下列(　　)是粘接常用的方法。

(A)热熔粘接法　(B)溶剂粘接法　(C)胶粘剂粘接法　(D)冷熔粘接法

177. 下列(　　)是钢、铁常用胶粘剂。

(A)丙酮　(B)环氧胶　(C)502 胶　(D)厌氧胶

178. 常见的基础制动形式有(　　)。

(A)踏面闸瓦制动　(B)盘形制动　(C)涡流制动　(D)电阻制动

179. 铁路机车车辆经常采用的一系悬挂弹簧种类有(　　)。

(A)圆弹簧　(B)板弹簧　(C)橡胶簧　(D)空气弹簧

180. 机车风挡装置的型式有(　　)。

(A)铝风挡　(B)铁风挡　(C)橡胶风挡　(D)合金风挡

181. 导流罩的基本功能有(　　)。

(A)导流　(B)整流　(C)防护　(D)检修车外设备

182. $HX_{D2}$ 机车每套驱动单元包括(　　)等。

(A)装在电机输出轴上的小齿轮　(B)压装在车轴上的大齿轮

(C)齿轮箱　(D)牵引电机

183. $HX_{D2}$ 机车一系悬挂装置主要由位于每个轴箱体上的(　　)构成。

(A)两组螺旋钢簧　(B)橡胶垫　(C)液压减振器　(D)轴箱拉杆组件

184. 研磨常用的固态润滑剂有(　　)。

(A)硬脂酸　(B)石蜡　(C)油酸　(D)脂肪酸

185. 标准圆锥形铰刀结构由(　　)组成。

(A)工作部分　(B)颈部　(C)柄部　(D)前部

## 四、判断题

1. 测量环境的温度、湿度、灰尘、振动都是影响测量精度的因素。(　　)
2. 高速旋转下的轴承不能采用滑动轴承。(　　)
3. 高速机械在开始工作前应预先进行油循环润滑。(　　)
4. 铜件和铸铁件都可以采用磨削加工,提高表面光洁度。(　　)
5. 工件在加工中产生的热变形是影响加工精度的主要因素。(　　)
6. 采用工艺基准作为定位基准,可以大大减少定位误差,提高加工精度。(　　)
7. 精密夹具装配后一般要进行振动、刚性和被加工工件的精度测量。(　　)
8. 切削脆性材料比切削塑性材料易产生积屑瘤。(　　)
9. 电力机车轮对轴箱内的滚动轴承最主要的失效形式是疲劳点蚀。(　　)
10. V带截面规格型号有O、A、B、C、D、E、F,其中O最大、F最小。(　　)
11. 油的黏度越大,其润滑作用越好。(　　)
12. 铁、镍、钴是铁磁性材料,具有导磁性能,能被磁铁吸引,可用来制造各种磁铁。(　　)
13. 机械装配中,螺栓越紧固,其保险系数越大、越可靠。(　　)
14. 电力机车装配时,抱轴箱内的刮瓦量越大,越利于形成油膜,越便于润滑。(　　)
15. 电力机车轮轨间的摩擦力越小,越便于减小轮轨磨损。(　　)
16. 硬质合金具有很高的硬度和红硬性,作刀具时,钨钛钴类适用于切削韧(塑)性材料,钨钴类适用于切削脆性材料。(　　)
17. 电力机车齿轮箱中的润滑油,油温越高,越易造成泄漏。(　　)
18. 高碳钢比低碳钢更适合于作吊具材料。(　　)
19. 圆跳动公差分为四种,划分的依据是被测要素的几何特征和检测方向。(　　)
20. 电力机车加装轮轨润滑装置可以延长轮缘使用寿命。(　　)
21. 电力机车在运行中,手制动装置能起到很好的辅助制动作用。(　　)
22. 灰铸铁和球墨铸铁都是很好的研磨材料。(　　)
23. 制作錾子时,表面硬度越大越好。(　　)
24. 钻骑缝孔时,如果两工件的材料软硬不同,起钻时,钻头应向材质硬的工件一边偏。(　　)
25. 工件钻孔时,为了安全着想,最好是戴手套操作。(　　)
26. 分离型轴承装配时,内、圈应分别与相配合零件装配。(　　)
27. 轴在机械中能传递运动和动力。(　　)
28. 螺纹的自锁条件为:螺纹升角应小于或等于摩擦角。(　　)
29. 越是高速的电力机车,要求同一台车的轮径差越小。(　　)
30. 电力机车走行部分的横向油压减振器主要是减弱机车在运行中产生的侧滚、摇摆等不良运动。(　　)
31. 电力机车的可靠性和安全性是评估性能优良的主要指标。(　　)
32. 装配工作是产品形成的最后一个环节,对产品质量起着重要的保证作用。(　　)
33. 水平安装的链条应比垂直安装的链条下垂度小些。(　　)

34. 凸轮机构中，把凸轮曲线的最大压力角控制在许用范围来确定凸轮的最小半径。(    )

35. 液压系统中，调速阀用以保证油压恒定，并与负载变化有关。(    )

36. 一般结构钢钻孔时，以冷却为主，应选用3%~5%的乳化液。(    )

37. 在高强度材料上钻孔时，要求润滑膜有足够的强度，应选用二硫化钼液。(    )

38. 在塑性、韧性材料上钻孔时，应加强润滑作用，可在冷却液中加入动物油或矿物油。(    )

39. 螺纹的螺距越小，螺纹的精度越高。(    )

40. 一般数控机床由数控介质、数控装置、伺服机构和机床四大基本部分组成。(    )

41. 数控装置包括输入部分、寄存器、运算器、控制器和输出部分。(    )

42. 电力机车总重量偏差要求为±3%。(    )

43. 鉴别金属材料类别的最准确方法是火花鉴别法。(    )

44. 电力机车轴箱上安装接地装置最主要的目的是防止人在机车上触电。(    )

45. 电力机车车体与转向架之间安装橡胶堆是为了减弱机车的振动。(    )

46. 电力机车上的减振装置刚度越小，减振效果越好。(    )

47. 电力机车上的牵引装置既传递牵引力，又传递制动力。(    )

48. 钻通孔时，在将要钻穿时必须减小进给量，否则容易造成钻头的折断或钻孔质量降低等现象。(    )

49. 手动攻螺纹时，要常倒转丝锥使切屑碎断，以利排屑。(    )

50. 电力机车抱轴箱刮瓦，刮瓦量过多过少都会产生不良影响。(    )

51. 电力机车轴箱内的清洁度是引起轴箱发热的的因素之一。(    )

52. 电力机车轴箱组装时，如果轮对轴端不清洁，应用棉纱浸油清洗。(    )

53. 三角皮带传动中，三角带轮的槽间夹角应大于三角带截面夹角。(    )

54. 用百分表可以检测出电力机车大、小齿轮的齿侧隙。(    )

55. $\phi$80m5 表示基本直径为 80 mm、标准公差为 5 级、基本偏差为 m 的孔。(    )

56. 普通螺纹的牙型角是60°。(    )

57. 电力机车电机小齿轮与轴的接触面积小会造成小齿轮弛缓。(    )

58. 电力机车电机小齿轮热套深度小会造成小齿轮弛缓。(    )

59. 电力机车电机小齿轮热套过盈量大会造成小齿轮弛缓。(    )

60. 电力机车制动器紧急制动易造成电机小齿轮弛缓。(    )

61. 电力机车各室内的照明电压是220 V。(    )

62. 电力机车长期运行后，电机小齿轮主要的失效形式是疲劳磨损。(    )

63. 电力机车轮轨间的摩擦由静摩擦变为滑动摩擦后，就导致空转、打滑。(    )

64. 电力机车轮轨间的摩擦由静摩擦变为滚动摩擦后，就导致空转、打滑。(    )

65. 电力机车电机的牵引力是通过轮轨间的摩擦力发挥出来的。(    )

66. 剖视图中，相邻两零件的剖面线应用方向不同的线区别开。(    )

67. 加奇数个惰轮，主动轮与从动轮的回转方向相反。(    )

68. 轮系传动既可用于相距较远的两轴间传动，又可获得较大的传动比。(    )

69. 把影响某一装配精度的相互联系的尺寸，按一定顺序连接成封闭的形式，称为装配尺

寸链。(　　)

70. 采用过定位可以使加工精度提高。(　　)

71. 在零件图上用来确定其他点、线、面的基准称为设计基准。(　　)

72. 电力机车簧下重量越重,运行就越平稳。(　　)

73. 电力机车簧下重量越重,牵引力就越易发挥出来。(　　)

74. 电力机车称重的目的主要是检测轮、轴重是否分配均匀。(　　)

75. 高速列车的牵引动力不一定只能采用电力牵引。(　　)

76. 建立质量体系的目的是为更好地实施质量管理。(　　)

77. 质量体系主要适用于产品的生产活动。(　　)

78. 加工分离式变速箱的轴承孔,必须将箱体对合后装配在一起再进行。(　　)

79. 质量的定义是"反映实体满足明确和隐含需要的能力的特性总和"。(　　)

80. KPI 是衡量过程表现的指标(关键绩效指标),设定 KPI 应依据 SMART 原则。IRIS 标准中规定,限制性 KPI 7 个,推荐性 KPI 8 个。(　　)

81. 不合格过程必然会产生不合格产品。(　　)

82. RAMS 是指可靠性、可使用性、可维修性和安全性。(　　)

83. 首件检验就是对试制的样车进行全面的检测和试验。(　　)

84. IRIS 标准是铁路行业质量评估体系,体现了质量管理的八项原则,并集中体现了以产品全生命周期为核心的管理思想,期望在合理的成本下确保顾客的满意,并制造世界级的产品。(　　)

85. 更换三通阀、缓解阀、闸瓦托和制动梁拉杆时,应排出制动缸及副风缸内残余气体。(　　)

86. 电力机车空气管路系统中的主风缸空气压力在机车运行时,始终保持 700～900 kPa 之间的压力。(　　)

87. 电力机车车顶上的设备都是由控制风缸供给压缩空气。(　　)

88. 电力机车空气管路制动系统中,控制风缸规定的风压为 5 kPa。(　　)

89. 电力机车的传动装置就是实现由电机到轮轴进行功率、转矩传递的装置。(　　)

90. 电机悬挂方式为架悬式全悬挂,适用于低、中速度的电力机车上。(　　)

91. 电机悬挂方式为架悬式全悬挂,适用于高速度的电力机车上。(　　)

92. 电力机车减速齿轮传动,既可保持牵引电机在高效率的转速范围内工作,又可以加大轮对的转矩,使机车在适宜的运行速度下充分发挥牵引力。(　　)

93. 电力机车的传动比是无理数或者是无限循环的有理数,一个齿轮的每个轮齿将有机会同另一个齿轮上所有的轮齿啮合。(　　)

94. 电力机车齿轮箱上的排气孔是为了防止齿轮在高速运转时,齿轮箱内的压力升高而设计的。(　　)

95. 电力机车橡胶件的硬度是决定橡胶制品抵抗剪切、拉伸压缩变形能力的关键。(　　)

96. 电力机车橡胶件的剪切模数与橡胶的品种、成本以及胶质无关。(　　)

97. 电力机车橡胶件的弹性模数与橡胶的品种、成本以及胶质无关。(　　)

98. 油压减振器利用油液的黏滞性形成阻尼,吸收振动冲击能量。(　　)

99. 电力机车橡胶件的剪切模数取决于橡胶的硬度。(　　)

100. 电力机车橡胶件的弹性模数与橡胶的硬度无关。(　　)

101. 电力机车橡胶件的弹性模数取决于橡胶的硬度。(　　)

102. 电力机车的振动频率越高，橡胶的吸振能力就越大。(　　)

103. 撬棍的材质不是铸铁制品，而是淬火钢材。(　　)

104. 橡胶越软、越厚，隔音性能越好。(　　)

105. 电力机车在路基较软、曲线较多的线路上运行，越易发生车钩磨耗。(　　)

106. 电力机车弹性传动装置与刚性传动装置相比，可减少空转现象。(　　)

107. 扁铲、尖铲、錾子和冲子的锤击面可以淬火，不准有飞边卷刺。(　　)

108. 电力机车车体采用张拉蒙皮新工艺使车体的表面不平度大大降低，改善了机车的外观质量。(　　)

109. 电力机车采用耐候钢使车体的抗大气腐蚀能力明显提高。(　　)

110. 外啮合齿轮泵中，轮齿不断进入啮合的一侧的油腔是吸油腔。(　　)

111. 套丝作业时，应使用配套的绞杠和板牙架，不准以大代小。(　　)

112. 液压系统一般由动力部分、执行部分、控制部分和辅助装置组成。(　　)

113. 使用力矩扳手时应该慢慢的用力紧固，可以防止产生弹力。(　　)

114. 使用力矩扳手紧固螺栓时，手可以握在任意位置。(　　)

115. 使用力矩扳手用力方向为垂直方向紧固(保持在±15°以内)。(　　)

116. 使用定力矩扳手紧固螺栓时，出现一次“咔嚓”声后，如感觉不可靠，可再次进行紧固。(　　)

117. 力矩扳手应该定期进行检验、校准。(　　)

118. 机车手制动率应大于20%(按铸铁闸瓦计算)。(　　)

119. 好的装配工艺结构，应保证装配体在工作时不松动、润滑油不泄漏及便于装卸等。(　　)

120. 螺栓涂抹防松剂前螺纹部位不能附着油脂，但有水滴不影响。(　　)

121. 螺纹连接拆卸后重新安装前，必须将原防松剂清理干净后再涂布螺纹防松剂。(　　)

122. 叉口扳手对边距离的磨损，与螺栓间的晃动加大，不仅有容易滑落的危险，而且还会损坏螺栓头的角部。(　　)

123. 弹性挡圈按功用通常可分为两大类：一类是轴用弹性挡圈，另一类是孔用弹性挡圈。(　　)

124. 销是一种标准件，形状和尺寸已标准化。(　　)

125. 松键连接能保证轴与轴上零件有较高的同轴度，在高速精密连接中应用较多。(　　)

126. 花键连接是由传动轴和轮毂孔上的多个键齿组成的。(　　)

127. 花键连接承载能力高，同轴度和导向性好，对轴的强度削弱小，适用于载荷大和同轴度要求较高的连接。(　　)

128. 滚动轴承装配操作开始前，提前将新的滚动轴承从包装盒中取出若干，以备后续安装。(　　)

129. 滚动轴承安装前不用转动检查安装面及滚珠，直接安装。(　　)

130. 同型号轴承外圈与内圈具有互换性，不同厂家的轴承也具有互换性。(　　)

131. 电力机车车轴采用高强度合金钢铸造而成。(　　)

132. 电力机车车轴采用高强度合金钢锻造而成。(　　)

133. 电力机车车轴的圆弧部分和轮座处的表面要进行滚压强化处理。(　　)

134. 冷装轴承时，不能用铁锤敲打，可以使用铜锤或橡胶锤。(　　)

135. 电力机车轮箍是由轮箍钢轧制而成的。(  )

136. 电力机车轮芯与车轴装配可以采用加热法装配。(  )

137. 电力机车轮芯与车轴装配可以采用注油压装。(  )

138. 电力机车轮芯与车轴注油压装的油压各车型是相同的。(  )

139. 车钩中心线距轨面高度为(880±10)mm。(  )

140. 电力机车轮芯和轮箍间放置扣环是防止轮箍弛缓时外窜,确保机车安全。(  )

141. 电力机车轮对电阻检验不应超过 0.01 Ω。(  )

142. 电力机车轮箍加热套装后,可以用高压风强迫冷却。(  )

143. 电力机车轮箍同一轮对两滚动圆直径之差不得大于 2 mm。(  )

144. 电力机车轮箍内侧距离之差不得大于 1 mm。(  )

145. 电力机车轮对电机空转试验时轴箱体上部外表当中处温升不超过 40 ℃。(  )

146. 装配时必须使用符合要求的紧固件进行紧固。(  )

147. 如果零件要安装在规定的位置上,那就必须在零件上做记号,且安装时还必须根据标记进行装配。(  )

148. 电力机车转向架组焊后进行振动时效,目的是为了消除焊接内应力。(  )

149. 电力机车转向架组焊后进行退火处理,目的是为了消除焊接内应力。(  )

150. 电力机车减振弹簧表面喷丸强化处理,目的是为了提高疲劳强度。(  )

151. 作为淬火剂,使用纯净水比普通水达到的淬火效果好。(  )

152. 电力机车手制动装置装配链条时,要求下垂度要适当,过紧过松都会对手制动装置造成不良影响。(  )

153. 齿轮传动机构的装配,影响齿轮啮合的关键是齿侧间隙、一定的接触面积以及正确的位置。(  )

154. 电力机车双边斜齿轮传动,在套装电机小齿轮时,借齿隙的目的是为了更好的发挥牵引力。(  )

155. 设计电力机车轴箱弹簧的主要依据是最大载荷、最大变形以及结构要求。(  )

156. 一个装配尺寸链可以没有减环,但不能没有增环。(  )

157. 质量管理就是指产品制造过程中所进行的质量保证活动。(  )

158. 常用千分尺的刻度值都是 0.001 mm。(  )

159. 钢丝绳折断一股或绳股松散即应报废。(  )

160. 安装锯条不仅要注意齿尖方向,还要注意松紧程度。(  )

161. 碳素工具钢和合金工具钢的特点是耐热性好,但抗弯强度高,价格便宜等。(  )

162. 液压系统中所使用的控制阀,按其用途与工作特点一般可以分为压力控制阀和方向控制阀两大类。(  )

163. 使用丝锥攻螺纹时必须一次完成,不应该反复退刀。(  )

164. 对于过盈配合在装配时,如果包容件不适宜选用热装法时,则也可用冷却被包容件法来装配。(  )

165. 对工件上的孔选用何种加工方法,取决于工件的结构特点、技术要求、材质及生产批量等条件。(  )

166. 转轴在工作时是转动的,而传动轴是不转动的。(  )

167. 用弹簧垫圈防松属于附加摩擦力矩防松。(　　)

168. 决定加工余量大小的基本原则是在保证加工质量的前提下,尽量减少余量。(　　)

169. 刮削原始基准平板时,自始至终只能以指定的一块平板作为基准来配刮其余两块,因为若基准一改变,平板精度就无法保障了。(　　)

170. 用定向装配法可使装配后的主轴径向圆跳动误差小于主轴轴颈与轴承内、外圈各自的径向圆跳动误差。(　　)

171. 千分尺的制造精度为0级和1级两种,而0级精度最高。(　　)

172. 用卡规测量轴径时,过端通过,止端通不过,则这个轴是合格的。(　　)

173. 板牙像一个圆螺母,由切削部分、校准部分和排屑孔组成。(　　)

174. 一般划线精度可达0.25～0.5 mm。(　　)

175. 錾削时形成的角度有前角($r_0$)、后角($a_0$)和楔角($\beta_0$),三角之和为90°。(　　)

176. 为了使零件具有完全互换性,必须使各零件的几何尺寸完全一致。(　　)

177. 手提式泡沫灭火器在使用时,一手提环,另一手抓筒的底边,把灭火器颠倒过来,轻轻抖动几下,喷出泡沫,进行灭火。(　　)

178. 从业者从事职业的态度是价值观、道德观的具体表现。(　　)

179. 选配装配法可分为间隙选配法、过盈选配法、过渡选配法。(　　)

180. 表示装配单元的加工先后顺序的图称为装配单元系统图。(　　)

181. 采用量块移动坐标钻孔的方法加工孔距精度要求较高的孔时,应具有两个互相垂直的加工面作为基准。(　　)

182. 錾子顶端略成球形,使锤击时作用力容易通过錾子中心使錾削平稳。(　　)

183. 零件的实际尺寸位于所给定的两个极限尺寸之间,则该零件的尺寸合格。(　　)

184. 评定直线度误差,采用两端点连线法得到的误差值一定大于或等于采用最小区域法得到的误差值。(　　)

185. 构件是加工制造的单元,零件是运动的单元。(　　)

186. 无机粘接对连接用型孔的加工精度要求可以降低。(　　)

187. 配制环氧树脂粘结剂时,为了便于浇注,而且由于固化剂毒性较大,并有刺激性的臭味,固化剂只能在粘接前加入。(　　)

188. 环氧树脂具有粘接强度高、零件不会发生变形、便于模具修理等优点,所以在模具装配中应用最广泛。(　　)

189. 齿轮基节仪是用相对测量法测量齿轮基节误差的一种量仪。(　　)

190. 一般选用装配尺寸链的公共环作补偿件。(　　)

191. 采用机床自身加工夹具零件是制造精密夹具的方法之一。(　　)

192. 量具和量仪的精度指标应与夹具的测量精度相适应。(　　)

193. 万能工具显微镜能精确测量螺纹的各要素和轮廓形状复杂工件的形状。(　　)

194. 铸铁的切削加工性比钢差,所以切削小型、快冷的铸铁零件、毛坯容易崩刃。(　　)

195. 普低钢因碳合金元素的含量低,塑性较好,故冷冲、冷弯和焊接性能较好。(　　)

196. GB/T 19000系列标准是我国质量管理和质量保证的国家标准。(　　)

197. 求解尺寸链的目的,是为了达到装配过程中所采用的测量技术的精确。(　　)

198. 当铆钉直径在 12 mm 以上时，一般都采用热铆。(　　)

199. 在复杂的装配尺寸链中，既有长度尺寸链，又有角度尺寸链，那么该尺寸链为混合尺寸链。(　　)

200. 装配图中指引线不可以画成折线。(　　)

## 五、简 答 题

1. 试述球墨铸铁热处理的目的和方法。
2. 避免渐开线齿轮产生根切现象的方法有哪些?
3. 电源缺相对电机启动和运行有何危害?
4. 轴箱悬挂装置的作用有哪些?
5. 常用的齿轮材料及热处理方法有哪些?
6. 用样板比较法测量表面粗糙度能达到什么精度? 测量时应注意哪些问题?
7. 介绍用三针测量法测量螺杆的步骤。
8. 调整法、修配法在装配过程中的作用是什么? 常用于什么生产规模?
9. 什么叫随机误差? 引起随机误差的因素有哪些?
10. 简述钢的正火与调质。
11. 选择测量器具时应考虑哪些问题?
12. 根据齿轮的检验目的不同，齿轮检验有哪两种形式?
13. 机器为什么要安装飞轮?
14. 比较理想的齿轮材料应具备哪些条件?
15. 较大容量的三相异步电动机为什么不宜采用直接启动方法?
16. 简述转动齿轮安装后径向跳动量的补偿法。
17. 用冷压法校直长丝杆时应注意什么?
18. 提高机械加工劳动生产率的途径有哪些?
19. 为保证水平仪的测量精度，使用时应注意哪些要点?
20. 目前已用于生产的陶瓷刀具材料有哪几种?
21. 数控机床适宜加工哪些零件?
22. 什么是拉线与吊线法? 应用于何种场合? 有何优越性?
23. 简述 $CRH_2$ 机车转向架中垂向力(即重力)的传递过程。
24. 电力机车齿轮箱漏油的原因是什么?
25. 简述蜗杆传动的主要特点。
26. 转速表有哪些常用类型?
27. 简述滑动轴承常见的润滑方法。
28. 滚动轴承的精度等级用什么来表示? 其级别如何划分?
29. 试分析液压系统产生噪声的原因。
30. 试分析液压系统产生爬行的主要原因。
31. 如何防止液压系统油温过高?
32. 试分析液压系统压力不足产生的原因。
33. 液压基本回路有哪几大类?

34. 止端螺纹量规的结构特征和使用规则有哪些？
35. 为什么不能用一般方法钻斜孔？
36. 什么是顺序动作回路？常用顺序回路有哪几类？
37. 粗刮和精刮时，涂布显示剂的方法有什么不同？
38. 按照在控制系统的作用来划分，举例说明电器可分为哪几类。
39. 直流电动机的最大特点是什么？直流电动机可分为几类？
40. 直流电机的调速方法是根据什么得到的？有几种调速方法？
41. 量块有何用途？按等使用与按级使用相比，哪种方法能获得更高的测量精度？
42. 确定零件使用期限的方法有哪几种？
43. 什么叫内力？什么叫应力？
44. 电力机车在运行中的振动形式有哪些？
45. 电力机车轮对空心轴电机产生的转矩是如何从小齿轮传递到轮对的？
46. 电力机车制动器在组装至转向架前应对其做哪些检查？
47. 常用的量具量仪的选择应遵循哪些原则？
48. 电力机车空气管路根据位置的不同可分为哪些部分？
49. 电力机车通风系统按主要冷却对象可分为哪几条通风支路？
50. 电力机车平波电抗器的作用是什么？
51. 电力机车劈相机的作用是什么？
52. 电力机车硅整流装置的作用是什么？
53. 当液压系统中进入空气后产生什么后果？
54. 电机轴端小齿轮套装后要进行哪些测量检查？
55. 什么叫三相发电机的星形连接？
56. 什么叫三相发电机的三角形连接？
57. 撒砂是增大轮轨间摩擦，喷油是减弱轮轨间摩擦，在机车运行中各起什么作用？
58. 为什么组合弹簧相邻的弹簧旋向要求不一样？
59. 与滚动轴承相比，滑动轴承有何特点？
60. 提高螺栓连接强度的措施有哪些？
61. 制定工艺规程的依据是什么？
62. 简述齿轮轮齿的失效形式。
63. 简述涡流制动(ECB 制动)的定义。
64. 使用砂轮机的安全操作规程有哪些？
65. 双头螺栓的装配要点主要有哪些？
66. 轴箱的用途和组成是什么？
67. 什么叫通用化？通用化有什么好处？
68. 蜗轮、蜗杆传动有什么优点和缺点？
69. 滚动轴承的类型有哪些？在机车车辆运用中有何优点？
70. 钻较高的斜孔，钻孔时有哪些方法来保证质量？

## 六、综 合 题

1. 试述测量工具的分类，并举例说明。

2. 加工一 45 号钢(线膨胀系数 $a=11.5\times10^{-6}$)$\phi$50 mm 的圆柱孔，在温度为 45 ℃的情况下测量的孔径为 50.05 mm，问该件在常温 20 ℃下是否合格？

3. 一锥形轴孔配合所要的配合过盈量为 0.1 mm，轴的锥度为 1∶10，求轴向套进尺寸 $E$ 为多少？

4. 试述钻孔时产生废品的形式及原因。

5. 保证产品装配精度的装配方法有哪几种？各有何特点？

6. 怎样维护保养电力机车轴瓦刮刀？

7. 传动系统如图 1 所示，当手轮转动 1 周时，工作台移动量为多少？

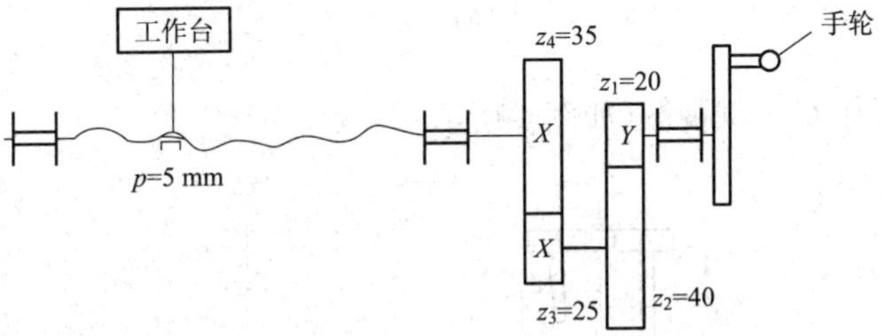


图 1

8. 离合器有何功用？如何分类？

9. 大型工件划线的工艺要点有哪些？

10. 齿轮啮合接触精度的检查方法有哪些？影响齿轮接触精度的主要因素是什么？

11. 抱轴瓦刮瓦量的过多过少会产生什么不良影响？

12. 如图 2 所示，将零件图和示意图拼画成装配图的主视图。

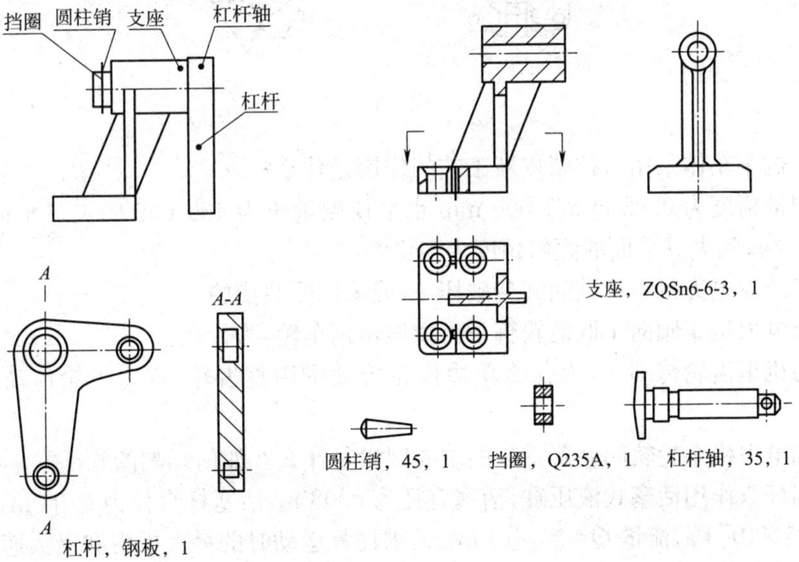


图 2

13. 电力机车称重调簧的目的是什么？为什么要使轮轴重分配均匀？

14. 如图 3 所示，加注剖面的标注，并改正剖视图中的错误。

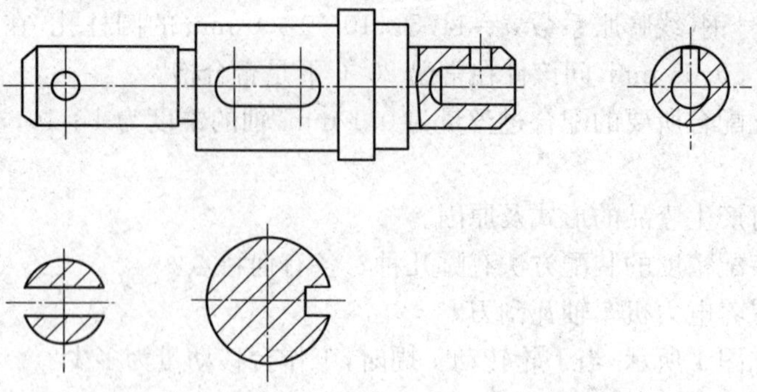

图 3

15. 在给定位置作 *C-C* 剖视图(如图 4 所示)。

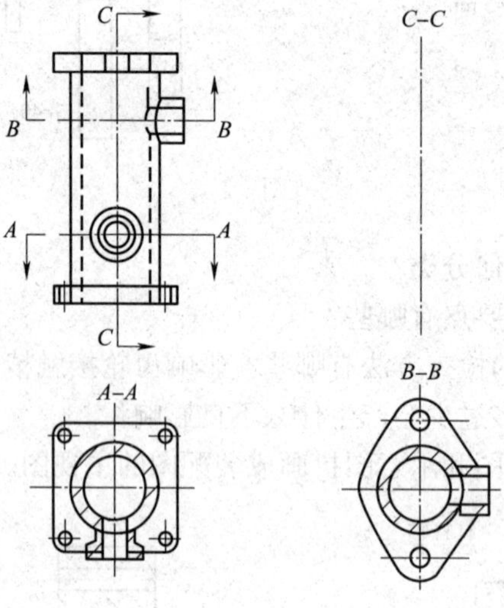


图 4

16. 电力机车车体采用张拉蒙皮新工艺的作用是什么?

17. 用测量精度为 0.02 mm/1 000 mm 水平仪测量长为 400 mm 的夹具平面,如果水平仪水准移动 2 格,问夹具平面的倾斜角度为多少?

18. 为了减少电力机车车轴的疲劳破坏,一般采用哪些措施?

19. 高速电力机车倾向于取消轮箍采用整体辗钢车轮,为什么?

20. 电力机车齿轮传动中,为什么单边齿轮传动采用直齿轮、双边齿轮传动采用斜齿轮传动?

21. 影响电力机车轮轨间黏着系数的主要因素是什么?如何影响的?

22. 双出杆双作用活塞式液压缸,活塞直径为 0.08 m,活塞杆直径为 0.04 m,如果输入油液压力 $P=15\times10^5$ Pa,流量 $Q=3\times10^4$ $m^3/s$,求往复运动时的最大推力和最大速度。

23. 电力机车的振动有什么危害性?

24. 对于高速大功率电力机车转向架,必须具备的条件是什么?

25. 18.5 mm(3/4″)钢丝绳的破断拉力和安全起吊零件重量为多少?

26. 某传动轴与齿轮采用热胀法装配,其配合处基本尺寸为 120 mm,若允许过盈量为

0.18 mm,在环境温度为 20 ℃的条件下装配,试求齿轮心最低要加热到多少℃时方可装配?(对于钢料,包容件的线膨胀系数为 $1.1\times10^{-5}$/℃)

27. 电力机车的车体必须满足哪些性能要求?

28. 确定电力机车走行部分零部件最大检修限度的基本原则是什么?

29. 螺纹传动按螺纹副性质可分为哪几种?设计滑动螺旋的准则是什么?

30. 读安全阀装配图(如图 5 所示),回答下列问题:

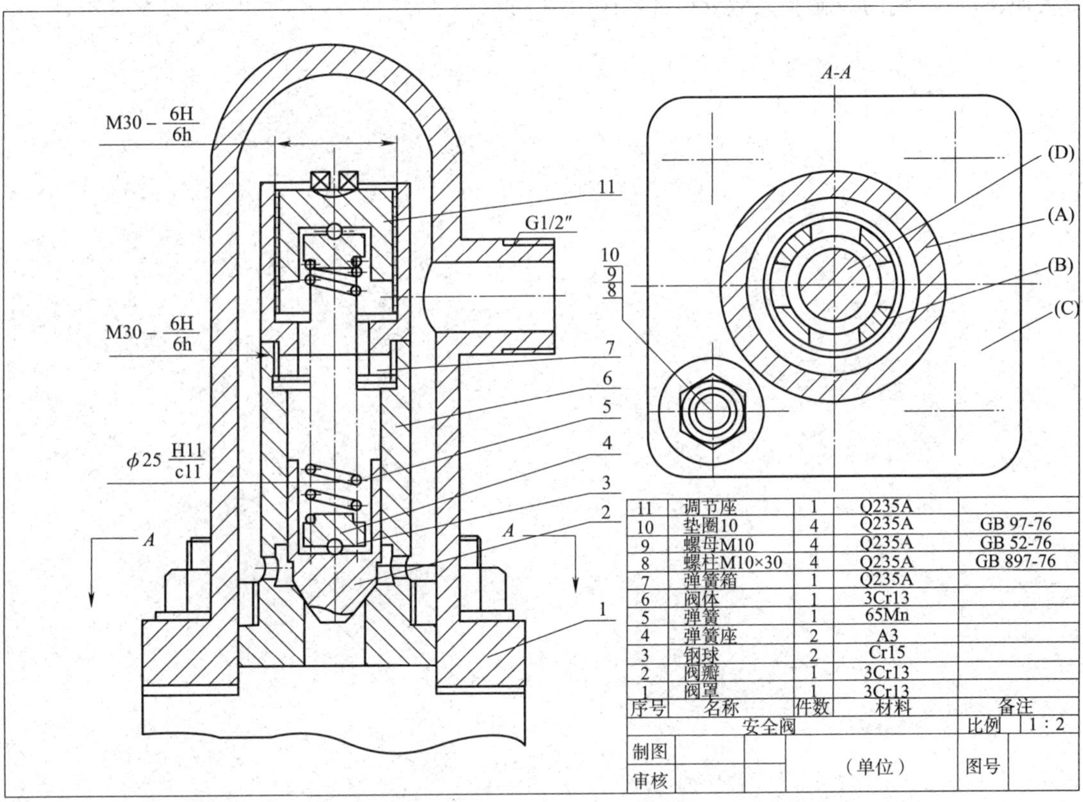


| 序号 | 名称 | 件数 | 材料 | 备注 |
|---|---|---|---|---|
| 11 | 调节座 | 1 | Q235A | |
| 10 | 垫圈10 | 4 | Q235A | GB 97-76 |
| 9 | 螺母M10 | 4 | Q235A | GB 52-76 |
| 8 | 螺柱M10×30 | 4 | Q235A | GB 897-76 |
| 7 | 弹簧箱 | 1 | Q235A | |
| 6 | 阀体 | 1 | 3Cr13 | |
| 5 | 弹簧 | 1 | 65Mn | |
| 4 | 弹簧座 | 2 | A3 | |
| 3 | 钢球 | 2 | Cr15 | |
| 2 | 阀瓣 | 1 | 3Cr13 | |
| 1 | 阀罩 | 1 | 3Cr13 | |

| | | | | |
|---|---|---|---|---|
| 安全阀 | | | 比例 | 1∶2 |
| 制图 | | (单位) | 图号 | |
| 审核 | | | | |

图 5

(1)调节弹簧压力的大小是靠转动件号______压迫件号______和件号______来实现的。

(2)件号 7 与件号 6 之间是靠______连接。

(3)在图示状态下,油能否进入件号 1 的内腔?______。

(4)图中标有(A)所指的零件是件号______,标有(B)所指的零件是件号______,标有(C)所指的零件是件号______,标有(D)所指的零件是件号______。

(5)根据尺寸 ϕ25H11/c11,如果在轴的零件图上应标注______,在孔的零件图上应标注______。该配合是______制的______配合。

(6)解释 G1/2″的意义:G ______,1/2″______。

(7)解释 M30-6H/6h 的意义:M ______,30 ______,6H ______,6h ______。

(8)要拆下件号 2,必须先拆去件号__________。

31. 目前我国机车根据车体的承载情况可以分为哪三类不同的承载结构车体?

32. 试述组合夹具的应用范围。

33. 用沉头铆钉把两块厚 3 mm 的钢板搭接固定,铆钉直径长度各为多少?

34. 现在需把工件分成 109 等分,试计算差动分度时的配换齿轮和手柄转数。

35. 两轴承间的长度为 650 mm,运转时温度为 60 ℃,装配时环境温度为 15 ℃,求轴的热膨胀伸长量。(钢的线膨胀系数 $a=11\times10^{-6}/℃$)

# 电力机车钳工(高级工)答案

## 一、填 空 题

| | | | |
|---|---|---|---|
| 1. 低于 | 2. 齿轮泵 | 3. 方向 | 4. 耐磨 |
| 5. 55° | 6. 定位 | 7. 金属喷镀 | 8. 传递纵向力 |
| 9. 注油压装 | 10. 降低 | 11. 旋合长度 | 12. 补偿件 |
| 13. 尺寸偏差 | 14. 工序基准 | 15. $M=P/\pi$ | 16. 奥氏体 |
| 17. 回火索氏体 | 18. 强度 | 19. 向心轴承 | 20. 径向 |
| 21. 重迭系数 $\varepsilon>1$ | 22. 正 | 23. 齿面点蚀损坏 | 24. 硬度 |
| 25. 韧性 | 26. 串联电阻降压启动 | 27. 回转中心 | 28. 0.001～0.005 |
| 29. 氧化铜 | 30. 热套后 | 31. 相反 | 32. 传动精度 |
| 33. 模数 | 34. 电弧焊 | 35. 制造 | 36. 检定 |
| 37. 滚动轴承 | 38. 拉 | 39. 中碳素合金钢 | 40. 综合 |
| 41. 偏心距 | 42. 利于减小车体的侧滚力 | | 43. 3 000 mm |
| 44. 1 250 mm | 45. 1 mm | 46. 2 mm | 47. 1.5 mm |
| 48. 2.85 | 49. 6 mm | 50. 完全互换法 | 51. 负 |
| 52. 负 | 53. 基准重合 | 54. 工作性能 | 55. 消除焊接内应力 |
| 56. 辐板箱形 | 57. 42CrMoA | 58. 0.01 Ω | 59. 30 ℃ |
| 60. ZG230-450 铸钢 | 61. 1 000 Ns/cm | 62. 60SiMn | 63. 3 min |
| 64. 23% | 65. 体悬式 | 66. 光洁度 | 67. 油隙 |
| 68. 黏着力 | 69. 0.67～0.9 mm | 70. 单位时间变化次数 | 71. 大气 |
| 72. 往复 | 73. 密封容积 | 74. 输油量 | 75. 单向阀 |
| 76. 稳压 | 77. 二通阀 | 78. 运动速度 | 79. 节流阀 |
| 80. 摩擦力 | 81. 两轴相交 | 82. 小于 | 83. 重合 |
| 84. 磨损 | 85. 脱链 | 86. 垂直 | 87. 对称中心平面 |
| 88. 防松 | 89. 传动轴 | 90. 两侧 | 91. 摩擦性质 |
| 92. 静压 | 93. 基孔 | 94. 基轴 | 95. 熔断器 |
| 96. 热继电器 | 97. 控制和保护功能 | 98. 机械能 | 99. 化学能 |
| 100. 角度 | 101. 自准直 | 102. 导轨部分 | 103. 工作精度 |
| 104. 定位销 | 105. 强度测定 | 106. 直线 | 107. 三分之一 |
| 108. 自动 | 109. 互换 | 110. 集中 | 111. 85/28 |
| 112. 机械阻力 | 113. 数字控制技术 | 114. 空-油转换液压制动 | |
| 115. 数字化 | 116. 纵向气流速度 | 117. 齿侧间隙 | 118. 数控加工程序 |
| 119. 语义正确 | 120. 手动 | 121. 列车风 | 122. 手擦 |

| | | | |
|---|---|---|---|
| 123. 基本单元 | 124. 右手笛卡尔 | 125. $Z$ | 126. 伺服系统 |
| 127. 1 000 Ns/cm | 128. 1 000 Ns/cm | 129. 控制气路 | 130. 空气制动机管路 |
| 131. 控制气路 | 132. 辅助气路 | 133. 减小 | 134. 单独 |
| 135. 4′ | 136. 疲劳裂纹 | 137. 退火 | 138. 24°37′12″ |
| 139. 10 mm | 140. 11 mm | 141. 20° | 142. 1∶10 |
| 143. 旋转 | 144. 链与链条 | 145. 安装位置 | 146. 空程 |
| 147. 垂直 | 148. 旋转 | 149. 灵敏 | 150. 平稳状态 |
| 151. 光线基准 | 152. 偏心距大小 | 153. 临界转速 | 154. 偏心距 |
| 155. 轴颈的0.8%～1.5% | | 156. 大小相等 | 157. 齿面疲劳点蚀 |
| 158. 自检、互检、专检 | 159. 互相垂直 | 160. 阶段制动 | 161. 制动率 |
| 162. 制动距离 | 163. 车体通风 | 164. 大闸 | 165. 10 000 kW |
| 166. 液压减振器 | 167. 一 | 168. 60° | 169. 同轴度 |
| 170. 动力集中式 | 171. 不够 | 172. 扭转簧 | 173. 弹簧预压缩量 |
| 174. 整数倍 | 175. 3 mm | 176. 很大 | 177. 黏着系数 |
| 178. 约束膜式 | 179. 转矩 | 180. 轮心 | 181. 液压套装 |
| 182. 感应电流 | 183. 电磁探伤 | 184. 低速位置 | 185. 中速位置 |
| 186. 高速位置 | 187. 弹簧悬挂 | 188. 注油压装 | 189. 滑动轴承 |
| 190. 淋雨 | | | |

**二、单项选择题**

| | | | | | | | | |
|---|---|---|---|---|---|---|---|---|
| 1. D | 2. B | 3. B | 4. A | 5. C | 6. A | 7. B | 8. B | 9. A |
| 10. C | 11. B | 12. D | 13. B | 14. C | 15. B | 16. C | 17. D | 18. B |
| 19. B | 20. B | 21. A | 22. A | 23. A | 24. D | 25. A | 26. D | 27. C |
| 28. D | 29. B | 30. B | 31. A | 32. B | 33. C | 34. C | 35. C | 36. A |
| 37. A | 38. D | 39. D | 40. A | 41. A | 42. B | 43. A | 44. A | 45. B |
| 46. C | 47. D | 48. C | 49. C | 50. B | 51. B | 52. D | 53. A | 54. A |
| 55. D | 56. B | 57. C | 58. B | 59. B | 60. A | 61. D | 62. C | 63. C |
| 64. D | 65. C | 66. C | 67. A | 68. B | 69. C | 70. A | 71. D | 72. D |
| 73. B | 74. B | 75. C | 76. C | 77. C | 78. C | 79. C | 80. D | 81. D |
| 82. A | 83. C | 84. A | 85. A | 86. A | 87. A | 88. B | 89. C | 90. A |
| 91. C | 92. A | 93. B | 94. C | 95. C | 96. A | 97. A | 98. C | 99. C |
| 100. B | 101. C | 102. B | 103. B | 104. D | 105. A | 106. A | 107. D | 108. B |
| 109. B | 110. B | 111. B | 112. D | 113. D | 114. C | 115. D | 116. A | 117. A |
| 118. A | 119. C | 120. B | 121. A | 122. D | 123. B | 124. A | 125. D | 126. A |
| 127. B | 128. B | 129. B | 130. B | 131. D | 132. A | 133. B | 134. B | 135. A |
| 136. C | 137. C | 138. C | 139. C | 140. B | 141. C | 142. A | 143. A | 144. D |
| 145. C | 146. C | 147. C | 148. A | 149. D | 150. C | 151. D | 152. B | 153. C |
| 154. B | 155. A | 156. D | 157. B | 158. D | 159. C | 160. B | 161. A | 162. C |
| 163. C | 164. A | 165. B | 166. A | 167. D | 168. C | 169. D | 170. D | 171. B |

172. B 173. B 174. C 175. C 176. C 177. C 178. C 179. D 180. C
181. A 182. C 183. A 184. B 185. D 186. A 187. A 188. B

## 三、多项选择题

1. ABCDE 2. ABD 3. BCD 4. ACD 5. ABD 6. ACD 7. BCD
8. ABC 9. CDF 10. ABC 11. ABC 12. ABCD 13. ABC 14. AB
15. ABCDEF 16. ABC 17. ABCD 18. BDE 19. ABCD 20. ABD 21. AB
22. BCD 23. ABCD 24. AC 25. ACD 26. ABCD 27. ABCD 28. CD
29. ABD 30. ABCD 31. ABD 32. ABC 33. ACD 34. BC 35. ABCD
36. CD 37. ABCD 38. ABD 39. AB 40. BD 41. ABCD 42. ABCD
43. ABCD 44. ABC 45. ABCD 46. BCD 47. CD 48. AB 49. ABC
50. ABCD 51. ABD 52. ABC 53. CD 54. ABC 55. ABD 56. ABC
57. ABD 58. ABD 59. AB 60. AC 61. BCD 62. ABCD 63. ACD
64. ABCD 65. BCD 66. CD 67. ABD 68. AB 69. BCD 70. CD
71. ACD 72. BD 73. BCD 74. BC 75. ABCD 76. BCD 77. AC
78. BC 79. AD 80. BD 81. CD 82. AB 83. AC 84. BD
85. CD 86. ACD 87. ABC 88. ACD 89. ABCD 90. AB 91. CD
92. ABCD 93. BCD 94. ABD 95. ACD 96. ABC 97. ABCD 98. BCD
99. ABC 100. ABD 101. ACD 102. BCD 103. BCD 104. ACD 105. ABC
106. ABCD 107. ABD 108. ABCD 109. ABC 110. ACD 111. CD 112. ABC
113. BE 114. AB 115. AC 116. ABCD 117. ABD 118. CD 119. ABCD
120. ABD 121. ABCD 122. ABCD 123. ABCD 124. ABD 125. ABC 126. CD
127. BCD 128. AC 129. CD 130. ACD 131. ACD 132. ACD 133. AC
134. ABCD 135. AD 136. BCD 137. ABCD 138. AB 139. ACD 140. ABCD
141. BC 142. ACD 143. ABC 144. ABCD 145. ABCD 146. BD 147. AC
148. ACD 149. BD 150. AD 151. AC 152. ABCD 153. ABC 154. BCD
155. BD 156. ABCD 157. ABC 158. ABCD 159. ABC 160. ACD 161. ABC
162. CD 163. AD 164. AC 165. ABCD 166. BC 167. ABCD 168. ABD
169. BCD 170. ABCD 171. ACD 172. BCD 173. ABD 174. ABCD 175. BD
176. ABC 177. BCD 178. ABC 179. AC 180. BC 181. ACD 182. ABCD
183. ACD 184. ABCD 185. ABC

## 四、判 断 题

1. √ 2. × 3. √ 4. × 5. √ 6. √ 7. √ 8. × 9. √
10. × 11. × 12. √ 13. × 14. × 15. × 16. √ 17. √ 18. ×
19. √ 20. √ 21. × 22. √ 23. × 24. √ 25. × 26. √ 27. √
28. √ 29. √ 30. √ 31. √ 32. √ 33. × 34. √ 35. × 36. √
37. √ 38. √ 39. √ 40. √ 41. √ 42. × 43. × 44. × 45. √
46. √ 47. √ 48. √ 49. √ 50. √ 51. √ 52. × 53. × 54. √

| | | | | | | | | |
|---|---|---|---|---|---|---|---|---|
| 55. × | 56. √ | 57. √ | 58. √ | 59. × | 60. √ | 61. × | 62. √ | 63. √ |
| 64. × | 65. √ | 66. √ | 67. √ | 68. √ | 69. √ | 70. × | 71. √ | 72. √ |
| 73. √ | 74. √ | 75. × | 76. √ | 77. × | 78. √ | 79. √ | 80. √ | 81. × |
| 82. √ | 83. × | 84. √ | 85. √ | 86. √ | 87. × | 88. √ | 89. √ | 90. √ |
| 91. × | 92. √ | 93. √ | 94. √ | 95. √ | 96. √ | 97. √ | 98. √ | 99. √ |
| 100. × | 101. √ | 102. √ | 103. × | 104. √ | 105. √ | 106. √ | 107. × | 108. √ |
| 109. √ | 110. × | 111. √ | 112. √ | 113. √ | 114. × | 115. √ | 116. × | 117. √ |
| 118. √ | 119. √ | 120. × | 121. √ | 122. √ | 123. √ | 124. √ | 125. √ | 126. √ |
| 127. √ | 128. × | 129. × | 130. × | 131. × | 132. √ | 133. √ | 134. √ | 135. √ |
| 136. √ | 137. √ | 138. × | 139. √ | 140. √ | 141. √ | 142. √ | 143. × | 144. √ |
| 145. √ | 146. √ | 147. √ | 148. √ | 149. √ | 150. √ | 151. × | 152. √ | 153. √ |
| 154. √ | 155. √ | 156. √ | 157. × | 158. × | 159. √ | 160. √ | 161. × | 162. × |
| 163. × | 164. × | 165. √ | 166. × | 167. √ | 168. √ | 169. √ | 170. √ | 171. √ |
| 172. √ | 173. √ | 174. √ | 175. √ | 176. × | 177. √ | 178. √ | 179. × | 180. × |
| 181. √ | 182. √ | 183. √ | 184. √ | 185. × | 186. √ | 187. √ | 188. √ | 189. √ |
| 190. × | 191. √ | 192. √ | 193. √ | 194. × | 195. √ | 196. √ | 197. × | 198. × |
| 199. × | 200. × | | | | | | | |

## 五、简 答 题

1. 答：目的：主要改善它的基本组织，从而改善它的机械性能(2 分)。方法：退火、正火、调质、高温淬火(3 分)。

2. 答：(1)最有效的方法是限制齿轮的最少齿数(1 分)，对于标准直齿圆柱齿轮，其最小齿数为 17 齿(1 分)；允许略有根切，其最小齿数为 14 齿(1 分)；(2)仿形法(1 分)；(3)变位齿轮方法(1 分)。

3. 答：三相异步电动机电源断一相时，它的定子磁场由于将转换磁场变为脉动磁场，合成转矩为零，无法启动，转子左右摆动，电流很大(2 分)；如不及时停电，电动机绕组便会烧坏，电动机功率降低，电机发出"嗡嗡"声(1.5 分)；当负载不变，转速降低，定子电流增加，时间一长，会引起过热，将电机烧坏(1.5 分)。

4. 答：为了缓和轨道对机车的冲击和振动(1 分)，改善部件工作的可靠性和乘务员的工作条件(1 分)，在构架和轮对之间设置了弹簧和减振器系统(1 分)，通过它把构架上的垂直负荷均匀地分配给各个轮对(1 分)，使每根轴的轴重为 23 t(1 分)。

5. 答：(1)中碳钢和中碳合金钢(采用锻坯)，经淬火或表面淬火后进行低温回火处理(1 分)；(2)低碳钢或低碳合金钢(采用锻坯)，进行渗碳淬火处理(1 分)；(3)铸钢，对锻坯进行正火处理(1 分)；(4)灰口铸铁和球墨铸铁(1 分)；(5)非金属材料(1 分)。

6. 答：样板比较法在一般情况下能较可靠地测量出 $R_a5\ \mu m \sim R_a1.6\ \mu m$ 的表面粗糙度(2 分)。但在测 $R_a0.8\ \mu m \sim R_a0.1\ \mu m$ 的表面粗糙度时，往往要借助于专用显微镜来提高检验质量。用样板比较法测量时，把被测零件与样板靠近在一起，用眼观察比较来判断零件的表面粗糙度值，要求所用的样板不论在形状、加工方法和使用的材料上都尽可能与被测零件相同(3 分)。

7. 答:三针测量法是把三根直径相同的高精度的量针放入被测螺纹相应的牙槽中,用接触式测量器具(如外径千分尺)测得尺寸 $M$,然后按公式计算出被测螺纹的中径 $d_2$(2 分)。公式为:$d_2=M-d_0[1+1/\sin(\alpha/2)]+(p/2)\cot(\alpha/2)$(2 分)。式中,$d_0$为量针直径(mm);$\alpha$ 为外螺纹牙型角(°);$p$ 为外螺纹螺距(mm)(1 分)。

8. 答:用调整法装配工件时,通过调整一个或几个零件的位置来消除其他零件间的积累误差,从而达到装配要求,通过调试排除了各种缺陷和影响安全生产等的因素,有利于稳定质量和方便操作(2 分)。用修配法装配工件时,通过修配某一零件的尺寸来抵消其他零件间的累积误差,以达到规定的装配技术要求,可以降低制造零件时的加工精度,降低产品成本(1 分)。常用于公差要求较高的单件小批量生产(1 分)。

9. 答:在相同的测量条件下,对同一个被测量进行多次重复测量时,误差的大小和方向无规律地变化且无法预知,这种测量误差称为随机误差(2 分)。产生随机误差的原因:(1)量具、量仪零、部件的配合不稳定(1 分);(2)测量力的变化(1 分);(3)读数误差(1 分)。

10. 答:正火是将钢加热到 Acm 或 Ac3 以上 30 ℃～50 ℃,保温一定时间,使钢全部变为均匀的奥氏体,然后在空气中自然冷却的热处理工艺(2.5 分)。调质则是将淬火后的零件放在 500 ℃～650 ℃中进行高温回火,它所得到的是回火索氏体(2.5 分)。

11. 答:(1)选择测量器具时应考虑其规格指标和精度指标,即所选择的测量器具的测量范围、示值范围、刻度值、测量力等规格指标应满足被测量工件的要求(2.5 分);(2)测量器具的灵敏度、测量不确定度等精度指标应与被测工件的公差相适应(2.5 分)。

12. 答:终结检验:根据齿轮的图样要求全面评定齿轮的加工质量并给出是否合格的结论(2.5 分)。工艺检验:在齿轮加工过程中为揭露齿轮误差产生的根源而进行的检验(2.5 分)。

13. 答:利用飞轮储能释能的功能来克服工作载荷瞬时提高而引起的机器运转速度的波动(2.5 分);利用飞轮的惯性力使平面连杆机构顺利通过死点(2.5 分)。

14. 答:理想的齿轮材料应具备的条件为:(1)齿面应具有足够的硬度(1.5 分);(2)齿芯应有足够的韧性(1.5 分);(3)良好的加工性能和经济性(2 分)。

15. 答:三相异步电动机启动电源很大,约为额定电流的 4～7 倍(2 分);较大容量的电动机启动电流会引起车间电网电压的很大波动,将影响其他电器设备的正常工作(2 分)。因此,这样的电动机不宜采用直接启动方法(1 分)。

16. 答:分别测出齿轮和轴的径向跳动及其相位(2 分);然后根据误差相抵消的原则,将齿轮和轴的跳动相对位错开 180°位置后进行装配(2 分)。齿轮在轴上的径向跳动就可得到部分补偿(1 分)。

17. 答:应当注意加压或锤击通常不是在弯曲变形的突出部位进行,而是在螺纹的丝底面进行(2.5 分)。只有这样才能减少校直时产生的误差,才能真正达到校直的目的(2.5 分)。

18. 答:改进产品结构设计(1 分);提高毛坯制造质量(1 分);改进机械加工方法(1 分);改善生产组织形式和劳动管理制度(1 分)。总之,各途径都必须以保证和提高产品质量及降低产品成本为前提(1 分)。

19. 答:使用水平仪时应注意以下要点:(1)使用前应检查水平仪的零位是否正确(1 分);(2)测量表面和被测表面必须清洁无尘(1 分);(3)减少温度变化的影响(1 分);(4)测量过程中,保持横向水准器的气泡居中,水平仪的工作面紧贴被测量面(2 分)。

20. 答:有氧化铝矿物陶瓷(2.5 分)和金属陶瓷(2.5 分)两种。

21. 答:(1)数控机床的应用范围原则上可不受什么限制,但在实际应用中必须考虑经济效益(2.5分)。(2)由于这类机床技术比较复杂,成本又高,在目前阶段适于加工单件、中小批量生产中的精度要求高、尺寸变化大、结构形状比较复杂及在试制中需要多次修改设计的零件(2.5分)。

22. 答:拉线与吊线法是采用拉线($\phi$0.5铜丝或尼龙线,通过拉线架和线坠拉成的直线)、吊线(尼龙线,用30°锥体坠吊直)、线坠、直角尺和钢尺互相配合,通过投影来引线的方法(3分)。一般用于大型和特大型工件的划线(1分)。具有只经过一次吊装、校正,再配合一般的划线操作即可完成全部划线任务的优点(1分)。

23. 答:车体→橡胶空气弹簧→构架侧梁→轴箱圆弹簧+转臂定位销→轴箱→车轴→车轮→钢轨(5分)。

24. 答:(1)齿轮箱结构设计、制造不合理,造成合口面不能密封(1分);(2)齿轮箱合口密封材料、密封胶不合要求,密封不严(1分);(3)齿轮箱内、外领口外圆度超差形成抱轴不严,使有领圈边也出现间隙(1分);(4)齿轮箱内、外领口处材料磨损,造成密封不严(1分);(5)齿轮箱内油位高,运行中油压大,造成高压油泄漏(1分)。

25. 答:(1)承载能力较大(1分);(2)传动比大,而且准确(1分);(3)传动平稳、无噪声(1分);(4)具有自锁作用(1分);(5)传动效率低,不能任意互换啮合(1分)。

26. 答:转速表有机械式转速表、磁电式转速表、频闪式转速表、电子计数式转速表等几种类型(5分)。

27. 答:(1)手工润滑(1.5分);(2)滴油润滑(1分);(3)飞溅润滑(1分);(4)压油润滑(1.5分)。

28. 答:滚动轴承的精度等级用汉语拼音字母表示,共分5级(2.5分)。具体划分为:C(超精度)(0.5分)、D(精密级)(0.5分)、E(高级)(0.5分)、F(较高级)(0.5分)、G(普通级)(0.5分)。

29. 答:(1)液压系统中吸入空气(1.5分);(2)液压元件质量问题或由于磨损、损坏而引起(1.5分);(3)管道过细过长,安装固定不好(1分);(4)液压元件选用或调整不当(1分)。

30. 答:(1)由于空气混入液压系统(1.5分);(2)液压系统工作压力不足(1.5分);(3)相对运动件之间润滑不良(1分);(4)装配精度及安装精度不良或调整不当(1分)。

31. 答:(1)保持油箱中的正确油位,形成足够的循环冷却条件(1分);(2)保持液压设备的清洁,形成良好的散热条件(1分);(3)在保证系统正常工作的条件下,尽量调低油泵的压力(1分);(4)正确选择油液,黏度不宜过高,并注意保持油液干净(1分);(5)适当采用冷却装置(1分)。

32. 答:(1)油泵本身不出油或输出的油压力不足(1.5分);(2)系统压力油大量泄漏(1.5分);(3)溢流阀发生故障或失灵(1分);(4)管路中节流小孔、阀口或管道被污物堵塞等(1分)。

33. 答:(1)方向控制回路(1.5分);(2)速度控制回路(1.5分);(3)压力控制回路(1分);(4)多油缸顺序动作工作回路(1分)。

34. 答:止端螺纹量规的结构特征是具有截短的外螺纹牙型(2分)。使用规则:允许与工件内螺纹两端的螺纹部分旋合,旋合量应不超过两个螺矩(2分);对于三个或少于三个螺距的工件内螺纹,不应完全旋合通过(1分)。

35. 答:用一般方法钻斜孔时,钻头刚接触工件,先是单面受力(1分),作用在钻头切削刃上的径向分力会使钻头偏斜、滑移(1分),使钻孔中心容易偏位(1分),钻出的孔很难保证正直(1分)。如果钻头刚性不足,会造成钻头因偏斜而钻不进工件,使钻头崩刃或折断(1分)。

36. 答:在液压系统中,能满足执行元件按严格顺序依次动作的基本回路叫作顺序动作回路(2分)。顺序动作回路可分为用压力控制和用行程控制两类(3分)。

37. 答:粗刮可将显示剂涂在标准工具(即标准平板)表面上(1分),这样研后的显示点子较大,便于刮削(1分);细刮和精刮时可将显示剂涂在工件的表面上(1分),显示的点子小而无光,有利于提高刮削精度(1分)。同时粗刮时显示剂可涂得稍厚一些,随着精度的提高而减薄,但都得涂布均匀(1分)。

38. 答:可分为控制电器和保护电器两大类(2分)。控制电器有闸刀开关、接触器和按钮等(1.5分);保护电器有熔断器、热继电器等(1.5分)。

39. 答:直流电动机用于动力设备的最大特点是其转矩大,能够均匀平滑地调节转速(1分)。直流电动机可分为并励电动机(1分)、串励电动机(1分)、复励电动机(1分)和他励电动机四类(1分)。

40. 答:直流电机的调速是由转速公式 $n=(U-I_{枢}R_{枢})/K\Phi$ 得到的(2分)。共有三种方法调速:(1)在电枢电路中串接调速电阻使转速从基本转向下调(1分);(2)在励磁电路中串接电阻使转速从基本转向上调(1分);(3)调节电枢两端的电压使转速从基本转向下调(1分)。

41. 答:量块是机械加工保证量值统一的基准量具(1分),广泛用于各种量具及仪器的鉴定和校准(1.5分),并用于工、夹、量具的调整以及直接用于精密工件的测量和划线(1.5分)。按等使用比按级使用量块可以获得更高的测量精度(1分)。

42. 答:常用方法有四种:(1)运行试验法(1.5分);(2)调查统计法(1.5分);(3)实验室研究法(1分);(4)计算分析法(1分)。

43. 答:当零件受到外力作用而变形时,内部各质点之间的相对位置将发生变化(1分),同时内部各质点之间的相互作用力也将发生改变(1分),这种由于外力作用而引起内部各分子之间的相互作用力称为内力(2分)。单位面积上的内力称为应力(1分)。

44. 答:(1)浮沉振动:顺 $Z$ 轴的往复振动(1分);(2)侧摆振动:顺 $Y$ 轴的往复振动(1分);(3)伸缩振动:顺 $X$ 轴的往复振动(0.5分);(4)侧滚振动:绕 $X$ 轴的回转振动(0.5分);(5)点头振动:绕 $Y$ 轴的回转振动(1分);(6)摇头振动:绕 $Z$ 轴的回转振动(1分)。

45. 答:传递途径如下:小齿轮→大齿轮→传力销→弹性元件→连杆→弹性元件→活动传力销→传动空心轴→传力销→传力盘→弹性元件→活动传力销→连杆→弹性元件→传力销→主轮心→轮对(5分)。

46. 答:(1)制动缸充气时活塞行程大于28 mm时,棘钩是否拨动棘轮(1分);(2)动作时各部件必须平稳无卡滞,缓解后活塞必须贴靠缸底(1分);(3)各活动摩擦面处注润滑脂,且作用良好(1分);(4)必须做制动缸泄漏试验,当充气压力为600 kPa时,不准有泄漏现象发生,下降至400 kPa时,在3 min内泄漏不大于10 kPa(2分)。

47. 答:量具和量仪的选择一般遵循以下原则:(1)量具和量仪的精度应符合工件尺寸的精度要求(2分);(2)量具和量仪的选择要适应工件的结构特点(1分);(3)量具和量仪的选择应适应装配测量精度前提下,宁低不高(1分);对结构而言,宁简单不复杂,尽可能选用本企业现有的量具量仪(1分)。

48. 答:(1)底架空气管路(0.5 分);(2)转向架空气管路(1 分);(3)司机室空气管路(1 分);(4)总风缸空气管路(0.5 分);(5)机械室空气管路(1 分);(6)电空制动柜和空气干燥器管路(1 分)。

49. 答:(1)牵引通风支路(1.5 分);(2)硅机组通风支路(1.5 分);(3)制动通风支路(1 分);(4)变压器通风支路(1 分)。

50. 答:平波电抗器是在牵引电动机的回路中串接的电感电路(2 分)。作用是减少整流电流的脉动,改善牵引电机的换向(3 分)。

51. 答:劈相机的作用是将主变压器的输出单相电"劈"成三相(3 分),再供给辅助电路中所有三相异步电动机(2 分)。

52. 答:硅整流装置是由大功率半导体整流二极管和反向阻断晶闸管及其附件组成桥式整流电路,把交流电变为直流电供给牵引电机使用(3 分);同时兼有调压开关级间平滑调压作用(2 分)。

53. 答:由于空气具有压缩性,当系统中吸入空气后,会降低系统的传动刚性,使油缸运动速度不够稳定(2 分),特别是低速时,使油缸拖动的工作台产生爬行现象,即跳跃式运动,影响零件加工精度(2 分)。另外,空气进入系统后,还会加速油液氧化,产生化学沉积物,容易堵死流量阀。含有空气的油液是呈褐黄色的(1 分)。

54. 答:(1)用深度尺测量小齿轮套入深度(与热套前测量深度差)(1.5 分);(2)大、小齿轮齿顶间隙不小于 2.5 mm(1.5 分);(3)大、小齿轮轴向错位不大于 4 mm(1 分);(4)左、右两对齿轮相对应之齿隙差,即反齿隙不大于 0.15 mm(1 分)。

55. 答:三相发电机的星形连接是将三个线圈的末端 $X$、$Y$、$Z$ 连接在一起,由 $A$、$B$、$C$ 三个始端引连接线,这种方式就是三相电源星形连接方法(5 分)。

56. 答:三相发电机的三角形连接是将发电机每相绕组首尾依次连接,构成闭合回路并把三个结点作为输出端,这种连接方式称为三角形连接法(5 分)。

57. 答:(1)撒砂是在轮轨间出现空转、打滑时进行的,避免轮轨间的滑动摩擦而造成轮轨磨耗,是增大牵引力的过程(2.5 分)。(2)喷油是为了减少轮缘与钢轨的磨耗,延长轮箍和钢轨的使用寿命,定时喷撒在轮缘上,避免水对轮轨造成的锈蚀(2.5 分)。

58. 答:(1)相邻两个弹簧具有不同旋向,可以抵消一部分扭转力矩(2.5 分);(2)使用旋向相反的弹簧,可以避免发生两层弹簧卡住的事故(2.5 分)。

59. 答:滑动轴承具有较大的承载能力,抗振性好,寿命长、噪声小(2 分)。特别是液体润滑轴承可在很高转速下运转,吸振性更好,平稳性、旋转精度更高,摩擦阻力小(2 分),因此在高精度、高速重载、重脉冲的场合往往最能显示其特长(1 分)。

60. 答:(1)降低影响螺拴强度的应力幅(1.5 分);(2)改善螺纹牙上载荷分布不均的现象(1.5 分);(3)减小应力集中的影响(1 分);(4)对螺栓采用合理的制造工艺(1 分)。

61. 答:(1)产品的图纸,如零件图、装配图等(1.5 分);(2)产品的生产类型,如产量及生产方式等(1.5 分);(3)现有的生产条件,如场地、设备、工艺装备、工人技术水平等(2 分)。

62. 答:(1)轮齿的点蚀(1 分);(2)齿面磨损(1 分);(3)齿面胶合(1 分);(4)轮齿折断(1 分);(5)塑性变形(1 分)。

63. 答:涡流制动是一种新型的、非接触式电磁制动方式(1 分)。它利用导体在磁场内切割磁力线产生电涡流,使导体内部发热,消耗车辆运动能量,达到使车辆减速或停车的目的

(4 分)。

64. 答:(1)磨削时必须确认运转正常,操作者应站在砂轮机的侧面和斜侧面位置,尽量不要站在砂轮机的径向面(1.5 分);(2)磨削时不要使工件对砂轮施加过大的压力,以防砂轮破碎(1.5 分);(3)砂轮机的搁架与砂轮间的距离一般应保持在 3 mm 以内(2 分)。

65. 答:(1)保证拧紧力配合牢固、装拆螺母时螺丝不能松动(1.5 分);(2)保证螺栓轴线与机体表面垂直(2 分);(3)拧入时要用润滑油,防止内、外螺纹"咬住"(1.5 分)。

66. 答:轴箱的用途是将机车的重量传递给轮对(1 分),同时将来自轮对的牵引力、制动力、横向力等传递到转向架的构架上去(2 分)。轴箱主要由前后盖、轴箱体、密封环、短圆柱滚柱轴承、接地棒、挡板等组成(2 分)。

67. 答:通用化是企业将产品品种、零部件的规格、技术标准,以及所用材料等合并、简化、统一的一项技术组织措施(2 分)。实现通用化有利于加快生产技术准备过程,加大零部件生产批量(1.5 分),充分利用机器设备,提高劳动生产率,降低产品成本(1.5 分)。

68. 答:蜗杆传动的优点有:传动比大(1 分)、工作平衡(1 分)、可以自锁(1 分);同时存在以下缺点:效率较低(1 分)、不能任意互换啮合(1 分)。

69. 答:类型有圆柱滚子轴承、圆锥滚子轴承、球面滚子轴承(调心轴承)等(2 分)。优点有:能显著地降低车辆走行部分的工作条件;减少燃轴的惯性事故;减轻维护和检修工作;降低运营成本(3 分)。

70. 答:(1)在钻孔的部位先铣出一个小平面,再进行钻孔(2 分);(2)用錾子在斜面上錾出一个小平面再打上冲眼,或者用中心钻钻一个浅孔后再钻孔(3 分)。

## 六、综 合 题

1. 答:测量工具可分为定值量具和非定值量具两大类。定值量具——如没有刻度的基准米尺、块规及 90°角尺等(2 分)。非定值量具按其构造可分为:(1)游标量具(如游标卡尺、高度游标卡尺、游标角度尺等)(1 分);(2)百分量具(如外径百分尺、内径百分尺、深度百分尺)(1 分);(3)机械杠杆量仪(如千分表、杠杆卡规、杠杆齿轮比较仪等)(1 分);(4)光学杠杆量仪(如光学计、超级光学计等)(1 分);(5)光学量仪(如测量仪、干涉仪、投影仪等)(1 分);(6)气动量仪(如水柱气压计式流量仪及弹簧压计式气动量仪)(1 分);(7)电动量仪(包括感应式、电容式、光电式等量仪)(1 分);(8)新技术量具(如计算光栅测长仪、激光测量仪等)(1 分)。

2. 答:$\phi_2=\phi_1[1+a(t_2-t_1)]$(5 分)$=50.039(1+11.5\times10^{-6}\times25)$(2 分)$=50.054$(mm)(1 分)$>50.05$ mm(1 分)

故该零件合格(1 分)。

3. 答:$E=\Delta d/c$(6 分)$=0.1/1/1/10$(2 分)$=1$(mm)(1 分),故轴向套进尺寸为 1 mm(1 分)。

4. 答:(1)孔径超差,产生原因:钻头刃磨不对称,切削刃长度不一致、高低不一致(1 分);钻床主轴径向偏摆或工作台没有锁紧、有松动(0.5 分);钻头本身弯曲或装夹不好,使钻头有过大的径向跳动(0.5 分)。(2)孔壁粗糙,产生原因:钻头不锋利(0.5 分);进给量过大(0.5 分);冷却润滑液选用不当或供应不足(0.5 分);钻头过短,排屑槽堵塞,切屑与孔壁摩擦加剧而伤孔壁(0.5 分)。(3)孔位偏移,产生原因:工件划线不正确(0.5 分);钻头横刃大、长,定心不准(0.5 分);起钻过偏而没有纠正(0.5 分)。(4)孔歪斜,产生原因:工件上与孔垂直的平面与钻轴轴线不垂直或钻床主轴与工作台台面不垂直(1分);工件安装时,安装接触面上切屑未清除干净(0.5分);工件装夹不牢,钻孔时产生歪斜,或工件材料内有砂眼气孔(0.5分);进刀量过大使钻头产生弯曲变形(0.5分)。(5)钻孔呈多角形,产生原因:钻头后角过大(1分);钻头两切削刃长短不一,顶角不对称(1分)。

5. 答:(1)完全互换法:装配工作简单,生产效率高,可组织专业化生产,但要求零件加工精度较高,生产成本高(2.5分);(2)分组装配法(选择装配法):可将零件公差适当扩大,使加工较为容易,然后将零件按装配精度要求分组进行装配,适用于装配精度要求高、尺寸链组成环数目少的大批量生产中(2.5分);(3)修配法:将有关零件公差放宽进行加工,选择其中一个零件预留修配量,装配时按需要进行修配,使之满足装配精度要求,此种方法可使零件加工比较方便,但装配工作比较麻烦(2.5分);(4)调整法:确定一个或几个零件作为调整件,预先做好各种尺寸,装配时,根据不同的误差情况,选择尺寸合适的调整件装入;或用改变调整件的位置补偿或消除积累误差,使之达到装配精度要求(2.5分)。

6. 答:(1)碳素工具钢制成的刮刀在淬火时,冷却速度不可太快,防止产生裂纹(3.5分);(2)在砂轮上刃磨工具钢刮刀时,要经常将刮刀浸水冷却,防止刃口退火软化,刃磨镶硬质合金的刮刀时,严禁浸水冷却(3.5分);(3)刮刀经砂轮刃磨后,应在油石上精磨,使刃口无轮磨缺口,保证刃口角度正确,锋利耐用(3分)。

7. 答:$L=1\times 20/40\times 25/35\times 5$(6分)$=1.786$(mm/r)(4分)。

8. 答:离合器是一种可以通过各种操纵方式,实现主、从动部分在同轴线上传递运动和动力时具有接合或分离功能的装置(2分)。离合器有各种不同的用途,根据原动机和工作机之间或机械中各部件之间的工作要求,离合器可以实现相对运动或停止,以及改变传动件的工作状态来改变传动比,如传动件之间相互同步或超越运动(2分)。此外,离合器还可以作为起动或过载时控制传递扭矩大小的安全保护装置等(2分)。按离合器的接合元件传动的工作原理,可分为嵌合式离合器和摩擦式离合器两种(2分);按操纵方式又可分为机械式、气压式、液压式和电磁式等四种(2分)。

9. 答:为了保证大型工件划线的质量、效率和安全,划线过程中应注意以下几点:(1)正确选择尺寸基准,尽量使尺寸基准和设计基准一致以减少尺寸误差和换算手续(2分);(2)合理选定第一划线位置(一般主视图为第一划线基准),提高划线质量和简化划线过程(2分);(3)正确选用工件安置基面,以保证划线时安置平稳、安全可靠(1.5分);(4)正确找正基准,以保证工件加工余量分布均匀和加工后有良好的外观质量(1.5分);(5)正确借料,以减少和避免坯件报废,同时提高外观质量(1.5分);(6)合理选择支承点,确保工件安置平衡,安全可靠,调整方便(1.5分)。

10. 答:齿轮接触精度的主要指标是接触斑点(4分)。检查接触斑点一般用涂色法,根据色痕的位置和面积来判断接触精度的高低(3分)。影响齿轮接触精度的主要因素是齿形精度和安装是否正确(3分)。

11. 答:刮瓦量过少,轴与瓦间形成不了油隙,使各部位形成干摩擦(4分);刮瓦量过多,轴与瓦间隙过大,造成漏油,而且形成不了负压,油箱内的油吸不上来,也会形成干摩擦(4分)。应根据两侧齿隙确定瓦量(2分)。

12. 答:如图1所示。(10分)

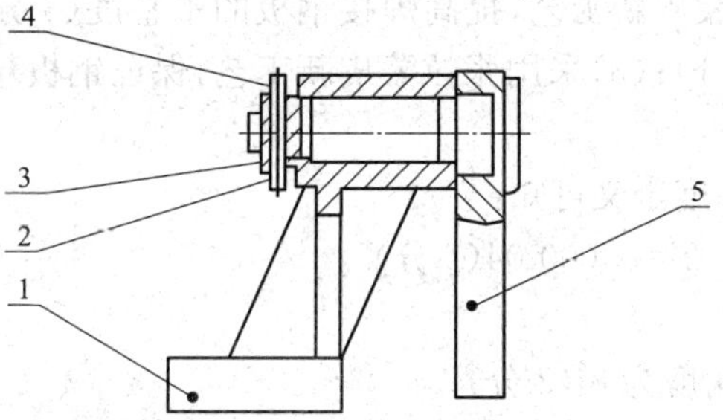


图 1

13. 答:目的是:使轮轴重分配均匀,充分利用轮轨黏着力,发挥最大牵引力;在线路界限内,调整构架前后、左右尺寸,使机车运行平稳安全,减弱不良运动(5分)。轮轴重分配均匀的目的是充分利用轮轨黏着力,避免轮轨打滑、空转。因为轮轨间空转打滑总是从最轻的轮重位上开始的,最后发展到牵引力丧失(5分)。

14. 答:如图2所示。(10分)

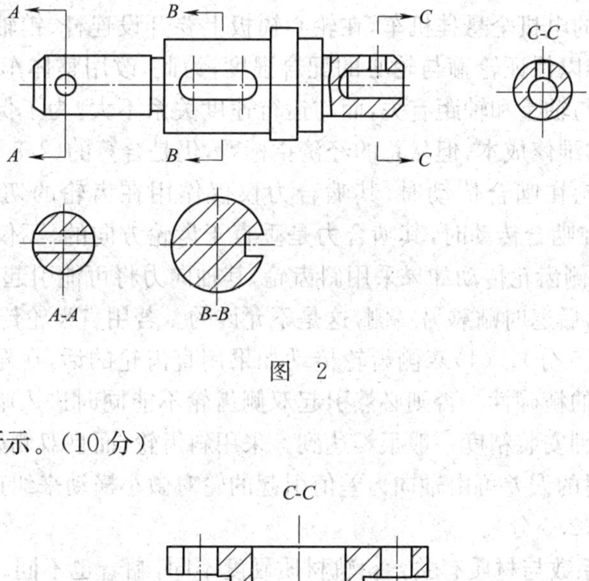


图 2

15. 答:如图3所示。(10分)

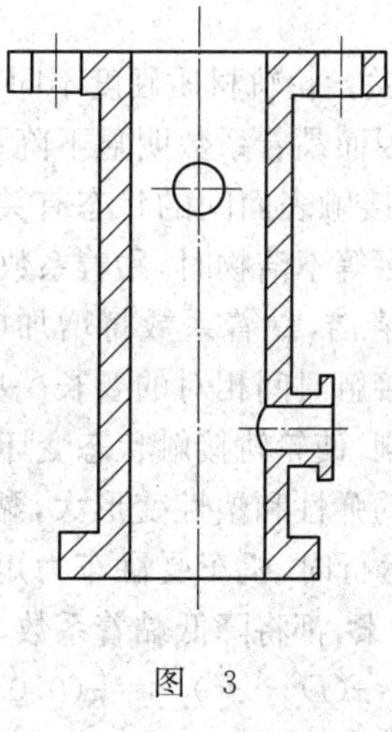


图 3

16. 答:(1)采用张拉蒙皮新工艺,提高焊接钢板的平整度(3 分);(2)采用张拉蒙皮新工艺,减少钢板焊接变形(3 分);(3)采用张拉蒙皮新工艺,保证钢板对接焊缝间隙,提高车体外观质量(4 分)。

17. 解:由水平仪的精度定义可知:

$\sin\alpha=(0.02/1\,000)\times 2=0.000\,04$(5 分)

$\alpha=8^\circ$(3 分)

答:夹具平面的倾斜角度为 8°(2 分)。

18. 答:(1)锻造车轴钢坯时应进行时效处理,待应力消除后再进行机加工(2 分);(2)加工成形的车轴表面应有高的表面光洁度(2 分);(3)不同直径的过渡部分要有尽可能大的过渡圆弧,以减小应力集中(2 分);(4)车轴正火热处理后,需进行试样检查(2 分);(5)对车轴表面进行滚压强化处理,使表层金属材料更加密致,提高抗疲劳能力(2 分)。

19. 答:(1)随着机车运行速度的大幅度提高,车轮高速转动产生的离心力(此力随着圆周速度的平方而增加)对轮箍产生的应力往往可能破坏轮箍的结合强度,因此,不能再采用套装轮箍,而改用整体车轮(2.5 分);(2)随着塑料闸瓦、高磨闸瓦在高速车上的使用和推广,闸瓦传热散热不良将引起制动时轮箍温升过高,为了防止松箍事故,改用整体车轮(2.5 分);(3)对某些采用空心轴传动的电机全悬挂机车,在轮心辐板上要开设连杆、销轴或空心轴拐臂的孔,使辐板强度被消弱,难以保证轮箍与轮心的配合强度,为此,改用整体车轮(2.5 分);(4)轮踏面和轮缘的磨耗主要与轴重和轴距有关,而与运行速度关系不大,为了保证高速行车的安全,采用整体轮后,会增加维修成本,但从总的经济指标看,仍是合算的(2.5 分)。

20. 答:(1)直齿轮在啮合传动时,其啮合力仅仅作用在齿轮的切向,不存在轴向分力(2.5 分)。(2)斜齿轮在啮合传动时,其啮合力是垂直于齿轮方向的,不仅有切向力,而且有轴向力(2.5 分)。(3)单侧齿轮传动如果采用斜齿轮,其轴向力将可能引起轮对贴靠一侧钢轨运行。前进时贴靠一侧,后退时贴靠另一侧,这是不允许的。若用直齿轮传动,则无轴向力,轮对可以自动适当横动(2.5 分)。(4)双侧齿轮传动如果用直齿轮的话,在轮对组装时,必须保证双侧大齿轮齿形对应的精确性。否则必然引起双侧齿轮不能同时进入啮合,或双侧齿轮啮合力不等的问题。而这种安装精度一般很难达到。采用斜齿轮,而且双侧齿斜方向相反,则轴向力也相反,齿轮安装时的误差可由轴向力差值引起的轮对微小横动来纠正,这就保证了双侧齿轮传动转矩的均匀性(2.5 分)。

21. 答:(1)黏着系数与材质有关。轮轨材质硬度不同,黏着也不同。当材质硬度大时,降低了轮轨接触面间的弹性变形力,因而黏着系数明显下降;反之,当接触面间材质的弹性越好时,黏着系数也越大(2 分)。(2)与接触表面间的状态有关。从实际运行中可以知道,潮湿降雾、霜冻或小雨天气以及轨面有油污等不洁物时,黏着系数显著减少,适时适量的撒砂,将明显提高黏着系数。大雨后,钢轨表面清洁,黏着系数将增加(2 分)。(3)与机车运行速度有关。运行速度低时,由于轮轨接触点的接触时间相对的要长一些,因而黏着系数较大,当速度提高后,由于机车振动和摇摆程度的加剧,使轮轨接触状态变坏,黏着系数将降低(2 分)。(4)与轮轴重有关。轮轴重大时,接触表面的弹性和塑性变形大,黏着系数增大;反之,轮轴重小时,黏着系数也小(2 分)。(5)牵引列车运行时,机车受翻车力矩影响,制动时,轴重将出现不平衡,运行中轮对与钢轨的纵向滑动等因素,都将降低黏着系数,而且车速越高,影响越大(2 分)。

22. 解:(1)因为 $A_2=A_1-A_3=\pi(D^2-d^2)/4=\pi(0.08^2-0.04^2)/4$(3 分)

所以 $V=Q/A_2=3\times10^{-4}\times4/[\pi\times(0.08^2-0.04^2)]\approx0.0796$ m/s(3 分)

(2)$F=PA_2=15\times10^5\times\pi/4\times(0.08^2-0.04^2)=5655$ N(3 分)

答:往复运动时的最大推力是 5 655 N,最大速度是 0.079 6 m/s(1 分)。

23. 答:(1)破坏了机车运行的平衡性,严重地影响运行品质(2 分);(2)使乘务人员工作条件恶化,很快感觉疲劳,成为运行安全的潜在威胁(2 分);(3)使机车零部件受到破坏,这主要是振动和冲击使轴箱滚动轴承的寿命缩短,此外还将加速机车部分零部件的磨耗和疲劳破坏,引起零件结合部分的松弛,结果相应地降低了机车构件使用年限,增加了维修保养费用(2 分);(4)使轨道受到动力作用,特别是机车在高速下的横向移动可能引起轨道位移,使机车有脱轨和倾覆的危险,振动还会加速钢轨的磨损、折损、接头的松动等等(2 分);(5)引起轮对的瞬间减载,破坏黏着而发生空转,影响机车黏着牵引力的发挥(2 分)。

24. 答:(1)安全度大,包括在最大的运行速度下要有小的垂向动载荷、小的脱轨系数等(2 分);(2)具有良好的运行稳定性,平稳性指数要尽量低(2 分);(3)曲线通过的性能要好(2 分);(4)黏着利用率大,能充分发挥机车的功率,产生尽可能的牵引力(2 分);(5)结构简单、工作可靠、维修量小,甚至除旋轮外,实现百万公里无维修(2 分)。

25. 解:破断拉力 $p=50d^2$(2 分)

$p=50\times18.5^2=17.112$(t)(2 分)

允许拉力 $p'=9d^2$(2 分)

$p'=9\times18.5^2=3.08$(t)$\approx3$(t)(2 分)

答:钢线绳的破断拉力为 17.112 t,安全起吊零件重量为 3 t(2 分)。

26. 解:$t_1=\dfrac{i}{k_a\cdot d}+t_0$(5 分)$=\dfrac{0.18}{1.1\times10^{-5}\times120}+20=156$ ℃(4 分)

答:最低要加热到 156 ℃方可装配(1 分)。

27. 答:(1)在受力最严重的情况下,车体必须有足够的强度和刚度,保证结构不致破坏和变形量最小,确保运行安全可靠(2 分);(2)适当减轻车体自重,而且重量前后、左右对称分布,满足重量分配的要求,重心应尽量低,以适应高速行车的需要(2 分);(3)车体在结构上应保证安装设备的方便、检查保养设备的方便以及检修时更换设备的方便(1.5 分);(4)司机室和机械室都要考虑到改善乘务员工作条件,在通风、采光、取暖、瞭望、隔音、隔热等方面尽量完善(1.5 分);(5)高速机车要有流线型的车体外壳,以减小空气的阻力(1.5 分);(6)车体的外形尺寸应在国家规定的机车车辆限界尺寸间(1.5 分)。

28. 答:检修时最大限度的确定是以零部件能否继续正常工作为主要原则(1 分)。确定最大检修限度时应考虑如下几个方面:(1)零件本身的工作条件。确定最大检修限度时,就零件本身工作条件,主要考虑损伤程度是否已破坏了零件的强度条件和损伤程度是否能使已有的损伤迅速发展而达到危险的程度。在考虑零件本身强度条件的同时,还必须考虑到零件的疲劳强度。特别是受动载荷或交变载荷作用的零件,尤应考虑其疲劳强度。对疲劳强度影响最大的是应力集中,因应力集中能极大地降低零件的疲劳极限。例如:车轴各部的横向裂纹与擦伤的深度;车轴各部过渡圆角的最小半径等(3 分)。(2)零件与其他零件间的配合工作条件。许多零件损伤的最大限度,除考虑零件本身的工作条件外,还要从损伤对零件在部件中与其他零件的配合工作条件的影响程度来考虑。车轮踏面的最大磨损量就是从轮轨间正常配合工作条件来决定的。轮对内侧距、踏面擦伤、同一轮对上两车轮的直径差等最大检修限度,是从轮对与钢轨的配合工作条件出发而决定的。销类与孔类零件，其最大磨损限度，主要是考虑销与孔配合的间隙大小，其最大允许间隙以保证整个部件仍能正常运用。基础制动装置中许多销与孔的最大磨损限度，就是据此而定的。许多其他配合形式，如轴颈与滚动轴承内圈的配合，对轴颈和内圈的一些限度的规定，是以保证轴颈与滚动轴承内圈间配合的牢固性为原则。车钩零件的最大磨损限度的确定，以保证车钩三态作用灵活，不发生自动开钩为考虑的主要原则(3 分)。(3)对整个机车运用工作性能的影响。最大检修限度，主要从考虑车辆运用的安全性、平稳性和经济、技术上的合理性为出发点而确定(3 分)。

29. 答：根据螺纹副摩擦性质不同，可分为滑动螺旋、滚动螺旋和静压螺旋(4 分)。由于滑动螺旋常采用梯形螺纹、锯齿形螺纹或矩形螺纹等，其失效主要是螺纹磨损。因此螺杆的直径和螺母高度通常是根据耐磨性计算确定的。传力螺旋应校核螺杆危险截面的强度，青铜或铸铁螺母以及承受重载的调整螺旋应校核螺纹牙的剪切和弯曲强度。要求自锁的螺杆应校核其自锁性，精密的传动螺旋应校核其螺杆的刚度(有时就是根据刚度确定其直径)。当螺杆受压力，其长径比很大时，容易产生侧向弯曲，应校核其稳定性，其直径也可以按稳定性要求确定，转速高的长螺杆，可能产生横向振动，还应校核其临界转速(6 分)。

30. 答：(1)调节弹簧压力的大小是靠转动件号11 压迫件号3 和件号4 来实现的(1 分)。

(2)件号 7 与件号 6 之间是靠螺纹连接(1 分)。

(3)在图示状态下，油能否进入件号 1 的内腔？不能(1 分)。

(4)图中标有(A)所指的零件是件号1，标有(B)所指的零件是件号6，标有(C)所指的零件是件号1，标有(D)所指的零件是件号2(2 分)。

(5)根据尺寸 $\phi$25H11/c11，如果在轴的零件图上应标注$\phi$25c11，在孔的零件图上应标注$\phi$25H11。该配合是基孔制的间隙配合(2 分)。

(6)解释 G1/2″的意义：G 圆柱管螺纹，1/2″公称直径(管子孔径)(1 分)。

(7)解释 M30-6H/6h 的意义：M 普通粗牙螺纹，30 公称直径(大径)，6H 内螺纹中顶径公差带代号，6h 外螺纹中顶径公差带代号(1 分)。

(8)要拆下件号 2，必须先拆去件号9、10、8、1、11、3、4、5、7(1 分)。

31. 答：(1)底架承载式车体(又叫自由承载车体)(4 分)；(2)侧壁和底架共同承载式车体(3 分)；(3)整体承载车体(3 分)。

32. 答：(1)从生产类型看，适用于产品变化较大的生产，如新产品、单件小批量生产和临时性突击任务(2.5 分)；(2)从加工工种看，适用于钻、车、镗、铣、刨、磨、检验等工种，其中钻夹具用量最大(2.5 分)；(3)从加工工件的公差等级方面看，虽然组合夹具元件本身的公差等级为 6 级，但由于各组装环节必有累积误差，因此在一般情况下，工件的公差等级可达 7 级，如果精心选配与调整，也能使工件的公差等级达到 6 级(2.5 分)；(4)从加工工件的几何形状和尺寸看，使用组合夹具一般不受工件形状的限制，我国目前采用的是中型系列组合夹具，通常适用于加工长度为 20～100 mm 的工件(2.5 分)。

33. 答：$D=1.8t$(2 分)$=1.8\times3$(1 分)$=5.4$ mm(1 分)

$L=(0.8\sim1.2)\times6$(2 分)$=4.8\sim7.2$ mm(1 分)

$L_{总}=6+(4.8\sim7.2)$(2 分)$=10.8\sim13.2$ mm(1 分)

34. 解：因为是质数，采用差动分度法(1 分)。

设假定等分数 $Z_0=105$(1 分)

则：$n_0=40/Z_0=40/105=8/21=16/42$(2 分)

根据公式：$Z_1\times Z_3/Z_2\times Z_4=40(Z_0-Z)/Z_0$(2 分)$=40(105-109)/105=-160/105=-40\times 80/70\times 30$(2 分)

答：配换齿轮 $Z_1=40$，$Z_2=70$，$Z_3=80$，$Z_4=30$；负号表示分度盘和分度手柄转向相反。手柄每等分的转数为在 42 孔圈上转过 16 个孔距(2 分)。

35. 答：$\Delta l=a(t_0-t_1)l$(5 分)

$=11\times 10^{-6}\times(60-15)\times 650$(2 分)

$=0.321\ 7$ mm(1 分)

所以，装配时一端轴承应留有轴向热膨胀间隙(1 分)，并应大于 0.321 7 mm(在不考虑机体热膨胀时)(1 分)。

# 电力机车钳工(初级工)技能操作考核框架

## 一、框架说明

1. 依据《国家职业标准》注，以及中国北车确定的“岗位个性服从于职业共性”的原则，提出电力机车钳工(初级工)技能操作考核框架(以下简称：技能考核框架)。

2. 本职业等级技能操作考核评分采用百分制。即：满分为 100 分，60 分为及格，低于 60 分为不及格。

3. 实施“技能考核框架”时，考核制件(活动)命题可以选用本企业的加工件(活动项目)，也可以结合实际另外组织命题。

4. 实施“技能考核框架”时，考核的时间和场地条件等应依据《国家职业标准》，并结合企业实际确定。

5. 实施“技能考核框架”时，其“职业功能”的分类按以下要求确定：

(1)“检修各机械装配”属于本职业等级技能操作的核心职业活动，其“项目代码”为“E”。

(2)“基础技能”、“诊断、排除故障”属于本职业等级技能操作的辅助性活动，其“项目代码”分别为“D”和“F”。

6. 实施“技能考核框架”时，其“鉴定项目”和“选考数量”按以下要求确定：

(1)按照《国家职业标准》有关技能操作鉴定比重的要求，本职业等级技能操作考核制件的“鉴定项目”应按“D”+“E”+“F”组合，其考核配分比例相应为：“D”占 20 分，“E”占 70 分，“F”占 10 分。

(2)依据本职业等级《国家职业标准》的要求，技能考核时，“E”类鉴定均为任选项。

(3)依据中国北车确定的“核心职业活动选取 2/3，并向上取整”的规定，在“E”类鉴定项目——“检修附属装置”、“检修牵引装置”、“检修一系弹簧悬挂”、“检修二系弹簧支撑装置”、“检修基础制动装置”、“检修手制动装置”、“检修齿轮箱和抱轴箱”、“检修电机悬挂装置”的全部 12 项中，至少选取 8 项。

(4)依据中国北车确定的“其余‘鉴定项目’的数量可以任选”的规定，“D”和“F”类鉴定项目——“基础技能”、“诊断、排除故障”中，至少分别选取 1 项。

(5)依据中国北车确定的“确定‘选考数量’时，所涉及‘鉴定要素’的数量占比，应不低于对应‘鉴定项目’范围内‘鉴定要素’总数的 60%，并向上取整”的规定，考核制件(活动)的鉴定要素“选考数量”应按以下要求确定：

①在“D”类“鉴定项目”中，在已选定的 2 个或全部鉴定项目中，至少选取已选鉴定项目所对应的全部鉴定要素的 60%项，并向上保留整数。

②在“E”类“鉴定项目”中，在已选定的 8 个鉴定项目所包含的全部鉴定要素中，至少选取总数的 60%项，并向上保留整数。

③在“F”类“鉴定项目”中，在已选定的 1 个或全部鉴定项目中，至少选取已选鉴定项目所

对应的全部鉴定要素的 60%项,并向上保留整数。

举例分析:

按照上述“第 6 条”要求,若命题时按最少数量选取,即:在“D”类鉴定项目中选取了“涂胶”、“螺栓紧固”2 项,在“E”类鉴定项目中选取了“检修附属装置”、“检修牵引装置”、“检修一系弹簧悬挂”、“检修二系弹簧支撑装置”、“检修基础制动装置”、“检修手制动装置”、“检修齿轮箱和抱轴箱”、“检修电机悬挂装置”8 项,在“F”类鉴定项目中分别选取了“诊断、排除故障”1 项,则:

此考核制件所涉及的“鉴定项目”总数为 11 项,具体包括:“涂胶”、“螺栓紧固”、“检修附属装置”、“检修牵引装置”、“检修一系弹簧悬挂”、“检修二系弹簧支撑装置”、“检修基础制动装置”、“检修手制动装置”、“检修齿轮箱和抱轴箱”、“检修电机悬挂装置”、“诊断、排除故障”;

此考核制件所涉及的鉴定要素“选考数量”相应为 28 项,具体包括:“涂胶”、“螺栓紧固”鉴定项目包含的全部 6 个鉴定要素中的 6 项,“检修附属装置”、“检修牵引装置”、“检修一系弹簧悬挂”、“检修二系弹簧支撑装置”、“检修基础制动装置”、“检修手制动装置”、“检修齿轮箱和抱轴箱”、“检修电机悬挂装置”8 个鉴定项目包括的全部 24 个鉴定要素中的 16 项,“诊断、排除故障”鉴定项目包含的全部 9 个鉴定要素中的 6 项。

7. 本职业等级技能操作需要两人及以上共同作业的,可由鉴定组织机构根据“必要、辅助”的原则,结合实际情况确定协助人员的数量。在整个操作过程中,协助人员只能起必要、简单的辅助作用。否则,每违反一次,至少扣减应考者的技能考核总成绩 10 分,直至取消其考试资格。

8. 实施“技能考核框架”时,应同时对应考者在质量、安全、工艺纪律、文明生产等方面行为进行考核。对于在技能操作考核过程中出现的违章作业现象,每违反一项(次)至少扣减技能考核总成绩 10 分,直至取消其考试资格。

注:按照中国北车规定,各《职业技能操作考核框架》的编制依据现行的《国家职业标准》或现行的《行业职业标准》或现行的《中国北车职业标准》的顺序执行。

## 二、电力机车钳工(初级工)技能操作鉴定要素细目表

| 职业功能 | 鉴定项目 | | | | 鉴定要素 | | |
|---|---|---|---|---|---|---|---|
| | 项目代码 | 名称 | 鉴定比重(%) | 选考方式 | 要素代码 | 名称 | 重要程度 |
| 基础技能 | D | 零部件修整 | 20 | 任选 | 001 | 能够使用砂轮机刃磨錾子 | Y |
| | | | | | 002 | 能够在钢件上完成小平面和直油槽的錾削 | Z |
| | | | | | 003 | 能依据型材的特性选择锯条 | X |
| | | | | | 004 | 能锯削 $\phi$30～50 mm 的 45 号钢件,锯断面达到平面度公差 0.5 mm 的要求 | Y |
| | | | | | 005 | 能按照要求选择锉刀锉削 20 mm×50 mm 的平面,并达到平面度公差 0.08 mm,尺寸公差 IT9,表面粗糙度 $R_a$3.2 的要求 | Y |
| | | | | | 006 | 能够刃磨标准麻花钻头 | Z |
| | | | | | 007 | 能够操作台式钻床或立式钻床 | X |

续上表

| 职业功能 | 鉴定项目 | | | | 鉴定要素 | | |
|---|---|---|---|---|---|---|---|
| | 项目代码 | 名　称 | 鉴定比重(%) | 选考方式 | 要素代码 | 名　称 | 重要程度 |
| 基础技能 | D | 零部件修整 | | | 008 | 能够进行钻孔、扩孔、锪孔、铰孔 | X |
| | | | | | 009 | 能够钻削直径 $\phi 10$ mm 孔，并达到位置度公差 $\phi 0.3$ mm 的要求 | X |
| | | | | | 010 | 能够铰削直径 $\phi 10$ mm 孔，并达到以下要求：尺寸公差 IT8，表面粗糙度 $R_a 1.6$ | Y |
| | | | | | 011 | 能够根据不同材料确定攻螺纹、套螺纹前的底孔直径和圆杆直径 | X |
| | | | | | 012 | 能够用丝锥、板牙进行攻、套内外螺纹 | X |
| | | 涂胶 | | | 001 | 能够正确涂抹抗咬合剂 | Y |
| | | | | | 002 | 能够正确涂抹螺纹锁固胶 | Y |
| | | | | | 003 | 能够正确涂抹防锈油脂 | Y |
| | | 螺栓紧固 | | | 001 | 能够按照扭矩要求正确紧固螺栓 | X |
| | | | | | 002 | 能够配合其他人员进行螺栓紧固 | X |
| | | | | | 003 | 能够判别螺栓紧固的扭矩是否满足扭矩要求 | X |
| | | | | | 004 | 能够翻起锁紧垫圈，不损坏本体 | Y |
| 检修各机械装配 | E | 检修车体与构架 | 70 | 至少选择8项 | 001 | 能拆装、调整门梯 | X |
| | | | | | 002 | 能拆装、调整扶手杆 | X |
| | | | | | 003 | 能拆装前窗、侧窗并调整侧窗 | Y |
| | | | | | 004 | 能拆装、调整车体侧墙百叶窗 | Y |
| | | | | | 005 | 能进行构架各附加支座外观检查 | Z |
| | | 检修排障器 | | | 001 | 能检测、测量、调整排障器 | Y |
| | | | | | 002 | 能检查、测量、调整排石器 | Y |
| | | | | | 003 | 能检查、测量、调整更换扫石器 | Y |
| | | 检修附属装置 | | | 001 | 能检查撒砂装置的砂箱、砂管、撒砂器 | Y |
| | | | | | 002 | 能测量、调整砂管距轨面高度与砂管距踏面距离 | X |
| | | | | | 003 | 能检查、拆装轮轨润滑装置的油脂罐、喷嘴、油管、风管 | Z |
| | | | | | 004 | 能测量、调整轮轨润滑装置的喷嘴与轮缘距离 | Y |
| | | 检修牵引杆装置 | | | 001 | 能识别螺母、开口销等紧固件、防缓件的规格、尺寸 | X |
| | | | | | 002 | 能检查牵引杆装置 | Z |
| | | | | | 003 | 能解体、清洗、检查各连接销 | Y |
| | | | | | 004 | 能测量连接销与销套径向尺寸 | X |
| | | 检修牵引缓冲装置 | | | 001 | 能够检查车钩“三态”(开锁状态、闭锁状态、全开状态) | Z |
| | | | | | 002 | 能测量、调整车钩距轨面高度 | X |

续上表

| 职业功能 | 鉴定项目 | | | | 鉴定要素 | | |
|---|---|---|---|---|---|---|---|
| | 项目代码 | 名　称 | 鉴定比重(%) | 选考方式 | 要素代码 | 名　称 | 重要程度 |
| 检修各机械装配 | E | 检修牵引缓冲装置 | | | 003 | 能分解、清扫、组装钩舌与钩舌销 | X |
| | | | | | 004 | 能分解、组装车钩提杆装置 | Y |
| | | 检修一系弹簧悬挂 | | | 001 | 能够检查、测量轴箱弹簧组 | Y |
| | | | | | 002 | 能检查弹簧组上下压盖、上座、定位销与橡胶垫 | Y |
| | | | | | 003 | 能检查垂向油压减振器 | Z |
| | | 检修二系弹簧支撑装置 | | | 001 | 能检查橡胶、弹簧支撑装置 | Y |
| | | | | | 002 | 能分解、组装摩擦减振器 | Z |
| | | | | | 003 | 能检查横向油压减振器 | Z |
| | | 检修基础制动装置 | | | 001 | 能检查单元制动器 | Y |
| | | | | | 002 | 能检测、测量调整闸瓦与踏面、瓦背与闸瓦托的间隙 | X |
| | | | | | 003 | 能拆装、矫正闸瓦托杆 | Z |
| | | 检修手制动装置 | | | 001 | 能检查手制动装置各紧固件、连接件的紧固、防松状态 | X |
| | | | | | 002 | 能试验、检查手制动装置的制动、缓解作用 | Y |
| | | 检修轴箱与轴箱拉杆 | | | 001 | 能检查轴箱状态 | Y |
| | | | | | 002 | 能解体、检查、组装接地电刷装置 | Y |
| | | | | | 003 | 能检查、测量轴箱拉杆与轴箱体的装配状态 | Y |
| | | | | | 004 | 能解体、检查、组装轴箱拉杆 | X |
| | | 检修齿轮箱和抱轴箱 | | | 001 | 能检查齿轮箱与抱轴箱各紧固件的紧固、防松状态 | X |
| | | | | | 002 | 能解体、清洗、组装齿轮箱与抱轴箱 | X |
| | | 检修电机悬挂装置 | | | 001 | 能检查电机悬挂装置各紧固件的紧固、防松状态 | X |
| | | | | | 002 | 能检查测量吊座与电机安装座的装配 | X |
| | | | | | 003 | 能检查、测量防落板与电机的技术参数 | Y |
| 各机械装配诊断 | F | 诊断、排除故障 | 10 | 必选 | 001 | 能排除砂管不下砂、下砂量过大或过小的故障 | X |
| | | | | | 002 | 能排除轮轨润滑装置不喷油、喷油量过大或过小的故障 | Y |
| | | | | | 003 | 能矫正扶手杆、砂箱支板、排石器支板等损坏的车体部件 | X |
| | | | | | 004 | 能处理车钩高度不符要求、车钩摆动不灵活故障 | X |
| | | | | | 005 | 能处理车钩提杆不灵活故障 | Y |
| | | | | | 006 | 能处理制动时闸瓦不贴轮的故障 | Y |
| | | | | | 007 | 能处理闸瓦上、下偏磨故障 | Z |
| | | | | | 008 | 能处理轴箱拉杆与轴箱体装配不到位的故障 | X |
| | | | | | 009 | 能处理抱轴箱集油器装置安装不到位的故障 | Z |

注:重要程度中X表示核心要素,Y表示一般要素,Z表示辅助要素。下同。

# 电力机车钳工(初级工)技能操作考核样题与分析

职 业 名 称：________________

考 核 等 级：________________

存 档 编 号：________________

考核站名称：________________

鉴定责任人：________________

命题责任人：________________

主管负责人：________________

中国北车股份有限公司劳动工资部制

## 职业技能鉴定技能操作考核制件图示或内容

一、技术要求

1. 正确完成新八轴牵引杆组装；
2. 正确完成新八轴一系簧压装；
3. 正确完成二系悬挂装置组装；
4. 能够完成新八轴机车轮喷和排石器检测、调整；
5. 能够完成新八轴制动装置整备；
6. 能够检查新八轴驱动单元和悬挂的组装。

二、考试规则

1. 每违反一次工艺纪律、安全操作、劳动保护、文明生产等扣10分；
2. 有重大安全事故、考试作弊取消其考试资格。

| | |
|---|---|
| 职业名称 | 电力机车钳工 |
| 考核等级 | 初级工 |
| 试题名称 | 新八轴机车组装 |
| 材质等信息 | |

职业技能鉴定技能操作考核准备单

| | |
|---|---|
| 职业名称 | 电力机车钳工 |
| 考核等级 | 初级工 |
| 试题名称 | 新八轴机车组装 |

## 一、材料准备

1. 牵引杆组装零件准备

(1)零件准备:牵引杆、2个橡胶套、安全托、2个螺栓M16×50、2个防松垫VS16;

(2)工艺装备:牵引杆压装工装、安全托样板;

(3)所用设备:油压机YS41-63T;

(4)工艺用料:白布、快干油脂MOLYKOTE。

2. 一系簧压装零件准备

(1)零件准备:弹簧下座、一系簧、弹簧上座、绝缘垫、绝缘环;

(2)工艺装备:一系簧压装胎;

(3)所用设备:油压机YS41-63T;

(4)工艺用料:抗咬合剂(乐泰AS767)、粘结剂MOSTIK1400。

3. 二系悬挂装置零件准备

(1)部件准备:已经组装完成的转向架总装或构架总成;

(2)零件准备:二系悬挂弹簧、轴重补偿垫、上座、二系悬挂橡胶垫、2个二系垂向减振器、横向减振器、6个螺栓M16×40、6个防松垫VS16;

(3)工艺装备:二系簧角度样板;

(4)工艺用料:抗咬合剂(乐泰AS767)。

4. 轮喷和排石器检测调整零件准备

(1)部件准备:在负载状态下的转向架组装;

(2)工艺装备:轮缘喷头角度样板。

5. 制动装置整备零件准备

部件准备:基础制动装置、储能制动装置、闸瓦。

6. 检查驱动单元组装和悬挂的零件准备

(1)部件准备:已经组装完成的驱动单元(有必要增加问题设定,例如:个别螺栓未达到扭矩要求或防落座安装位置不对);

(2)工艺用料:标记漆、防锈油脂。

## 二、设备、工、量、卡具准备清单

| 序号 | 名　称 | 规　格 | 数量 | 备　注 |
|---|---|---|---|---|
| 1 | 扭矩扳手 | 173 N·m | 1 | |
| 2 | 钢直尺 | 300 mm | 1 | |
| 3 | 扭矩扳手 | 70 N·m | 1 | |
| 4 | 卡钳 | | 1 | |

续上表

| 序号 | 名　称 | 规　格 | 数量 | 备　注 |
|---|---|---|---|---|
| 5 | 钢直尺 | 150 mm | 1 | |
| 6 | 手锤 | | 1 | |
| 7 | 塞尺 | 0.02～1.00 | 1 | |
| 8 | 扭矩扳手 | 500 N·m | 1 | |
| 9 | 游标卡尺 | 200/0.02 | 1 | |

## 三、考场准备

1. 材料准备

各材料按照上述要求进行准备。

2. 相应的场地及安全防范措施

(1)各部件存放应该稳固、可靠,轮对存放在轨道上应该楔入楔铁;

(2)操作人员应该佩戴安全帽,操作过程须正确佩戴劳动保护用品。

3. 其他准备

(1)在考核过程中发现的不合格情况也应该作为考核的项目之一;

(2)可根据实际过程将不合格的产品作为考试项目。

## 四、考核内容及要求

1. 考核内容(按考核制件图示及要求制作)

(1)按 ZX. J22106170000001A0. ZY-01 牵引装置组装工艺完成新八轴机车的牵引杆压装;

(2)按 ZX. 0107600/01 一系簧压装工艺完成新八轴机车的一系簧压装;

(3)按 ZX. J22107010000001A0. ZY-03 转向架最终装配工艺的工序 1210 完成新八轴机车的二系悬挂装置组装;

(4)按 ZX. J22107010000001A0. ZY-02 转向架负载试验工艺的工序 1115 和 1120 完成新八轴机车的轮喷和排石器检测、调整;

(5)按 ZX. J22107010000001A1. ZY-01 构架总成组装工艺的工序 1045 完成新八轴机车制动装置整备;

(6)熟悉 GY. J22107140000001A0. ZY-01 驱动单元组装工艺的工序 1015 和工序 1020 的检查计划要求,并对工件进行检查确认。

2. 考核时限

本试题考核时限为 240 min。

3. 考核评分(表)

| 职业名称 | 电力机车钳工 | 考核等级 | 初级工 | | |
|---|---|---|---|---|---|
| 试题名称 | 新八轴机车组装 | 考核时限 | 240 min | | |
| 鉴定项目 | 考核内容 | 配分 | 评分标准 | 扣分说明 | 得分 |
| 涂胶 | 一系簧压装和二系悬挂装置中涂抹抗咬合剂 | 4 | 各 2 分 | | |

续上表

| 鉴定项目 | 考核内容 | 配分 | 评分标准 | 扣分说明 | 得分 |
|---|---|---|---|---|---|
| 涂胶 | 一系簧的绝缘垫绝缘环组装和牵引装置压装 | 2 | 各1分 | | |
| | 检查驱动单元和悬挂组装后涂抹防锈油脂 | 4 | 各2分 | | |
| 螺栓紧固 | 牵引装置安全托安装 | 2 | 不正确不得分 | | |
| | 驱动单元组装检查 | 2 | 紧固不到位不得分 | | |
| | 安装牵引装置安全托,驱动单元和悬挂检查 | 4 | 安装2分,检查各1分 | | |
| | 翻起电机线缆螺止动垫 | 2 | 损坏本体不得分 | | |
| 检修附属装置 | 调整撒砂支架高度 | 2 | 调整不到位不得分 | | |
| | 调整撒砂管的距离 | 4 | 距轨面2分,距踏面2分 | | |
| | 检查连接管路是否通畅 | 2 | 不通畅不得分 | | |
| | 调整轮缘喷头距离 | 3 | 喷头距离不符合规定不得分 | | |
| 检修牵引杆装置 | 安装牵引装置时识别螺栓、防松垫规格,能够进行牵引装置压装 | 10 | 识别2分,进行压装8分 | | |
| | 检查牵引装置各件状态 | 2 | 视检查情况而定 | | |
| | 压装前清理接入部位 | 2 | 清理不到位不得分 | | |
| | 测量牵引杆和橡胶套径向尺寸 | 2 | 每项测量不到位扣1分 | | |
| 检修一系弹簧悬挂 | 检测弹簧压缩后高度 | 8 | 组装4分,检测尺寸2分,横向刚度标识1分 | | |
| | 一系簧压装前检查工件状态 | 2 | 检查不到位不得分 | | |
| | 检查垂向油压减振器 | 1 | 检查不到位不得分 | | |
| 检修二系弹簧支撑装置 | 检查二系悬挂弹簧和二系橡胶垫 | 6 | 核对试验数据4分,横向刚度标识2分 | | |
| | 组装二系横向减振器 | 2 | 检查不到位不得分 | | |
| | 检查二系横向减振器 | 1 | 检查不到位不得分 | | |
| 检修基础制动装置 | 检查制动装置 | 1 | 检查不到位不得分 | | |
| | 检测闸瓦托与瓦背的间隙 | 2 | 检查不到位不得分 | | |
| | 安装闸瓦托杆 | 3 | 闸瓦的方向1分,闸瓦的安装1分,打开开口销1分 | | |
| 检修手制动装置 | 检查储能制动装置 | 1 | 检查不到位不得分 | | |
| | 检查储能制动装置的动作 | 2 | 检查不到位不得分 | | |
| 检修齿轮箱和抱轴承箱 | 检查抱轴承箱与电机的紧固状态、防松状态 | 4 | 检查紧固2分,防松状态2分 | | |
| | 检查驱动单元的组装 | 2 | 检查不到位不得分 | | |
| 检修电机悬挂装置 | 检查电机悬挂装置的紧固状态 | 4 | 检查紧固2分,防松状态2分 | | |
| | 检查电机悬挂装置橡胶堆的距离 | 2 | 检查不到位不得分 | | |
| | 检查电机悬挂与电机的贴合 | 2 | 检查不到位不得分 | | |

续上表

| 鉴定项目 | 考核内容 | 配分 | 评分标准 | 扣分说明 | 得分 |
| --- | --- | --- | --- | --- | --- |
| 诊断、排除故障 | 根据技能鉴定过程发现的问题进行考核,也可根据实际发生的问题进行考核 | 10 | 视实际情况扣分 | | |
| 质量、安全、工艺纪律、文明生产等综合考核项目 | 考核时限 | 不限 | 每超时 5 min 扣 10 分 | | |
| | 工艺纪律 | 不限 | 依据企业有关工艺纪律管理规定执行,每违反一次扣 10 分 | | |
| | 劳动保护 | 不限 | 依据企业有关劳动保护管理规定执行,每违反一次扣 10 分 | | |
| | 文明生产 | 不限 | 依据企业有关文明生产管理规定执行,每违反一次扣 10 分 | | |
| | 安全生产 | 不限 | 依据企业有关安全生产管理规定执行,每违反一次扣 10 分 | | |

## 职业技能鉴定技能考核制件(内容)分析

| 职业名称 | 电力机车钳工 | | | | |
|---|---|---|---|---|---|
| 考核等级 | 初级工 | | | | |
| 试题名称 | 新八轴机车组装 | | | | |
| 职业标准依据 | 电力机车钳工国家职业标准 | | | | |
| 试题中鉴定项目及鉴定要素的分析与确定 | | | | | |
| 分析事项＼鉴定项目分类 | 基本技能“D” | 专业技能“E” | 相关技能“F” | 合计 | 数量与占比说明 |
| 鉴定项目总数 | 3 | 12 | 1 | 16 | 专业技能满足2/3,鉴定要素满足60%的要求 |
| 选取的鉴定项目数量 | 2 | 8 | 1 | 11 | |
| 选取的鉴定项目数量占比(%) | 66.7 | 66.7 | 100 | 68.8 | |
| 对应选取鉴定项目所包含的鉴定要素总数 | 7 | 24 | 10 | 41 | |
| 选取的鉴定要素数量 | 7 | 24 | 10 | 41 | |
| 选取的鉴定要素数量占比(%) | 100 | 100 | 100 | 100 | |

所选取鉴定项目及相应鉴定要素分解与说明

| 鉴定项目类别 | 鉴定项目名称 | 国家职业标准规定比重(%) | 《框架》中鉴定要素名称 | 本命题中具体鉴定要素分解 | 配分 | 评分标准 | 考核难点说明 |
|---|---|---|---|---|---|---|---|
| “D” | 涂胶 | 20 | 能够正确涂抹抗咬合剂 | 一系簧压装和二系悬挂装置中涂抹抗咬合剂 | 4 | 各2分 | |
| | | | 能够正确涂抹螺纹锁固胶 | 一系簧的绝缘垫绝缘环组装和牵引装置压装 | 2 | 各1分 | |
| | | | 能够正确涂抹防锈油脂 | 检查驱动单元和悬挂组装后涂抹防锈油脂 | 4 | 各2分 | |
| | 螺栓紧固 | | 能够按照扭矩要求正确紧固螺栓 | 牵引装置安全托安装 | 2 | 不正确不得分 | |
| | | | 能够配合其他人员进行螺栓紧固 | 驱动单元组装检查 | 2 | 紧固不到位不得分 | |
| | | | 能够判别螺栓紧固的扭矩是否满足扭矩要求 | 安装牵引装置安全托,驱动单元和悬挂检查 | 4 | 安装2分,检查各1分 | |
| | | | 能够翻起锁紧垫圈,不损坏本体 | 翻起电机线缆螺止动垫 | 2 | 损坏本体不得分 | |
| “E” | 检修附属装置 | 70 | 能检查撒砂装置的砂箱、砂管、撒砂器 | 调整撒砂支架高度 | 2 | 调整不到位不得分 | |
| | | | 能测量、调整砂管距轨面高度与砂管距踏面距离 | 调整撒砂管的距离 | 4 | 距轨面2分,距踏面2分 | |
| | | | 能检查、拆装轮轨润滑装置的油脂罐、喷嘴、油管、风管 | 检查连接管路是否通畅 | 2 | 不通畅不得分 | |
| | | | 能测量、调整轮轨润滑装置的喷嘴与轮缘距离 | 调整轮缘喷头距离 | 3 | 喷头距离不符合规定不得分 | |

续上表

| 鉴定项目类别 | 鉴定项目名称 | 国家职业标准规定比重(%) | 《框架》中鉴定要素名称 | 本命题中具体鉴定要素分解 | 配分 | 评分标准 | 考核难点说明 |
|---|---|---|---|---|---|---|---|
| "E" | 检修牵引杆装置 | | 能识别螺母、开口销等紧固件、防缓件的规格、尺寸 | 安装牵引装置时识别螺栓、防松垫规格,能够进行牵引装置压装 | 10 | 识别2分,进行压装8分 | |
| | | | 能检查牵引杆装置 | 检查牵引装置各件状态 | 2 | 视检查情况而定 | |
| | | | 能解体、清洗、检查各连接销 | 压装前清理接入部位 | 2 | 清理不到位不得分 | |
| | | | 能测量连接销与销套径向尺寸 | 测量牵引杆和橡胶套径向尺寸 | 2 | 每项测量不到位扣1分 | |
| | 检修一系弹簧悬挂 | | 能够检查、测量轴箱弹簧组 | 检测弹簧压缩后高度 | 8 | 组装4分,检测尺寸2分,横向刚度标识1分 | |
| | | | 能检查弹簧组上下压盖、上座、定位销与橡胶垫 | 一系簧压装前检查工件状态 | 2 | 检查不到位不得分 | |
| | | | 能检查垂向油压减振器 | 检查垂向油压减振器 | 1 | 检查不到位不得分 | |
| | 检修二系弹簧支撑装置 | | 能检查橡胶、弹簧支撑装置 | 检查二系悬挂弹簧和二系橡胶垫 | 6 | 核对试验数据4分,横向刚度标识2分 | |
| | | | 能分解、组装摩擦减振器 | 组装二系横向减振器 | 2 | 检查不到位不得分 | |
| | | | 能检查横向油压减振器 | 检查二系横向减振器 | 1 | 检查不到位不得分 | |
| | 检修基础制动装置 | | 能检查单元制动器 | 检查制动装置 | 1 | 检查不到位不得分 | |
| | | | 能检测、测量调整闸瓦与踏面、瓦背与闸瓦托的间隙 | 检测闸瓦托与瓦背的间隙 | 2 | 检查不到位不得分 | |
| | | | 能拆装、矫正闸瓦托杆 | 安装闸瓦托杆 | 3 | 闸瓦的方向1分,闸瓦的安装1分,打开开口销1分 | |
| | 检修手制动装置 | | 能检查手制动装置各紧固件、连接件的紧固、防松状态 | 检查储能制动装置 | 1 | 检查不到位不得分 | |
| | | | 能试验、检查手制动装置的制动、缓解作用 | 检查储能制动装置的动作 | 2 | 检查不到位不得分 | |
| | 检修齿轮箱和抱轴承箱 | | 能检查齿轮箱与抱轴箱各紧固件的紧固、防松状态 | 检查抱轴承箱与电机的紧固状态、防松状态 | 4 | 检查紧固2分,防松状态2分 | |
| | | | 能解体、清洗、组装齿轮箱与抱轴箱 | 检查驱动单元的组装 | 2 | 检查不到位不得分 | |

续上表

| 鉴定项目类别 | 鉴定项目名称 | 国家职业标准规定比重(%) | 《框架》中鉴定要素名称 | 本命题中具体鉴定要素分解 | 配分 | 评分标准 | 考核难点说明 |
|---|---|---|---|---|---|---|---|
| "E" | 检修电机悬挂装置 | | 能检查电机悬挂装置各紧固件的紧固、防松状态 | 检查电机悬挂装置的紧固状态 | 4 | 检查紧固2分,防松状态2分 | |
| | | | 能检查测量吊座与电机安装座的装配 | 检查电机悬挂装置橡胶堆的距离 | 2 | 检查不到位不得分 | |
| | | | 能检查、测量防落板与电机的技术参数 | 检查电机悬挂与电机的贴合 | 2 | 检查不到位不得分 | |
| "F" | 诊断、排除故障 | 10 | 能诊断、排除车顶盖漏雨故障 | 根据技能鉴定过程发现的问题进行考核,也可根据实际发生的问题进行考核 | 10 | 视实际情况扣分 | |
| | | | 能诊断、排除侧墙百叶窗不透风故障 | | | | |
| | | | 能在机车各种软硬材料上钻斜孔、对接孔、深孔、小孔 | | | | |
| | | | 能诊断和排除车钩锁闭不良的故障 | | | | |
| | | | 能诊断和排除缓冲装置压块卡滞、底板倾斜等故障 | | | | |
| | | | 能诊断、排除垂向油压减振器偏磨的故障 | | | | |
| | | | 能诊断和排除手制动装置作用不灵活的故障 | | | | |
| | | | 能诊断和排除闸瓦左、右偏磨的故障 | | | | |
| | | | 能诊断、排除轮对电机空转试验发热故障 | | | | |
| | | | 能诊断、排除集油器毛线刷与轴径接触不良故障 | | | | |
| 质量、安全、工艺纪律、文明生产等综合考核项目 | | | | 考核时限 | 不限 | 每超时5 min扣10分 | |
| | | | | 工艺纪律 | 不限 | 依据企业有关工艺纪律管理规定执行,每违反一次扣10分 | |
| | | | | 劳动保护 | 不限 | 依据企业有关劳动保护管理规定执行,每违反一次扣10分 | |

续上表

| 鉴定项目类别 | 鉴定项目名称 | 国家职业标准规定比重(%) | 《框架》中鉴定要素名称 | 本命题中具体鉴定要素分解 | 配分 | 评分标准 | 考核难点说明 |
|---|---|---|---|---|---|---|---|
| 质量、安全、工艺纪律、文明生产等综合考核项目 | | | | 文明生产 | 不限 | 依据企业有关文明生产管理规定执行，每违反一次扣10分 | |
| | | | | 安全生产 | 不限 | 依据企业有关安全生产管理规定执行，每违反一次扣10分 | |

# 电力机车钳工(中级工)技能操作考核框架

## 一、框架说明

1. 依据《国家职业标准》注,以及中国北车确定的“岗位个性服从于职业共性”的原则,提出电力机车钳工(中级工)技能操作考核框架(以下简称:技能考核框架)。

2. 本职业等级技能操作考核评分采用百分制。即:满分为 100 分,60 分为及格,低于 60 分为不及格。

3. 实施“技能考核框架”时,考核制件(活动)命题可以选用本企业的加工件(活动项目),也可以结合实际另外组织命题。

4. 实施“技能考核框架”时,考核的时间和场地条件等应依据《国家职业标准》,并结合企业实际确定。

5. 实施“技能考核框架”时,其“职业功能”的分类按以下要求确定:

(1)“检修各机械装配”属于本职业等级技能操作的核心职业活动,其“项目代码”为“E”。

(2)“基础技能”、“诊断、排除故障”属于本职业等级技能操作的辅助性活动,其“项目代码”分别为“D”和“F”。

6. 实施“技能考核框架”时,其“鉴定项目”和“选考数量”按以下要求确定:

(1)按照《国家职业标准》有关技能操作鉴定比重的要求,本职业等级技能操作考核制件的“鉴定项目”应按“D”+“E”+“F”组合,其考核配分比例相应为:“D”占 20 分,“E”占 70 分,“F”占 10 分。

(2)依据本职业等级《国家职业标准》的要求,技能考核时,“E”类鉴定均为任选项。

(3)依据中国北车确定的“核心职业活动选取 2/3,并向上取整”的规定,在“E”类鉴定项目——“检修附属装置”、“检修牵引装置”、“检修一系弹簧悬挂”、“检修二系弹簧支撑装置”、“检修基础制动装置”、“检修手制动装置”、“检修齿轮箱和抱轴箱”、“检修电机悬挂装置”的全部 12 项中,至少选取 8 项。

(4)依据中国北车确定的“其余‘鉴定项目’的数量可以任选”的规定,“D”和“F”类鉴定项目——“基础技能”、“诊断、排除故障”中,至少分别选取 1 项。

(5)依据中国北车确定的“确定‘选考数量’时,所涉及‘鉴定要素’的数量占比,应不低于对应‘鉴定项目’范围内‘鉴定要素’总数的 60%,并向上取整”的规定,考核制件(活动)的鉴定要素“选考数量”应按以下要求确定:

①在“D”类“鉴定项目”中,在已选定的 2 个或全部鉴定项目中,至少选取已选鉴定项目所对应的全部鉴定要素的 60%项,并向上保留整数。

②在“E”类“鉴定项目”中,在已选定的 8 个鉴定项目所包含的全部鉴定要素中,至少选取总数的 60%项,并向上保留整数。

③在“F”类“鉴定项目”中,在已选定的 1 个或全部鉴定项目中,至少选取已选鉴定项目所

对应的全部鉴定要素的60%项,并向上保留整数。

举例分析:

按照上述"第6条"要求,若命题时按最少数量选取,即:在"D"类鉴定项目中选取了"涂胶"、"螺栓紧固"2项,在"E"类鉴定项目中选取了"检修附属装置"、"检修牵引装置"、"检修一系弹簧悬挂"、"检修二系弹簧支撑装置"、"检修基础制动装置"、"检修手制动装置"、"检修齿轮箱和抱轴箱"、"检修电机悬挂装置"8项,在"F"类鉴定项目中分别选取了"诊断、排除故障"1项,则:

此考核制件所涉及的"鉴定项目"总数为11项,具体包括:"涂胶"、"螺栓紧固"、"检修附属装置"、"检修牵引装置"、"检修一系弹簧悬挂"、"检修二系弹簧支撑装置"、"检修基础制动装置"、"检修手制动装置"、"检修齿轮箱和抱轴箱"、"检修电机悬挂装置"、"诊断、排除故障";

此考核制件所涉及的鉴定要素"选考数量"相应为25项,具体包括:"涂胶"、"螺栓紧固"鉴定项目包含的全部6个鉴定要素中的6项,"检修附属装置"、"检修牵引装置"、"检修一系弹簧悬挂"、"检修二系弹簧支撑装置"、"检修基础制动装置"、"检修手制动装置"、"检修齿轮箱和抱轴箱"、"检修电机悬挂装置"8个鉴定项目包括的全部17个鉴定要素中的12项,"诊断、排除故障"鉴定项目包含的全部10个鉴定要素中的7项。

7. 本职业等级技能操作需要两人及以上共同作业的,可由鉴定组织机构根据"必要、辅助"的原则,结合实际情况确定协助人员的数量。在整个操作过程中,协助人员只能起必要、简单的辅助作用。否则,每违反一次,至少扣减应考者的技能考核总成绩10分,直至取消其考试资格。

8. 实施"技能考核框架"时,应同时对应考者在质量、安全、工艺纪律、文明生产等方面行为进行考核。对于在技能操作考核过程中出现的违章作业现象,每违反一项(次)至少扣减技能考核总成绩10分,直至取消其考试资格。

注:按照中国北车规定,各《职业技能操作考核框架》的编制依据现行的《国家职业标准》或现行的《行业职业标准》或现行的《中国北车职业标准》的顺序执行。

## 二、电力机车钳工(中级工)技能操作鉴定要素细目表

| 职业功能 | 鉴定项目 | | | | 鉴定要素 | | |
|---|---|---|---|---|---|---|---|
| | 项目代码 | 名称 | 鉴定比重(%) | 选考方式 | 要素代码 | 名称 | 重要程度 |
| 基础技能 | D | 零部件修整 | 20 | 任选 | 001 | 能刃磨油槽錾 | Y |
| | | | | | 002 | 能完成轴瓦上油槽的錾削 | X |
| | | | | | 003 | 能锯削 $\phi$30～50 mm的45号钢件,锯断面达到平面度公差0.4 mm的要求 | Y |
| | | | | | 004 | 能锉削20 mm×50 mm的平面,并达到以下要求:平面度公差0.05 mm,尺寸公差IT8,表面粗糙度 $R_a$1.6 | Y |
| | | | | | 005 | 能操作手电钻、高速钻床进行钻孔 | X |
| | | | | | 006 | 能刃磨标准麻花钻,钻孔达到以下要求:尺寸公差IT10,位置度公差 $\phi$0.2 mm,表面粗糙度 $R_a$2.5 | Y |

续上表

| 职业功能 | 鉴定项目 | | | | 鉴定要素 | | |
|---|---|---|---|---|---|---|---|
| | 项目代码 | 名　称 | 鉴定比重（%） | 选考方式 | 要素代码 | 名　称 | 重要程度 |
| 基础技能 | D | 零部件修整 | | | 007 | 能研磨铰刀，铰孔达到以下要求：尺寸公差 IT7，表面粗糙度 $R_a0.8$ | Z |
| | | | | | 008 | 能在盲孔上攻制螺纹 | Z |
| | | | | | 009 | 能攻制 M4 以下的螺纹 | Y |
| | | | | | 010 | 能修磨磨损的丝锥，恢复其切削功能 | Z |
| | | 涂胶 | | | 001 | 能够正确使用管路密封胶 | Z |
| | | | | | 002 | 能够正确使用粘结剂 | Y |
| | | | | | 003 | 能够正确使用结构胶、活性剂 | X |
| | | | | | 004 | 能够正确配比混合胶 | Y |
| | | 螺栓紧固 | | | 001 | 能够校验扭矩扳手是否符合使用要求 | X |
| | | | | | 002 | 能够识别经紧固的螺栓是否满足性能要求 | Y |
| | | | | | 003 | 能够正确使用气动扭矩扳手 | Y |
| | | | | | 004 | 能够翻起锁紧垫圈，基本不伤及本体 | Y |
| | | | | | 005 | 会捆绑带孔螺栓的防松装置 | X |
| 检修各机械装配 | E | 检修车体与构架 | 70 | 至少选择8项 | 001 | 能检查构架是否有裂纹或焊缝开焊现象，并视情况焊修后磨平处理 | Y |
| | | | | | 002 | 能检查车体、构架是否有锈蚀、腐蚀现象，并视情况处理 | Y |
| | | 检修排障器 | | | 001 | 能检查、矫正、调整排障器 | X |
| | | 检修附属装置 | | | 001 | 能检查限位装置，测量车体与构架侧梁间隙 | Y |
| | | | | | 002 | 能解体、清洗、组装轮轨润滑装置的喷嘴 | X |
| | | | | | 003 | 能解体、清扫、组装撒砂器 | X |
| | | 检修牵引杆装置 | | | 001 | 能分解、清洗、组装牵引杆装置 | X |
| | | | | | 002 | 能测量、调整牵引杆装置各部件装配尺寸 | X |
| | | 检修牵引缓冲装置 | | | 001 | 能测量、组装、调整车钩 | X |
| | | | | | 002 | 能检查车钩各零部件裂纹状况，并视情况铲除、焊修后打磨或做报废处理 | Y |
| | | | | | 003 | 能分解、清扫、组装缓冲装置，更换不良配件 | Y |
| | | 检修一系弹簧悬挂 | | | 001 | 能选配弹簧组 | X |
| | | | | | 002 | 能测定弹簧负荷下的工作高度 | Y |
| | | 检修二系弹簧支撑装置 | | | 001 | 能测试橡胶弹簧的挠度 | Z |
| | | | | | 002 | 能解体、检修油压减振器并测试其阻尼系数 | Y |
| | | 检修基础制动装置 | | | 001 | 能解体、清洗、组装制动单元器 | X |
| | | | | | 002 | 能在车上更换单元制动器密封装置 | Y |
| | | 检修手制动装置 | | | 001 | 能解体、清洗、组装手制动装置 | Y |

续上表

| 职业功能 | 鉴定项目 | | | | 鉴定要素 | | |
|---|---|---|---|---|---|---|---|
| | 项目代码 | 名　　称 | 鉴定比重(%) | 选考方式 | 要素代码 | 名　　称 | 重要程度 |
| 检修各机械装配 | E | 检修轴箱与轴箱拉杆 | | | 001 | 能解体、清洗、组装轴箱 | X |
| | | 检修齿轮箱和抱轴箱 | | | 001 | 能解体、清洗、组装抱轴箱,更换不良配件 | X |
| | | | | | 002 | 能刮削抱轴瓦,并检测刮瓦量、抱轴瓦与轮对轴径、瓦背与抱轴油盒的装配尺寸 | Z |
| | | 检修电机悬挂装置 | | | 001 | 能组装轮对与电机 | X |
| | | | | | 002 | 能测量传动齿轮的啮合尺寸 | X |
| | | | | | 003 | 能进行轮对电机组装的空转试验 | X |
| 各机械装配诊断 | F | 诊断、排除故障 | 10 | 必选 | 001 | 能诊断、排除车顶盖漏雨故障 | X |
| | | | | | 002 | 能诊断、排除侧墙百叶窗不透风故障 | Y |
| | | | | | 003 | 能在机车各种软硬材料上钻斜孔、对接孔、深孔、小孔 | X |
| | | | | | 004 | 能诊断和排除车钩锁闭不良的故障 | X |
| | | | | | 005 | 能诊断和排除缓冲装置压块卡滞、底板倾斜等故障 | Y |
| | | | | | 006 | 能诊断、排除垂向油压减振器偏磨的故障 | Y |
| | | | | | 007 | 能诊断和排除手制动装置作用不灵活的故障 | X |
| | | | | | 008 | 能诊断和排除闸瓦左、右偏磨的故障 | Y |
| | | | | | 009 | 能诊断、排除轮对电机空转试验发热故障 | X |
| | | | | | 010 | 能诊断、排除集油器毛线刷与轴径接触不良故障 | Z |

# 电力机车钳工(中级工)
# 技能操作考核样题与分析

职 业 名 称：________________

考 核 等 级：________________

存 档 编 号：________________

考核站名称：________________

鉴定责任人：________________

命题责任人：________________

主管负责人：________________

中国北车股份有限公司劳动工资部制

## 职业技能鉴定技能操作考核制件图示或内容

一、技术要求

1. 能够完成牵引杆的压装；
2. 正确完成驱动单元组装和跑合试验；
3. 正确组装基础制动装置和手制定装置；
4. 能够进行转向架各部位的检测和调整。

二、考试规则

1. 每违反一次工艺纪律、安全操作、劳动保护、文明生产等扣 10 分；
2. 有重大安全事故、考试作弊取消其考试资格。

| | |
|---|---|
| 职业名称 | 电力机车钳工 |
| 考核等级 | 中级工 |
| 试题名称 | $HX_{D2C}$ 机车组装 |
| 材质等信息 | |

**职业技能鉴定技能操作考核准备单**

| | |
|---|---|
| 职业名称 | 电力机车钳工 |
| 考核等级 | 中级工 |
| 试题名称 | $HX_{D2C}$机车组装 |

## 一、材料准备

1. 牵引杆压装零件准备
(1)零件准备:牵引杆、2个牵引橡胶关节;
(2)工艺装备:牵引杆压装工装;
(3)所用设备:油压机 YS41-63T;
(4)工艺用料:白布、快干油脂 MOLYKOTE。
2. 驱动单元组装零件准备
(1)部件准备:已经组装完成的驱动轴组装、牵引电机、齿轮箱;
(2)零件准备:10个螺栓 M24×90、10个防松垫 VS24、磁堵;
(3)工艺装备:驱动单元组装胎;
(4)工艺用料:清洗剂、抗咬合剂(乐泰 AS767)、乐泰 518、乐泰 7471。
3. 驱动单元跑合试验零件准备
(1)部件准备:已经组装完并能进行跑合试验的驱动单元;
(2)工艺装备:驱动单元跑合试验装置。
4. 基础和手制动装置安装零件准备
(1)部件准备:构架、一个转向架所需的6个制动器(含手制动装置);
(2)零件准备:24个螺栓 M20×85、24个防松垫 VS20、9个螺母 M8、T型手柄;
(3)工艺装备:气动扭矩扳手反力臂工装;
(4)工艺用料:乐泰 AS767、乐泰 222。
5. 转向架各部位检测零件准备
(1)部件准备:正加载的 $HX_{D2C}$ 转向架、二系横向油压减振器、二系橡胶堆;
(2)零件准备:4个螺栓 M16×90、4个垫圈 16、4个螺母 M16、4个螺栓止块;
(3)工艺装备:转向架称重试验工装检测平尺、轮缘喷头角度样板。

## 二、设备、工量、卡具准备清单

| 序号 | 名　称 | 规　格 | 数量 | 备　注 |
|---|---|---|---|---|
| 1 | 扭矩扳手 | 500 N·m | 1 | |
| 2 | 塞尺片 | 0.05 | 1 | |
| 3 | 扭矩扳手 | 69 N·m | 1 | |
| 4 | 红外线点温计 | 30 ℃～500 ℃ | 1 | |
| 5 | 气动扭矩扳手 | 535 N·m | 1 | |
| 6 | 内卡钳 | | 1 | |
| 7 | 钢直尺 | 300 和 150 | 1 | |
| 8 | 高度游标卡尺 | 1 000/0.05 | 1 | |

## 三、考场准备

1. 材料准备

各材料按照上述要求进行准备。

2. 相应的场地及安全防范措施

(1)各部件存放应该稳固、可靠,轮对存放在轨道上应该楔入楔铁;

(2)操作人员应该佩戴安全帽,操作过程须正确佩戴劳动保护用品。

3. 其他准备

(1)在考核过程中发现的不合格情况也应该作为考核的项目之一;

(2)可根据实际过程将不合格的产品作为考试项目。

## 四、考核内容及要求

1. 考核内容(按考核制件图示及要求制作)

(1)按 ZX. JPBE-17-00029073A1. ZY-01 牵引装置压装工艺的工序 1015 完成 HXD2C 机车的牵引杆压装;

(2)按 ZX. J23104140000001A0. ZY-01 驱动单元组装工艺的工序 1020 完成 HXD2C 机车的驱动单元组装;

(3)按 ZX. J23104140000001A0. ZY-02 驱动单元组装试验工艺完成 HXD2C 机车的驱动单元跑合试验;

(4)按 ZX. J23104010000001A1. ZY-01 构架总成(一)工艺的工序 1015 和 1025 完成 HXD2C 机车的基础和手制动装置的组装;

(5)按 ZX. J23104010000001A0. ZY-02 转向架负载试验工艺的工序 1310～1330 完成 HXD2C 机车的转向架的检测;

(6)按 ZX. J23104010000001A0. ZY-03 转向架最终装备工艺的工序 1410 完成 HXD2C 机车的二系横向减振器安装和二系橡胶堆的选配。

2. 考核时限

本试题考核时限为 240 min。

3. 考核评分(表)

| 职业名称 | 电力机车钳工 | 考核等级 | 中级工 | | |
|---|---|---|---|---|---|
| 试题名称 | HXD2C 机车组装 | 考核时限 | 240 min | | |
| 鉴定项目 | 考核内容 | 配分 | 评分标准 | 扣分说明 | 得分 |
| 涂胶 | 正确识别和确认手制动装置使用的锁固胶 | 2 | 识别和使用各 1 分 | | |
| | 正确识别和使用润滑剂 | 2 | 识别和使用各 1 分 | | |
| | 能够正确选用结构胶和对应的活性剂 | 2 | 不正确不得分 | | |

续上表

| 鉴定项目 | 考核内容 | 配分 | 评分标准 | 扣分说明 | 得分 |
|---|---|---|---|---|---|
| 螺栓紧固 | 熟知乐泰 518 和乐泰 7471 的混合使用方法 | 1 | 不正确不得分 | | |
| | 能够进行扭矩扳手校检的检测工作 | 4 | 使用测量仪 2 分,正确检测 2 分 | | |
| | 正确按照扭矩要求进行紧固 | 2 | 不正确不得分 | | |
| | 正确使用气动扭矩扳手进行制动器安装螺栓紧固 | 3 | 不正确不得分 | | |
| | 能够进行抱轴承箱挡油板翻边确认 | 2 | 不正确不得分 | | |
| | 齿轮箱的磁堵暗转过后防松铁丝捆绑正确 | 2 | 不正确不得分 | | |
| 检修附属装置 | 熟知车体与构架、一系垂向间隙的检测 | 4 | 使用内卡钳 2 分,测量 2 分 | | |
| | 能够调整轮缘喷头位置 | 3 | 调整不到位不得分 | | |
| | 能够检测和调整排石器和撒砂管的位置 | 6 | 3 个尺寸各 2 分 | | |
| 检修牵引杆装置 | 能够进行牵引装置组装 | 10 | 设置不到位不得分 | | |
| | 组装牵引装置时能够进行调整,满足性能要求 | 3 | 设置不到位不得分 | | |
| 检修一系弹簧悬挂 | 通过检测识别弹簧的选配合理 | 2 | 不正确不得分 | | |
| | 能够计算弹簧的工作高度 | 2 | 不正确不得分 | | |
| 检修二系弹簧支撑装置 | 能够按照二系橡胶堆的试验数据进行分组 | 4 | 不正确不得分 | | |
| | 掌握油压减振器的阻尼要求和安装要求 | 4 | 不正确不得分 | | |
| 检修基础制动装置 | 能够正确组装制动装置 | 6 | 不正确不得分 | | |
| | 变换环境安装制动装置 | 3 | 不正确不得分 | | |
| 检修手制动装置 | 能够正确组装手制动装置各零部件 | 2 | 不正确不得分 | | |
| 检修齿轮箱和抱轴承箱 | 检查和清理牵引电机和抱轴承箱合口面 | 3 | 检查 1 分,清理 2 分 | | |
| | 装配后保证各定位块正确安装 | 2 | 不正确不得分 | | |
| 检修电机悬挂装置 | 牵引电机和抱轴承箱合口螺栓正确紧固 | 3 | 不正确不得分 | | |
| | 组装后正确检测牵引电机和抱轴承箱合口面尺寸 | 3 | 不正确不得分 | | |
| | 能够正确操作进行驱动单元跑合试验 | 8 | 操作设备 2 分,接线 2 分,测量温升 2 分,检查油位 2 分 | | |
| 诊断、排除故障 | 根据技能鉴定过程发现的问题进行考核,也可根据实际发生的问题进行考核 | 10 | 视实际情况扣分 | | |

续上表

| 鉴定项目 | 考核内容 | 配分 | 评分标准 | 扣分说明 | 得分 |
|---|---|---|---|---|---|
| 质量、安全、工艺纪律、文明生产等综合考核项目 | 考核时限 | 不限 | 每超时 5 min 扣 10 分 | | |
| | 工艺纪律 | 不限 | 依据企业有关工艺纪律管理规定执行,每违反一次扣 10 分 | | |
| | 劳动保护 | 不限 | 依据企业有关劳动保护管理规定执行,每违反一次扣 10 分 | | |
| | 文明生产 | 不限 | 依据企业有关文明生产管理规定执行,每违反一次扣 10 分 | | |
| | 安全生产 | 不限 | 依据企业有关安全生产管理规定执行,每违反一次扣 10 分 | | |

## 职业技能鉴定技能考核制件(内容)分析

| 鉴定项目分类<br>分析事项 | 基本技能“D” | 专业技能“E” | 相关技能“F” | 合计 | 数量与占比说明 |
|---|---|---|---|---|---|
| 职业名称 | 电力机车钳工 | | | | |
| 考核等级 | 中级工 | | | | |
| 试题名称 | $HX_{D2C}$机车组装 | | | | |
| 职业标准依据 | 电力机车钳工国家职业标准 | | | | |
| 试题中鉴定项目及鉴定要素的分析与确定 | | | | | |
| 鉴定项目总数 | 3 | 12 | 1 | 16 | 专业技能满足2/3,鉴定要素满足60%的要求 |
| 选取的鉴定项目数量 | 2 | 8 | 1 | 11 | |
| 选取的鉴定项目数量占比(%) | 66.7 | 66.7 | 100 | 68.8 | |
| 对应选取鉴定项目所包含的鉴定要素总数 | 9 | 17 | 10 | 36 | |
| 选取的鉴定要素数量 | 9 | 17 | 10 | 36 | |
| 选取的鉴定要素数量占比(%) | 100 | 100 | 100 | 100 | |

所选取鉴定项目及相应鉴定要素分解与说明

| 鉴定项目类别 | 鉴定项目名称 | 国家职业标准规定比重(%) | 《框架》中鉴定要素名称 | 本命题中具体鉴定要素分解 | 配分 | 评分标准 | 考核难点说明 |
|---|---|---|---|---|---|---|---|
| “D” | 涂胶 | 20 | 能够正确使用管路密封胶 | 正确识别和确认手制动装置使用的锁固胶 | 2 | 识别和使用各1分 | |
| | | | 能够正确使用粘结剂 | 正确识别和使用润滑剂 | 2 | 识别和使用各1分 | |
| | | | 能够正确使用结构胶、活性剂 | 能够正确选用结构胶和对应的活性剂 | 2 | 不正确不得分 | |
| | | | 能够正确配比混合胶 | 熟知乐泰518和乐泰7471的混合使用方法 | 1 | 不正确不得分 | |
| | 螺栓紧固 | | 能够校验扭矩扳手是否符合使用要求 | 能够进行扭矩扳手校检的检测工作 | 4 | 使用测量仪2分,正确检测2分 | |
| | | | 能够识别经紧固的螺栓是否满足性能要求 | 正确按照扭矩要求进行紧固 | 2 | 不正确不得分 | |
| | | | 能够正确使用气动扭矩扳手 | 正确使用气动扭矩扳手进行制动器安装螺栓紧固 | 3 | 不正确不得分 | |
| | | | 能够翻起锁紧垫圈,基本不伤及本体 | 能够进行抱轴承箱挡油板翻边确认 | 2 | 不正确不得分 | |
| | | | 会捆绑带孔螺栓的防松装置 | 齿轮箱的磁堵暗转过后防松铁丝捆绑正确 | 2 | 不正确不得分 | |
| “E” | 检修附属装置 | 70 | 能检查限位装置,测量车体与构架侧梁间隙 | 熟知车体与构架、一系垂向间隙的检测 | 4 | 使用内卡钳2分,测量2分 | |
| | | | 能解体、清洗、组装轮轨润滑装置的喷嘴 | 能够调整轮缘喷头位置 | 3 | 调整不到位不得分 | |
| | | | 能解体、清扫、组装撒砂器 | 能够检测和调整排石器和撒砂管的位置 | 6 | 3个尺寸各2分 | |

续上表

| 鉴定项目类别 | 鉴定项目名称 | 国家职业标准规定比重(%) | 《框架》中鉴定要素名称 | 本命题中具体鉴定要素分解 | 配分 | 评分标准 | 考核难点说明 |
|---|---|---|---|---|---|---|---|
| "E" | 检修牵引杆装置 | | 能分解、清洗、组装牵引杆装置 | 能够进行牵引装置组装 | 10 | 设置不到位不得分 | |
| | | | 能测量、调整牵引杆装置各部件装配尺寸 | 组装牵引装置时能够进行调整,满足性能要求 | 3 | 设置不到位不得分 | |
| | 检修一系弹簧悬挂 | | 能选配弹簧组 | 通过检测识别弹簧的选配合理 | 2 | 不正确不得分 | |
| | | | 能测定弹簧负荷下的工作高度 | 能够计算弹簧的工作高度 | 2 | 不正确不得分 | |
| | 检修二系弹簧支撑装置 | | 能测试橡胶弹簧的挠度 | 能够按照二系橡胶堆的试验数据进行分组 | 4 | 不正确不得分 | |
| | | | 能解体、检修油压减振器并测试其阻尼系数 | 掌握油压减振器的阻尼要求和安装要求 | 4 | 不正确不得分 | |
| | 检修基础制动装置 | | 能解体、清洗、组装制动单元器 | 能够正确组装制动装置 | 6 | 不正确不得分 | |
| | | | 能在车上更换单元制动器密封装置 | 变换环境安装制动装置 | 3 | 不正确不得分 | |
| | 检修手制动装置 | | 能解体、清洗、组装手制动装置 | 能够正确组装手制动装置各零部件 | 2 | 不正确不得分 | |
| | 检修齿轮箱和抱轴承箱 | | 能解体、清洗、组装抱轴箱,更换不良配件 | 检查和清理牵引电机和抱轴承箱合口面 | 3 | 检查1分,清理2分 | |
| | | | 能刮削抱轴瓦,并检测刮瓦量、抱轴瓦与轮对轴径、瓦背与抱轴油盒的装配尺寸 | 装配后保证各定位块正确安装 | 2 | 不正确不得分 | |
| | 检修电机悬挂装置 | | 能组装轮对与电机 | 牵引电机和抱轴承箱合口螺栓正确紧固 | 3 | 不正确不得分 | |
| | | | 能测量传动齿轮的啮合尺寸 | 组装后正确检测牵引电机和抱轴承箱合口面尺寸 | 3 | 不正确不得分 | |
| | | | 能进行轮对电机组装的空转试验 | 能够正确操作进行驱动单元跑合试验 | 8 | 操作设备2分,接线2分,测量温升2分,检查油位2分 | |
| "F" | 诊断、排除故障 | 10 | 能诊断、排除车顶盖漏雨故障 | 根据技能鉴定过程发现的问题进行考核,也可根据实际发生的问题进行考核 | 10 | 视实际情况扣分 | |
| | | | 能诊断、排除侧墙百叶窗不透风故障 | | | | |
| | | | 能在机车各种软硬材料上钻斜孔、对接孔、深孔、小孔 | | | | |

续上表

| 鉴定项目类别 | 鉴定项目名称 | 国家职业标准规定比重(%) | 《框架》中鉴定要素名称 | 本命题中具体鉴定要素分解 | 配分 | 评分标准 | 考核难点说明 |
|---|---|---|---|---|---|---|---|
| “F” | 诊断、排除故障 | | 能诊断和排除车钩锁闭不良的故障 | 根据技能鉴定过程发现的问题进行考核，也可根据实际发生的问题进行考核 | | 视实际情况扣分 | |
| | | | 能诊断和排除缓冲装置压块卡滞、底板倾斜等故障 | | | | |
| | | | 能诊断、排除垂向油压减振器偏磨的故障 | | | | |
| | | | 能诊断和排除手制动装置作用不灵活的故障 | | | | |
| | | | 能诊断和排除闸瓦左、右偏磨的故障 | | | | |
| | | | 能诊断、排除轮对电机空转试验发热故障 | | | | |
| | | | 能诊断、排除集油器毛线刷与轴径接触不良故障 | | | | |
| 质量、安全、工艺纪律、文明生产等综合考核项目 | | | | 考核时限 | 不限 | 每超时 5 min 扣 10 分 | |
| | | | | 工艺纪律 | 不限 | 依据企业有关工艺纪律管理规定执行，每违反一次扣 10 分 | |
| | | | | 劳动保护 | 不限 | 依据企业有关劳动保护管理规定执行，每违反一次扣 10 分 | |
| | | | | 文明生产 | 不限 | 依据企业有关文明生产管理规定执行，每违反一次扣 10 分 | |
| | | | | 安全生产 | 不限 | 依据企业有关安全生产管理规定执行，每违反一次扣 10 分 | |

# 电力机车钳工(高级工)技能操作考核框架

## 一、框架说明

1. 依据《国家职业标准》注,以及中国北车确定的“岗位个性服从于职业共性”的原则,提出电力机车钳工(高级工)技能操作考核框架(以下简称:技能考核框架)。

2. 本职业等级技能操作考核评分采用百分制。即:满分为 100 分,60 分为及格,低于 60 分为不及格。

3. 实施“技能考核框架”时,考核制件(活动)命题可以选用本企业的加工件(活动项目),也可以结合实际另外组织命题。

4. 实施“技能考核框架”时,考核的时间和场地条件等应依据《国家职业标准》,并结合企业实际确定。

5. 实施“技能考核框架”时,其“职业功能”的分类按以下要求确定:

(1)“检修各机械装配”属于本职业等级技能操作的核心职业活动,其“项目代码”为“E”。

(2)“基础技能”、“诊断、排除故障”属于本职业等级技能操作的辅助性活动,其“项目代码”分别为“D”和“F”。

6. 实施“技能考核框架”时,其“鉴定项目”和“选考数量”按以下要求确定:

(1)按照《国家职业标准》有关技能操作鉴定比重的要求,本职业等级技能操作考核制件的“鉴定项目”应按“D”+“E”+“F”组合,其考核配分比例相应为:“D”占 15 分,“E”占 70 分,“F”占 15 分。

(2)依据本职业等级《国家职业标准》的要求,技能考核时,“E”类鉴定均为任选项。

(3)依据中国北车确定的“核心职业活动选取 2/3,并向上取整”的规定,在“E”类鉴定项目——“检修车体构架与附属装置”、“检修牵引及悬挂装置”、“检修基础制动与手制动装置”、“检修轮对电机组装”的全部 7 项中,至少选取 5 项。

(4)依据中国北车确定的“其余‘鉴定项目’的数量可以任选”的规定,“D”和“F”类鉴定项目——“基础技能”、“诊断、排除故障”中,至少分别选取 1 项。

(5)依据中国北车确定的“确定‘选考数量’时,所涉及‘鉴定要素’的数量占比,应不低于对应‘鉴定项目’范围内‘鉴定要素’总数的 60%,并向上取整”的规定,考核制件(活动)的鉴定要素“选考数量”应按以下要求确定:

①在“D”类“鉴定项目”中,在已选定的 2 个或全部鉴定项目中,至少选取已选鉴定项目所对应的全部鉴定要素的 60%项,并向上保留整数。

②在“E”类“鉴定项目”中,在已选定的 5 个鉴定项目所包含的全部鉴定要素中,至少选取总数的 60%项,并向上保留整数。

③在“F”类“鉴定项目”中,在已选定的 1 个或全部鉴定项目中,至少选取已选鉴定项目所对应的全部鉴定要素的 60%项,并向上保留整数。

举例分析：

按照上述"第 6 条"要求，若命题时按最少数量选取，即：在"D"类鉴定项目中选取了"涂胶"、"螺栓紧固"2 项，在"E"类鉴定项目中选取了"检修牵引杆装置"、"检修基础制动装置"、"检修手制动装置"、"检修轴箱与轴箱拉杆"、"检修电机悬挂装置"5 项，在"F"类鉴定项目中分别选取了"诊断、排除故障"1 项，则：

此考核制件所涉及的"鉴定项目"总数为 8 项，具体包括："涂胶"、"螺栓紧固"、"检修牵引杆装置"、"检修基础制动装置"、"检修手制动装置"、"检修轴箱与轴箱拉杆"、"检修电机悬挂装置"、"诊断、排除故障"；

此考核制件所涉及的鉴定要素"选考数量"相应为 18 项，具体包括："涂胶"、"螺栓紧固"鉴定项目包含的全部 6 个鉴定要素中的 6 项，"检修牵引杆装置"、"检修基础制动装置"、"检修手制动装置"、"检修轴箱与轴箱拉杆"、"检修电机悬挂装置"5 个鉴定项目包括的全部 10 个鉴定要素中的 7 项，"诊断、排除故障"鉴定项目包含的全部 7 个鉴定要素中的 5 项。

7. 本职业等级技能操作需要两人及以上共同作业的，可由鉴定组织机构根据"必要、辅助"的原则，结合实际情况确定协助人员的数量。在整个操作过程中，协助人员只能起必要、简单的辅助作用。否则，每违反一次，至少扣减应考者的技能考核总成绩 10 分，直至取消其考试资格。

8. 实施"技能考核框架"时，应同时对应考者在质量、安全、工艺纪律、文明生产等方面行为进行考核。对于在技能操作考核过程中出现的违章作业现象，每违反一项(次)至少扣减技能考核总成绩 10 分，直至取消其考试资格。

注：按照中国北车规定，各《职业技能操作考核框架》的编制依据现行的《国家职业标准》或现行的《行业职业标准》或现行的《中国北车职业标准》的顺序执行。

## 二、电力机车钳工(高级工)技能操作鉴定要素细目表

| 职业功能 | 鉴定项目 | | | | 鉴定要素 | | |
|---|---|---|---|---|---|---|---|
| | 项目代码 | 名称 | 鉴定比重(%) | 选考方式 | 要素代码 | 名称 | 重要程度 |
| 基础技能 | D | 零部件修整 | 15 | 任选 | 001 | 能锯削 $\phi$30～50 mm 的 45 号钢件，锯断面达到以下要求：平面度公差 0.25 mm，尺寸公差 0.3 mm | Y |
| | | | | | 002 | 能锉削 20 mm×50 mm 的平面，并达到以下要求：平面度公差 0.02 mm，尺寸公差 IT7，表面粗糙度 $R_a$1.6 | Y |
| | | | | | 003 | 能锉削和修整圆弧面，达到装配要求 | X |
| | | | | | 004 | 能刮削、扩削、铰削高精度孔系，并达到以下要求：尺寸公差 IT7，位置度公差 $\phi$0.1 mm，表面粗糙度 $R_a$0.8 | Y |
| | | | | | 005 | 能按不同使用要求刃磨群钻 | X |
| | | 涂胶 | | | 001 | 能够正确选用螺纹锁固胶和粘结剂 | X |
| | | | | | 002 | 能够指导各胶的使用和安全事项 | X |
| | | 螺栓紧固 | | | 001 | 能够调节扭矩扳手，以满足紧固的使用要求 | X |
| | | | | | 002 | 能够正确使用可调扭矩扳手 | X |
| | | | | | 003 | 能够正确使用电动扭矩扳手 | Y |
| | | | | | 004 | 能够指导螺栓防松的正确实施 | Z |

续上表

| 职业功能 | 鉴定项目 | | | | 鉴定要素 | | |
|---|---|---|---|---|---|---|---|
| | 项目代码 | 名称 | 鉴定比重(%) | 选考方式 | 要素代码 | 名称 | 重要程度 |
| 检修各机械装配 | E | 检修车体与构架 | 70 | 至少选择5项 | 001 | 能检测车体与构架主要组装部件组焊后的装配尺寸 | X |
| | | | | | 002 | 能分析、鉴定车体与构架主要组装部件组焊后的装配质量 | Y |
| | | 检修牵引杆装置 | | | 001 | 能鉴定牵引杆装置组装部件的装配质量 | X |
| | | | | | 002 | 能分析牵引杆装置零部件的失效形式 | Y |
| | | 检修牵引缓冲装置 | | | 001 | 能测量、组装、调整车钩与缓冲装置 | X |
| | | | | | 002 | 能对牵引缓冲装置进行车上组装 | Y |
| | | 检修基础制动装置 | | | 001 | 能测量、组装、调整单元制动器各零部件 | X |
| | | | | | 002 | 能试验、检查单元制动器的动作性能 | X |
| | | 检修手制动装置 | | | 001 | 能测量、调整手制动装置 | Y |
| | | 检修轴箱与轴箱拉杆 | | | 001 | 能测量、组装、调整轴箱部件 | X |
| | | | | | 002 | 能检查轴箱轴承滚动体是否有磨损、疲劳点蚀现象，并视情况处理 | Z |
| | | 检修电机悬挂装置 | | | 001 | 能检测、调整轮对电机组装 | X |
| | | | | | 002 | 能分析电机及轮对大、小齿轮的传动啮合性能 | Y |
| | | | | | 003 | 能测量轮对踏面剥离、擦伤等缺陷的面积、深度 | Y |
| 各机械装配诊断 | F | 诊断、排除故障 | 15 | 必选 | 001 | 能诊断车体与构架部件表面缺陷 | Z |
| | | | | | 002 | 能诊断车体与构架主要组装部件焊接方面的缺陷 | Z |
| | | | | | 003 | 能分析、诊断牵引杆装置零部件的失效形式 | Z |
| | | | | | 004 | 能诊断、排除车钩与缓冲装置组装后上浮或下垂、车钩卡滞等故障 | X |
| | | | | | 005 | 能诊断、排除单元制动器闸瓦间隙自动缩小的故障 | Y |
| | | | | | 006 | 能诊断、排除轴箱发热的故障 | Y |
| | | | | | 007 | 能诊断、排除齿轮箱温度高的故障 | Y |

# 电力机车钳工(高级工)
# 技能操作考核样题与分析

职 业 名 称：________________

考 核 等 级：________________

存 档 编 号：________________

考核站名称：________________

鉴定责任人：________________

命题责任人：________________

主管负责人：________________

中国北车股份有限公司劳动工资部制

**职业技能鉴定技能操作考核制件图示或内容**

一、技术要求

1. 正确安装新八轴机车的牵引装置；
2. 完成新八轴机车制动试验及漏风排查；
3. 调整新八轴机车基础制动装置的间隙；
4. 测量新八轴机车轴箱轴承的横动量；
5. 测量新八轴机车的齿隙。

二、考试规则

1. 每违反一次工艺纪律、安全操作、劳动保护、文明生产等扣10分；
2. 有重大安全事故、考试作弊取消其考试资格。

| | |
|---|---|
| 职业名称 | 电力机车钳工 |
| 考核等级 | 高级工 |
| 试题名称 | 新八轴机车组装 |
| 材质等信息 | |

职业技能鉴定技能操作考核准备单

| 职业名称 | 电力机车钳工 |
|---|---|
| 考核等级 | 高级工 |
| 试题名称 | 新八轴机车组装 |

## 一、材料准备

1. 牵引装置安装零件准备
(1)部件准备:已经落成的机车、已经组装完成的牵引杆;
(2)零件准备:6个螺栓 M20×65、2个止动垫、托盘、2个卸扣、1根带环吊绳;
(3)工艺装备:牵引杆安装支架、液压升降小车;
(4)工艺用料:白布、镀锌钢丝、抗咬合剂(乐泰 AS767)、胶粘剂、防锈油。
2. 制动试验及漏风排查、调整制动装置间隙零件准备
(1)部件准备:已经组装完成的新八轴机车转向架;
(2)工艺装备:制动试验台;
(3)工艺用料:肥皂水或泄漏喷剂。
3. 轴箱轴承横动量检测零件准备
(1)部件准备:已经压装完轴箱轴承的轮对装置;
(2)工艺装备:轴箱轴承横动量检测装置。
4. 齿隙检测零件准备
(1)部件准备:已经连接抱轴承箱和牵引电机的驱动单元;
(2)工艺用料:铅丝、纸胶带。

## 二、设备、工、量、卡具准备清单

| 序号 | 名　称 | 规　格 | 数量 | 备　注 |
|---|---|---|---|---|
| 1 | 扭矩扳手 | 110～550 | 1 | |
| 2 | 套筒 | $S=30$ | 1 | |
| 3 | 棘轮扳手 | | 1 | |
| 4 | 扁铲 | | 1 | |
| 5 | 铁锤 | | 1 | |
| 6 | 胶枪 | | 1 | |
| 7 | 克丝钳子 | | 1 | |
| 8 | 插口扳手 | $S=80$ | 1 | |
| 9 | 活扳手 | 12寸 | 1 | |
| 10 | 百分表 | 0～5/0～10 | 2 | |
| 11 | 外径千分尺 | 0～25 | 1 | |

## 三、考场准备

1. 材料准备
各材料按照上述要求进行准备。

2. 相应的场地及安全防范措施

(1)各部件存放应该稳固、可靠，轮对存放在轨道上应该楔入楔铁；

(2)操作人员应该佩戴安全帽，操作过程须正确佩戴劳动保护用品。

3. 其他准备

(1)在考核过程中发现的不合格情况也应该作为考核的项目之一；

(2)可根据实际过程将不合格的产品作为考试项目。

**四、考核内容及要求**

1. 考核内容(按考核制件图示及要求制作)

(1)按 ZZ. J22106170000001A0. ZY-01 牵引杆安装工艺文件完成新八轴机车的牵引装置安装；

(2)按 GY. J22107010000001A0. ZY-01 转向架落成工艺的工序 1040 完成新八轴机车制动试验并进行漏风排查，以及基础制动装置的间隙调整；

(3)按 ZX. J22107110000001A0. ZY-01 轴箱装配组装工艺的工序 1020 测量新八轴机车轴箱轴承的横动量；

(4)按 GY. J22107140000001A0. ZY-01 驱动单元组装工艺的工序 1025 测量新八轴机车的齿隙。

2. 考核时限

本试题考核时限为 240 min。

3. 考核评分(表)

| 职业名称 | 电力机车钳工 | 考核等级 | 高级工 | | |
|---|---|---|---|---|---|
| 试题名称 | 新八轴机车组装 | 考核时限 | 240 min | | |
| 鉴定项目 | 考核内容 | 配分 | 评分标准 | 扣分说明 | 得分 |
| 涂胶 | 正确识别和确认牵引杆组装过程的各种胶 | 2 | 识别错一个扣 1 分 | | |
| | 牵引杆组装过程中，正确使用、存放乐泰 AS767、胶粘剂和防锈剂 | 3 | 使用 1 分，存放 1 分，每错一次扣 1 分 | | |
| 螺栓紧固 | 扭矩扳手的调节、确认 | 4 | 检查计量签 1 分，按要求调节 1 分/次 | | |
| | 使用扭矩扳手紧固牵引装置安装螺栓 | 2 | 不正确不得分 | | |
| | 牵引装置安装螺栓紧固后的防松措施 | 4 | 翻防松垫 2 分，绑镀锌钢丝 2 分 | | |
| 检修牵引杆装置 | 在组装完成后，检查确认组装完好 | 10 | 不正确一项扣 1 分 | | |
| | 在组装前对牵引装置关键部位进行检查和确认 | 5 | 不正确一项扣 1 分 | | |
| 检修基础制动装置 | 在基础制动试验完成后，调整基础制动装置的间隙 | 5 | 不正确一项扣 1 分 | | |
| | 经过制动试验，通过操作制动试验台，能正确完成单元制动器的动作 | 10 | 操作错误一次扣 1 分 | | |

续上表

| 鉴定项目 | 考核内容 | 配分 | 评分标准 | 扣分说明 | 得分 |
|---|---|---|---|---|---|
| 检修手制动装置 | 在制动试验过程中，能够熟练操作手制动，并进行必要的调整 | 5 | 不正确一项扣1分 | | |
| 检修轴箱和轴箱拉杆 | 通过轴箱轴承横动量检测的过程，体现电力机车钳工测量轴箱轴承横动量方法的掌握 | 15 | 操作过程7分，读数3分，计算并记录3分 | | |
| | 在检测轴箱轴承横动量过程中，电力机车钳工要能够判断出轴承是否有异常 | 10 | 不仔细检查转动情况扣5分，没检查出有问题的轴承扣10分 | | |
| 检修电机悬挂装置 | 通过测量驱动单元齿隙，体现电力机车钳工是否掌握该技能 | 10 | 正确操作5分，测量结果5分 | | |
| 诊断、排除故障 | 根据技能鉴定过程发现的问题进行考核，也可根据实际发生的问题进行考核 | 15 | 视实际情况而定 | | |
| 质量、安全、工艺纪律、文明生产等综合考核项目 | 考核时限 | 不限 | 每超时5 min扣10分 | | |
| | 工艺纪律 | 不限 | 依据企业有关工艺纪律管理规定执行，每违反一次扣10分 | | |
| | 劳动保护 | 不限 | 依据企业有关劳动保护管理规定执行，每违反一次扣10分 | | |
| | 文明生产 | 不限 | 依据企业有关文明生产管理规定执行，每违反一次扣10分 | | |
| | 安全生产 | 不限 | 依据企业有关安全生产管理规定执行，每违反一次扣10分 | | |

**职业技能鉴定技能考核制件(内容)分析**

<table>
<tr><td colspan="2">职业名称</td><td colspan="5">电力机车钳工</td></tr>
<tr><td colspan="2">考核等级</td><td colspan="5">高级工</td></tr>
<tr><td colspan="2">试题名称</td><td colspan="5">新八轴机车组装</td></tr>
<tr><td colspan="2">职业标准依据</td><td colspan="5">电力机车钳工国家职业标准</td></tr>
<tr><td colspan="7">试题中鉴定项目及鉴定要素的分析与确定</td></tr>
<tr><td colspan="2">鉴定项目分类 / 分析事项</td><td>基本技能“D”</td><td>专业技能“E”</td><td>相关技能“F”</td><td>合计</td><td>数量与占比说明</td></tr>
<tr><td colspan="2">鉴定项目总数</td><td>3</td><td>7</td><td>1</td><td>11</td><td rowspan="6">专业技能满足2/3,鉴定要素满足60%的要求</td></tr>
<tr><td colspan="2">选取的鉴定项目数量</td><td>2</td><td>5</td><td>1</td><td>8</td></tr>
<tr><td colspan="2">选取的鉴定项目数量占比(%)</td><td>66.7</td><td>71.4</td><td>100</td><td>72.7</td></tr>
<tr><td colspan="2">对应选取鉴定项目所包含的鉴定要素总数</td><td>5</td><td>10</td><td>7</td><td>22</td></tr>
<tr><td colspan="2">选取的鉴定要素数量</td><td>5</td><td>7</td><td>5</td><td>17</td></tr>
<tr><td colspan="2">选取的鉴定要素数量占比(%)</td><td>100</td><td>70</td><td>71.4</td><td>77.2</td></tr>
</table>

<table>
<tr><td colspan="8">所选取鉴定项目及相应鉴定要素分解与说明</td></tr>
<tr><td>鉴定项目类别</td><td>鉴定项目名称</td><td>国家职业标准规定比重(%)</td><td>《框架》中鉴定要素名称</td><td>本命题中具体鉴定要素分解</td><td>配分</td><td>评分标准</td><td>考核难点说明</td></tr>
<tr><td rowspan="5">“D”</td><td rowspan="2">涂胶</td><td rowspan="5">15</td><td>能够正确选用螺纹锁固胶和粘结剂</td><td>正确识别和确认牵引杆组装过程的各种胶</td><td>2</td><td>识别错一个扣1分</td><td></td></tr>
<tr><td>能够正确指导各胶的使用和安全事项</td><td>牵引杆组装过程中,正确使用、存放乐泰AS767、胶粘剂和防锈剂</td><td>3</td><td>使用1分,存放1分,每错一次扣1分</td><td></td></tr>
<tr><td rowspan="3">螺栓紧固</td><td>能够调节扭矩扳手,以满足紧固的使用要求</td><td>扭矩扳手的调节、确认</td><td>4</td><td>检查计量签1分,按要求调节1分/次</td><td></td></tr>
<tr><td>能正确使用可调扭矩扳手</td><td>使用扭矩扳手紧固牵引装置安装螺栓</td><td>2</td><td>不正确不得分</td><td></td></tr>
<tr><td>能够指导螺栓防松的正确实施</td><td>牵引装置安装螺栓紧固后的防松措施</td><td>4</td><td>翻防松垫2分,绑镀锌钢丝2分</td><td></td></tr>
<tr><td rowspan="5">“E”</td><td rowspan="2">检修牵引杆装置</td><td rowspan="5">70</td><td>能鉴定牵引杆装置组装部件的装配质量</td><td>在组装完成后,检查确认组装完好</td><td>10</td><td>不正确一项扣1分</td><td></td></tr>
<tr><td>能分析牵引装置零部件的失效形式</td><td>在组装前对牵引装置关键部位进行检查和确认</td><td>5</td><td>不正确一项扣1分</td><td></td></tr>
<tr><td rowspan="2">检修基础制动装置</td><td>能测量、组装、调整单元制动器各零部件</td><td>在基础制动试验完成后,调整基础制动装置的间隙</td><td>5</td><td>不正确一项扣1分</td><td></td></tr>
<tr><td>能试验、检查单元制动器的动作性能</td><td>经过制动试验,通过操作制动试验台,能正确完成单元制动器的动作</td><td>10</td><td>操作错误一次扣1分</td><td></td></tr>
<tr><td>检修手制动装置</td><td>能测量、调整手制动装置</td><td>在制动试验过程中,能够熟练操作手制动,并进行必要的调整</td><td>5</td><td>不正确一项扣1分</td><td></td></tr>
</table>

续上表

| 鉴定项目类别 | 鉴定项目名称 | 国家职业标准规定比重(%) | 《框架》中鉴定要素名称 | 本命题中具体鉴定要素分解 | 配分 | 评分标准 | 考核难点说明 |
|---|---|---|---|---|---|---|---|
| "E" | 检修轴箱与轴箱拉杆 | | 能测量、组装、调整轴箱部件 | 通过轴箱轴承横动量检测的过程,体现电力机车钳工测量轴箱轴承横动量方法的掌握 | 15 | 操作过程7分,读数3分,计算并记录3分 | |
| | | | 能够检查轴箱轴承滚动体是否有磨损、疲劳点蚀现象,并视情况处理 | 在检测轴箱轴承横动量过程中,电力机车钳工要能够判断出轴承是否有异常 | 10 | 不仔细检查转动情况扣5分,没检查出有问题的轴承扣10分 | |
| | 检修电机悬挂装置 | | 能检测、调整轮对电机组装 | 通过测量驱动单元齿隙,体现电力机车钳工是否掌握该技能 | 10 | 正确操作5分,测量结果5分 | |
| "F" | 诊断、排除故障 | 15 | 能诊断车体与构架部件表面缺陷 | 根据技能鉴定过程发现的问题进行考核,也可根据实际发生的问题进行考核 | 15 | 视实际情况而定 | |
| | | | 能诊断车体与构架主要组装部件焊接方面的缺陷 | | | | |
| | | | 能分析、诊断牵引杆装置零部件的失效形式 | | | | |
| | | | 能诊断、排除车钩与缓冲装置组装后上浮或下垂、车钩卡滞等故障 | | | | |
| | | | 能诊断、排除单元制动器闸瓦间隙自动缩小的故障 | | | | |
| | | | 能诊断、排除轴箱发热的故障 | | | | |
| | | | 能诊断、排除齿轮箱温度高的故障 | | | | |
| 质量、安全、工艺纪律、文明生产等综合考核项目 | | | | 考核时限 | 不限 | 每超时5 min扣10分 | |
| | | | | 工艺纪律 | 不限 | 依据企业有关工艺纪律管理规定执行,每违反一次扣10分 | |
| | | | | 劳动保护 | 不限 | 依据企业有关劳动保护管理规定执行,每违反一次扣10分 | |
| | | | | 文明生产 | 不限 | 依据企业有关文明生产管理规定执行,每违反一次扣10分 | |
| | | | | 安全生产 | 不限 | 依据企业有关安全生产管理规定执行,每违反一次扣10分 | |